MCGS 组态控制技术

王永红 著

電子工業出版社
Publishing House of Electronics Industry
北京 • BEIJING

内 容 简 介

本书选用昆仑通态嵌入式一体化触摸屏 TPC7062K，系统介绍了触摸屏组态过程，MCGS 嵌入版组态软件为全中文工控组态软件，具有可视化操作界面等特点。本书主要内容包括系统介绍、主控窗口、设备窗口、用户窗口、图形对象、常用动画构件、事件、实时数据库、系统变量、系统函数、运行策略、脚本程序、数据处理、报警处理、多语言、报表输出、曲线显示、配方处理、安全机制、组态过程及工程应用。本书内容编排科学合理，方便读者学习，每个章节都有相关实例，力求深入浅出，同时注重实用，联系实际。

本书可作为职业院校机电类相关专业教材，也可作为工程技术人员参考用书。

图书在版编目（CIP）数据

MCGS 组态控制技术 / 王永红著. —北京：电子工业出版社，2020.8
ISBN 978-7-121-39311-2

Ⅰ. ①M… Ⅱ. ①王… Ⅲ. ①工业控制系统－应用软件 Ⅳ. ①TP273

中国版本图书馆 CIP 数据核字（2020）第 136299 号

责任编辑：白　楠
印　　刷：三河市华成印务有限公司
装　　订：三河市华成印务有限公司
出版发行：电子工业出版社
　　　　　北京市海淀区万寿路 173 信箱　邮编 100036
开　　本：787×1 092　1/16　印张：15.5　字数：396.8 千字
版　　次：2020 年 8 月第 1 版
印　　次：2024 年 4 月第 11 次印刷
定　　价：42.00 元

凡所购买电子工业出版社图书有缺损问题，请向购买书店调换。若书店售缺，请与本社发行部联系，联系及邮购电话：（010）88254888，88258888。

质量投诉请发邮件至 zlts@phei.com.cn，盗版侵权举报请发邮件至 dbqq@phei.com.cn。

本书咨询联系方式：（010）88254591，bain@phei.com.cn。

人机界面是操作人员和机器设备之间进行双向沟通的“桥梁”。人机界面的使用可使机器的配线标准化、简单化，同时能减少 PLC 控制器所需的 I/O 点数，降低生产成本。人机界面的使用可使操作简单生动，并可减少操作上的失误。

触摸屏作为一种新型的人机界面，具有简单易用、功能强大、稳定性好等特点，适用于工业环境和日常生活，如自动化停车设备、自动洗车机、天车升降控制、生产线监控、智能大厦管理、会议室声光控制、温度控制等。

昆仑通态嵌入式一体化触摸屏 TPC7062K，具有高清、真彩、可靠、环保等特点，MCGS 嵌入版组态软件是昆仑通态公司专门开发的用于 MCGSTPC 的全中文工控组态软件，具有可视化操作界面、良好的并行处理性能、强大的网络功能、多样化的报警功能、完善的安全机制等，可完成现场数据采集、数据处理、设备控制等。

编者在编写过程中查阅了大量资料，结合学校设备的实际情况，侧重组态软件操作，通过具体实例，以最简单、最快捷的方式，让读者轻松掌握组态软件应用。本书编写过程中，得到了广州市信息工程职业学校各级领导的支持和帮助，在此表示感谢。因编者水平有限，书中难免有错漏之处，敬请读者批评指正。

编 者

目　　录

第1章

系统介绍

计算机技术和网络技术的飞速发展，为工业自动化开辟了广阔的发展空间，用户可方便快捷地组建优质、高效的监控系统，并通过采用远程监控及诊断、双机热备等先进技术，使系统更加安全可靠。在这方面，MCGS 系列（通用版、网络版、嵌入版）工控组态软件可提供强有力的软件支持。MCGSE（Monitor and Control Generated System for Embeded，嵌入式通用监控系统）是一种用于快速构造和生成嵌入式计算机监控系统的组态软件，它的组态环境能够在 Microsoft 的各种 32 位 Windows 平台上运行，运行环境则是实时多任务嵌入式操作系统 Windows CE。该软件通过对现场数据的采集处理，以动画显示、报警处理、流程控制和报表输出等多种方式向用户提供解决实际工程问题的方案，在自动化领域有广泛的应用。

1.1 MCGS 嵌入版组态软件的主要功能

MCGS 嵌入版是在 MCGS 通用版的基础上开发的，专门应用于嵌入式计算机监控系统的组态软件，适应于应用系统对功能、可靠性、成本、体积、功耗等综合性能有严格要求的专用计算机系统，MCGS 嵌入版组态软件具有以下主要功能。

1. 简单灵活的可视化操作界面

MCGS 嵌入版采用全中文、可视化、面向窗口的开发界面，符合中国人的使用习惯和要求。它以窗口为单位，构造用户运行系统的图形界面，使得 MCGS 嵌入版的组态工作既简单直观，又灵活多变。

2. 实时性强，有良好的并行处理性能

MCGS 嵌入版是真正的 32 位系统，充分利用了 32 位 Windows CE 操作平台的多任务、按优先级分时操作的功能，以线程为单位对工程作业中实时性强的关键任务和实时性不强的非关键任务进行分时并行处理，使嵌入式计算机广泛应用于工程测控领域成为可能。例如，MCGS 嵌入版在处理数据采集、设备驱动和异常处理等关键任务时，可在主机运行周期时间内插空进行打印数据一类的非关键性工作，实现并行处理。

3. 丰富、生动的多媒体画面

MCGS 嵌入版以图像、图符、报表、曲线等多种形式，为操作员及时提供系统运行的状态、品质及异常报警等相关信息；用大小变化、颜色改变、明暗闪烁、移动翻转等多种手段，

增强画面的动态显示效果；对图元、图符对象定义相应的状态属性，实现动画效果。MCGS嵌入版还为用户提供了丰富的动画构件，每个动画构件都对应一个特定的动画功能。

4. 完善的安全机制

MCGS 嵌入版提供了良好的安全机制，可为多个不同级别用户设定不同的操作权限。此外，MCGS 嵌入版还提供了工程密码功能，以保护组态开发者的成果。

5. 强大的网络功能

MCGS 嵌入版具有强大的网络通信功能，支持串口通信、MODEM 串口通信、以太网TCP/IP 通信，不仅可方便快捷地实现远程数据传输，还可与网络版相结合，通过 Web 浏览功能在整个企业范围内浏览、监测所有生产信息，实现设备管理和企业管理的集成。

6. 多样化的报警功能

MCGS 嵌入版提供多种报警方式，具有丰富的报警类型，方便用户进行报警设置，并且系统能够实时显示报警信息，对报警数据进行应答，为工业现场安全、可靠地运行提供了有力的保障。

7. 实时数据库为用户分步组态提供了极大方便

MCGS 嵌入版由主控窗口、设备窗口、用户窗口、实时数据库和运行策略五个部分构成，其中，实时数据库是一个数据处理中心，是系统各部分及各种功能性构件的公用数据区，是整个系统的核心。各个部件独立地向实时数据库输入和输出数据，并完成自己的差错控制。在生成用户应用系统时，每一部分均可分别进行组态配置，独立建造，互不干涉。

8. 支持多种硬件设备，实现“设备无关”

MCGS 嵌入版针对外部设备的特征，设立设备工具箱，定义多种设备构件，建立系统与外部设备的连接关系，赋予相关的属性，实现对外部设备的驱动和控制。用户在设备工具箱中可方便地选择各种设备构件。不同的设备对应不同的构件，所有的设备构件均通过实时数据库建立联系，而建立时又是相互独立的，即对某一构件的操作或改动不影响其他构件和整个系统的结构，因此 MCGS 嵌入版是一个“设备无关”的系统，用户不必担心外部设备的局部改动影响整个系统。

9. 方便控制复杂的运行流程

MCGS 嵌入版有一个“运行策略”窗口，用户可选用系统提供的各种条件和功能的策略构件，用图形化的方法和简单的类 BASIC 语言构造多分支的应用程序，按照设定的条件和顺序操作外部设备，控制窗口的打开或关闭，与实时数据库进行数据交换，实现自由、精确地控制运行流程，同时也可由用户创建新的策略构件，扩展系统的功能。

10. 良好的可维护性

MCGS 嵌入版系统由五大功能模块组成，主要的功能模块以构件的形式来构造，不同的构件有不同的功能，且各自独立。三种基本类型的构件（设备构件、动画构件、策略构件）完成 MCGS 嵌入版系统三大部分（设备驱动、动画显示和流程控制）的所有工作。

11. 用自建文件系统来管理数据存储，系统可靠性更高

MCGS 嵌入版不再使用 Access 数据库来存储数据，而是使用自建的文件系统来管理数据存储，与 MCGS 通用版相比，MCGS 嵌入版的可靠性更高，在异常断电的情况下也不会丢失数据。

12. 设立对象元件库，组态工作简单方便

对象元件库实际上是分类存储各种组态对象的图库。组态时，可把制作完好的对象（包括图形对象、窗口对象、策略对象、位图文件等）以元件的形式存入图库，也可把元件库中的各种对象取出，直接为当前的工程所用，随着工作的积累，对象元件库将日益扩大和丰富。这就解决了组态结果积累和重新利用的问题，组态工作将会变得越来越简单方便。

总之，MCGS 嵌入版组态软件具有强大的功能，并且操作简单，易学易用，普通工程人员经过短时间的培训就能迅速掌握多数工程项目的设计和运行操作。同时，使用 MCGS 嵌入版组态软件能够避开复杂的嵌入版计算机软、硬件问题，而将精力集中于解决工程问题本身，根据工程作业的需要和特点，组态配置出高性能、高可靠性和高度专业化的工业控制监控系统。

1.2 MCGS 嵌入版组态软件的体系结构

MCGS 嵌入版体系结构分为组态环境、模拟运行环境和运行环境三部分。

组态环境和模拟运行环境相当于一套完整的工具软件，可以在计算机上运行。用户可根据实际需要裁减其中的内容。它帮助用户设计和构造自己的组态工程并进行功能测试。

运行环境是一个独立的运行系统，它按照组态工程中用户指定的方式进行各种处理，完成用户组态设计的目标和功能。运行环境本身没有任何意义，必须与组态工程一起作为一个整体，才能构成用户应用系统。一旦组态工作完成，并且将组态好的工程通过 USB 通信或以太网下载到下位机的运行环境中，组态工程就可以离开组态环境而独立运行在下位机上，从而实现控制系统的可靠性、实时性、确定性和安全性。

由 MCGS 嵌入版生成的用户应用系统，其结构由主控窗口、设备窗口、用户窗口、实时数据库和运行策略五部分构成，如图 1-1 所示。窗口是屏幕中的一块空间，是一个“容器”，直接提供给用户使用。在窗口内，用户可放置不同的构件，创建图形对象并调整画面的布局，组态配置不同的参数以完成不同的功能。

在 MCGS 嵌入版中可以有多个用户窗口和多个运行策略，实时数据库中也可有多个数据对象。MCGS 嵌入版用主控窗口、设备窗口和用户窗口来构成一个应用系统的人机交互图形界面，组态配置出各种不同类型和功能的对象或构件，同时可对实时数据进行可视化处理。

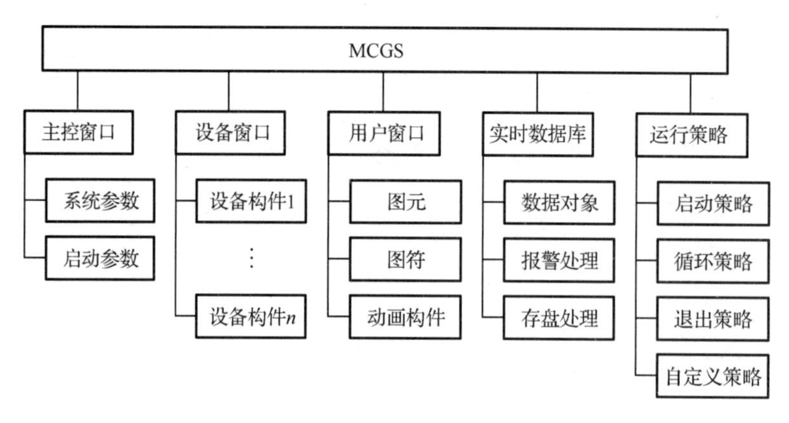

图 1-1　用户应用系统结构

1. 实时数据库是 MCGS 嵌入版系统的核心

实时数据库相当于一个数据处理中心，同时也起到公用数据交换区的作用。MCGS 嵌入版使用自建文件系统中的实时数据库来管理所有实时数据。从外部设备采集来的实时数据送入实时数据库，系统其他部分操作的数据也来自实时数据库。实时数据库自动完成对实时数据的报警处理和存盘处理，同时它还根据需要把有关信息以事件的方式发送给系统的其他部分，以便触发相关事件，进行实时处理。因此，实时数据库所存储的单元不单单是变量的数值，还包括变量的特征参数（属性）及对该变量的操作方法（报警属性、报警处理和存盘处理等)。这种将数值、属性、方法封装在一起的数据称为数据对象。实时数据库采用面向对象的技术，为其他部分提供服务，提供系统各个功能部件的数据共享。

2. 主控窗口构造了应用系统的主框架

主控窗口确定工业控制中工程作业的总体轮廓，以及运行流程、菜单命令、特性参数和启动特性等内容，是应用系统的主框架。

3. 设备窗口是 MCGS 嵌入版系统与外部设备联系的媒介

设备窗口专门用来放置不同类型和功能的设备构件，实现对外部设备的操作和控制。设备窗口通过设备构件把外部设备的数据采集进来，送入实时数据库，或把实时数据库中的数据输出到外部设备。一个应用系统只有一个设备窗口，运行时，系统自动打开设备窗口，管理和调度所有设备构件正常工作，并在后台独立运行。注意，对用户来说，设备窗口在运行时是不可见的。

4. 用户窗口实现了数据和流程的“可视化”

用户窗口中可以放置三种不同类型的图形对象：图元、图符和动画构件。图元和图符对象为用户提供了一套完善的设计制作图形画面和定义动画的方法。动画构件对应不同的动画功能，它是从工程实践经验中总结出的常用的动画显示与操作模块，用户可以直接使用。通过在用户窗口内放置不同的图形对象，搭建多个用户窗口，用户可以构造各种复杂的图形界面，用不同的方式实现数据和流程的可视化。组态工程中的用户窗口最多可定义 512 个。所有的用户窗口均位于主控窗口内，其打开时窗口可见；关闭时窗口不可见。

5. 运行策略是对系统运行流程实现有效控制的手段

运行策略本身是系统提供的一个框架，其中放置策略条件构件和策略构件组成的“策略行”，通过对运行策略的定义，使系统能够按照设定的顺序和条件操作实时数据库、控制用户窗口的打开、关闭并确定设备构件的工作状态等，从而实现对外部设备工作过程的精确控制。一个应用系统有三个固定的运行策略：启动策略、循环策略和退出策略，同时允许用户创建或定义最多 512 个用户策略。启动策略在应用系统开始运行时调用，退出策略在应用系统退出时调用，循环策略由系统在运行过程中定时循环调用，用户策略供系统中的其他部件调用。

综上所述，一个应用系统由主控窗口、设备窗口、用户窗口、实时数据库和运行策略五部分组成。组态工作开始时，系统只为用户搭建了一个能够独立运行的空框架，提供了丰富的动画部件与功能部件。如果要完成一个实际的应用系统，首先，要像搭积木一样，在组态环境中用系统提供或用户扩展的构件构造应用系统，配置各种参数，形成一个有丰富功能并可实际应用的工程；然后，把组态环境中的组态结果下载到运行环境中。运行环境和组态结果一起构成了用户自己的应用系统。

1.3 MCGS 嵌入版组态软件的操作方式

MCGS 嵌入版组态软件有各种组态工作窗口，主要包括系统工作台面、组态工作窗口、属性设置窗口及图形库工具箱。

1. 系统工作台面

双击 Windows 操作系统桌面上的“MCGSE 组态环境”图标，或执行“开始”菜单中的“MCGSE 组态环境”菜单项，弹出的窗口即 MCGS 嵌入版的系统工作台面，包括以下几个部分。

1）标题栏

显示“MCGS 嵌入版组态环境-工作台”标题、工程文件名称和所在目录。

2）菜单栏

显示 MCGS 嵌入版的菜单系统。

3）工具栏

显示对象编辑和组态用的工具按钮。

4）工作台面

工作台面主要用于组态操作和属性设置。

2. 组态工作窗口

组态工作窗口是创建和配置图形对象、数据对象和各种构件的工作环境，又称对象的编辑窗口。组态工作窗口主要包括组成工程框架的五大窗口，即主控窗口、用户窗口、设备窗口、运行策略窗口、实时数据库窗口；单击组态工作窗口上的标签按钮，即可将相应的窗口激活，进行组态操作；组态工作窗口右侧还设有创建对象和对象组态用的功能按钮。通过组态工作窗口可以完成工程命名和属性设置、动画设计、设备连接、编写控制流程、定义数据变量等组态操作。

3. 属性设置窗口

属性设置窗口是设置对象各种特征参数的工作环境，又称属性设置对话框。对象不同，属性窗口的内容也不同，但结构形式大体相同，主要由以下几部分组成。

1）窗口标题

它位于窗口顶部，显示“××属性设置”字样。

2）窗口标签

不同属性的窗口分页排列，窗口标签作为分页的标记，单击窗口标签，即可将相应的窗口激活，进行属性设置。

3）输入框

输入框左侧标有属性注释文字，可在框内输入属性内容。为了便于用户操作，许多输入框的右侧带有“？”“▲”“…”等选项按钮，单击“▲”按钮，会弹出列表框，双击所需的项目，即可将其设置于输入框内。

4）单选按钮

带有“○”标记的器件为单选按钮，同一设置栏内有多个单选按钮时，只能选择其一。

5）复选框

带有“□”标记的器件为复选框，同一设置栏内有多个复项框时，可以选择多个。

6）功能按钮

一般设有“检查[C]”“确认[Y]”“取消[N]”“帮助[H]”四种按钮。“检查[C]”按钮用于检查当前属性设置内容是否正确；“确认[Y]”按钮用于属性设置完毕，返回组态窗口；“取消[N]”按钮用于取消当前的设置，返回组态窗口；“帮助[H]”按钮用于查阅在线帮助文件。

4. 图形库工具箱

MCGS 嵌入版的图形库工具箱为用户提供了丰富的组态资源，包括系统图形工具箱、设备构件工具箱、策略构件工具箱及对象元件库。

1）系统图形工具箱

进入用户窗口，单击工具栏中的“工具箱”按钮，打开图形工具箱，其中设有各种图元、图符、组合图形及动画构件的位图图符。利用这些最基本的图形元素可以制作出复杂的图形。

2）设备构件工具箱

进入设备窗口，单击工具栏中的“工具箱”按钮，打开设备构件工具箱窗口，其中设有与工控系统经常选用的测控设备相匹配的各种设备构件。选用所需的构件，放置到设备窗口中，经过属性设置和通道连接，该构件即可实现对外部设备的驱动和控制。

3）策略构件工具箱

进入运行策略组态窗口，单击工具栏中的“工具箱”按钮，打开策略构件工具箱，工具箱内包括所有策略功能构件。选用所需的构件，生成用户策略模块，实现对系统运行流程的有效控制。

4）对象元件库

对象元件库是存放组态完好并具有通用价值的动画图形的图形库，便于对组态成果的重复利用。进入用户窗口的组态窗口，执行“工具”→“对象元件库管理”菜单命令，或者打开系统图形工具箱，选择“插入元件”图标，可打开对象元件库管理窗口进行操作。

1.4 MCGS 嵌入版组态软件的系统需求

MCGS 嵌入版组态软件的系统需求包括硬件需求和软件需求。MCGS 嵌入版组态软件的硬件需求分为组态环境硬件需求和运行环境硬件需求两部分，MCGS 嵌入版组态软件的软件需求分为组态环境软件需求和运行环境软件需求。

1. 组态环境硬件需求

系统要求在 IBM 486 以上的微型机或兼容机上运行，以 Microsoft 的 Windows 98、Me、XP、NT 或 2000 为操作系统。计算机的最低配置要求如下。

CPU：可运行于任何 Intel 及兼容 Intel X86 指令系统的 CPU。

内存：当使用 Windows 9X 操作系统时，内存应在 16MB 以上。

当选用 Windows NT 操作系统时，系统内存应在 32MB 以上。

当选用 Windows 2000 操作系统时，系统内存应在 64MB 以上。

显卡：Windows 系统兼容，含有 1MB 以上的显示内存，可工作于 640×480 分辨率、256 色模式下。

硬盘：MCGS 嵌入版组态软件占用的硬盘空间最少为 40MB。

低于以上配置要求的硬件系统将会影响系统功能的完全发挥。目前市面上流行的各种品牌机和兼容机都能满足上述要求。

MCGS 嵌入版组态软件的设计目标是充分利用高档兼容机的低价格、高性能来为工业应用级的用户提供安全可靠的服务。计算机的推荐配置要求如下。

CPU：使用相当于 Intel 公司的 Pentium 233 或以上级别的 CPU。

内存：当使用 Windows 9X 操作系统时，内存应在 32MB 以上。

当选用 Windows NT 操作系统时，系统内存应在 64MB 以上。

当选用 Windows 2000 操作系统时，系统内存应在 128MB 以上。

显卡：Windows 系统兼容，含有 1MB 以上的显示内存，可工作于 800×600 分辨率、65535 色模式下。

硬盘：80MB。

2. 运行环境硬件需求

目前 MCGS 嵌入版组态软件能够运行在 X86 和 ARM 两种类型的 CPU 上。最低配置：RAM（4MB），DOC（2MB）。推荐配置：RAM（64MB；若使用带中文界面的系统，则至少需要 32MB），DOC（32MB；若使用带中文界面的系统，则至少需要 16MB）。

3. 组态环境软件需求

MCGS 嵌入版组态环境软件可以在中文 Microsoft Windows NT Server 4.0（需要安装 SP3）或更高版本、中文 Microsoft Windows NT Workstation 4.0（需要安装 SP3）或更高版本及中文 Microsoft Windows 95、98、Me、2000（Windows 95 推荐安装 IE5.0）或更高版本操作系统下运行。

4. 运行环境软件需求

MCGS 嵌入版组态软件要求运行在实时多任务操作系统上，支持 Windows CE 实时多任务操作系统。

1.5 MCGS 嵌入版组态软件的安装

MCGS 嵌入版只有一张安装光盘，具体安装步骤如下。

（1）启动 Windows。

（2）在相应的驱动器中插入光盘。

（3）插入光盘后会自动弹出 MCGS 嵌入版组态软件安装界面（如没有窗口弹出，则从 Windows 的“开始”菜单中，选择“运行”命令，运行光盘中的 Autorun. exe 文件），如图 1-2 所示。

图 1-2　MCGS 嵌入版组态软件安装界面

（4）选择“安装组态软件”，启动安装程序界面，如图 1-3 所示。

（5）弹出组态软件安装欢迎界面，如图 1-4 所示，单击“下一步”按钮。

（6）弹出“自述文件”界面，如图 1-5 所示，单击“下一步”按钮。

（7）弹出“请选择目标目录”界面，如果用户没有指定，系统默认安装到 D:\MCGSE 目录下，建议使用默认安装目录，如图 1-6 所示。

图 1-3 启动安装程序界面

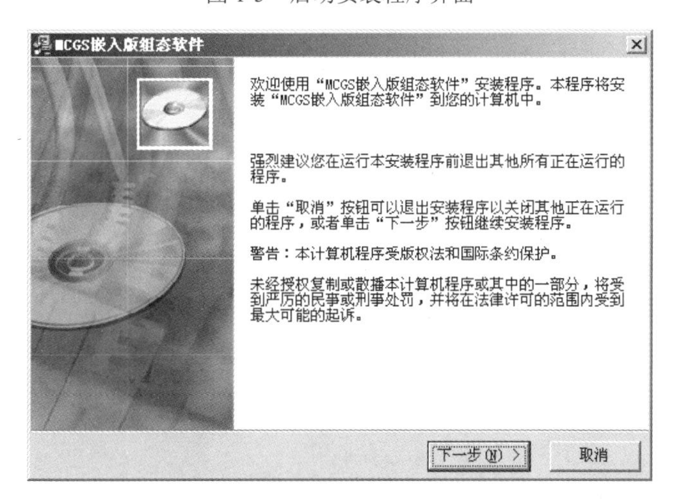

图 1-4 组态软件安装欢迎界面

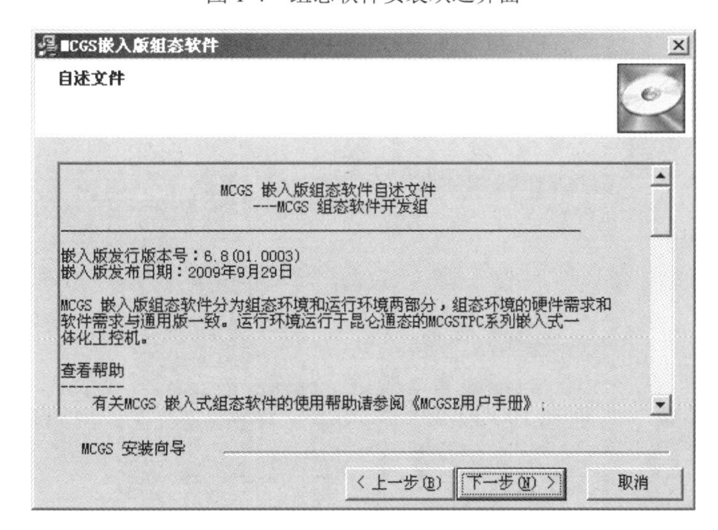

图 1-5 "自述文件"界面

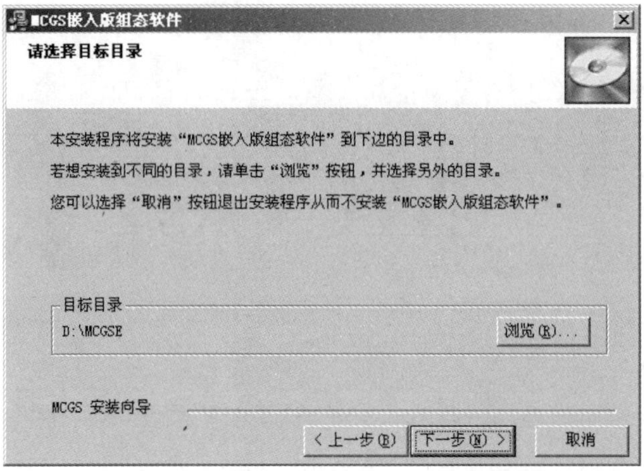

MCGS嵌入版组态软件

请选择目标目录

本安装程序将安装“MCGS嵌入版组态软件”到下边的目录中。

若想安装到不同的目录，请单击“浏览”按钮，并选择另外的目录。

您可以选择“取消”按钮退出安装程序从而不安装“MCGS嵌入版组态软件”。

目标目录

D:\MCGSE

浏览(R)...

MCGS 安装向导

< 上一步(B)　下一步(N) >　取消

图 1-6 “请选择目标目录”界面

（8）弹出“开始安装”界面，如图 1-7 所示，单击“下一步”按钮。

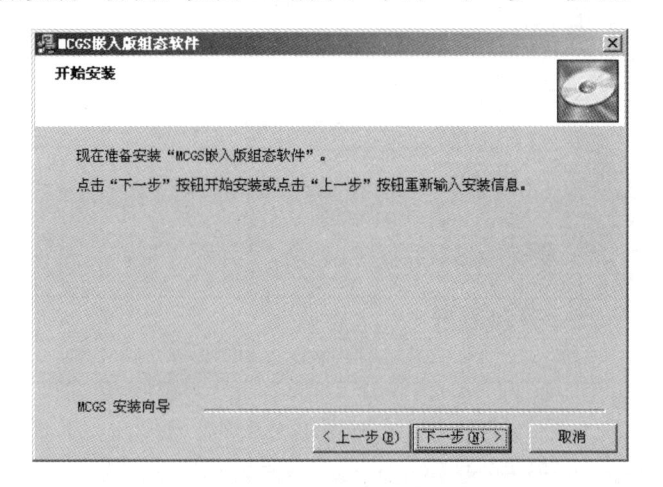

图 1-7 “开始安装”界面

（9）弹出“正在安装”界面，如图 1-8 所示。

图 1-8 “正在安装”界面

（10）组态软件成功安装后，弹出“驱动安装询问对话框”，如图 1-9 所示。如果继续安装设备驱动，单击“是”按钮。

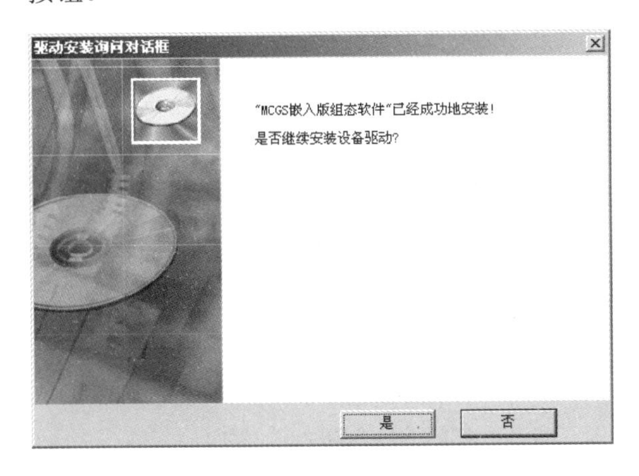

图 1-9 “驱动安装询问对话框”

（11）弹出驱动安装欢迎界面，如图 1-10 所示，单击“下一步”按钮。

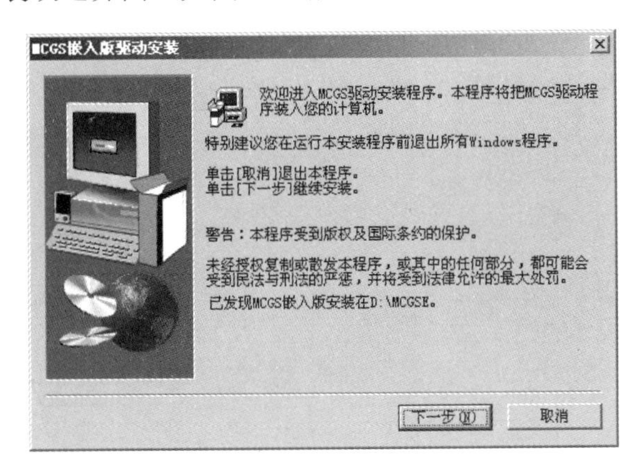

图 1-10 驱动安装欢迎界面

（12）弹出驱动选择界面，如图 1-11 所示，选择需要的驱动，选择“下一步”按钮。

图 1-11 驱动选择界面

（13）弹出驱动安装界面，如图 1-12 所示。

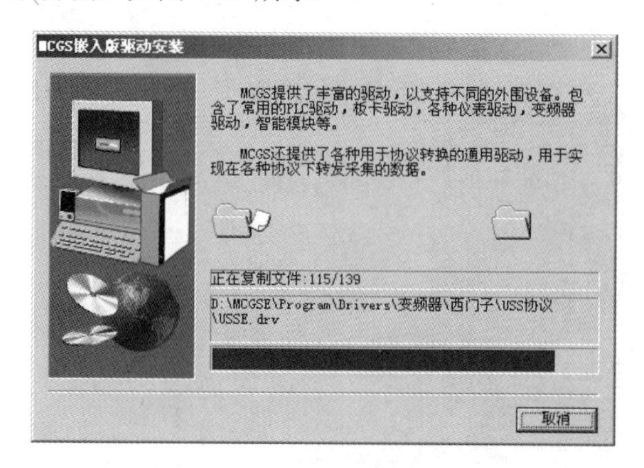

图 1-12　驱动安装界面

（14）弹出驱动安装完成界面，如图 1-13 所示，单击“完成”按钮。

图 1-13　驱动安装完成界面

（15）安装完成后，Windows 操作系统的桌面上添加了“MCGSE 组态环境”和“MCGSE 模拟环境”两个图标，如图 1-14 所示。

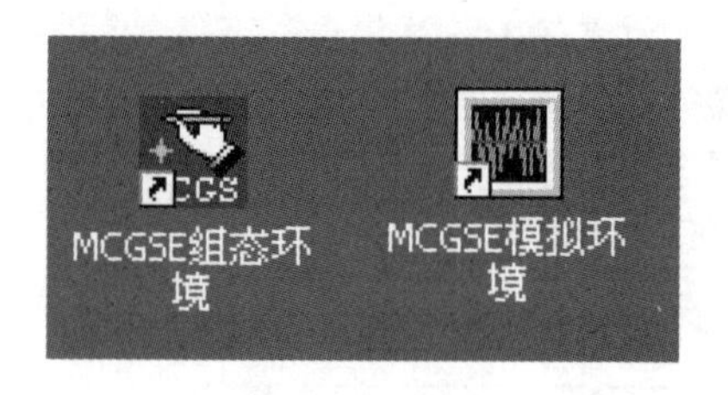

图 1-14　“MCGSE 组态环境”和“MCGSE 模拟环境”图标

系统安装完成后，在用户指定的目录（或者默认目录 D:\MCGSE）下，存在 Program、Samples、Work 三个文件夹。在 Program 文件夹中，可以看到两个应用程序 MCGSSetE.exe、CEEMU.exe 及 CeSvr.X86、McgsCE.X86、CeSvr.ARMV4、McgsCE.ARMV4 等文件。MCGSSetE.exe 是运行嵌入版组态环境的应用程序；CEEMU.exe 是运行模拟运行环境的应用程序；CeSvr.X86 和 CeSvr.ARMV4 是嵌入式工控机中启动属性执行程序；McgsCE.X86 和 McgsCE.ARMV4 是嵌入式运行环境的执行程序，分别对应 X86 类型和 ARM 类型的 CPU，组态环境会自动判断下位机 CPU 的类型，自动选择 McgsCE.X86 或 McgsCE.ARMV4，也可以通过组态环境中的下载对话框的高级操作下载到下位机。Samples 文件夹中有样例工程，用户自己组态的工程默认保存在 Work 文件夹中。

1.6 TPC7062K 外部接口

1. TPC7062K 外部接口的说明

TPC7062K 外部接口的说明如图 1-15 所示。

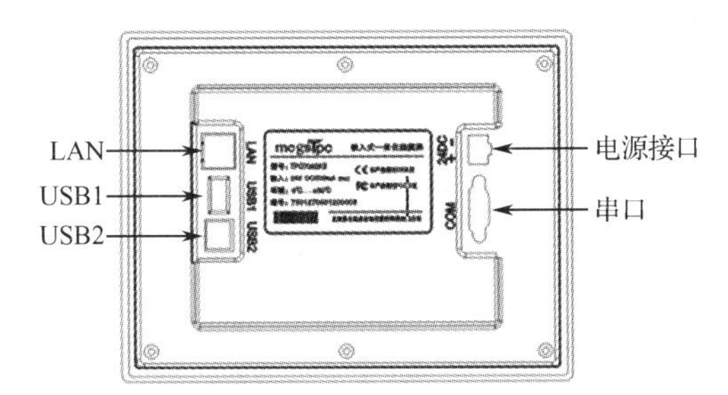

项目	TPC7062K
LAN（RJ45）	以太网接口
串口（DB9）	1×RS232，1×RS485
USB1	主口，USB1.1兼容
USB2	从口，用于下载工程
电源接口	24V DC

图 1-15 TPC7062K 外部接口的说明

2. 电源插头示意图及引脚定义

电源插头示意图及引脚定义如图 1-16 所示。

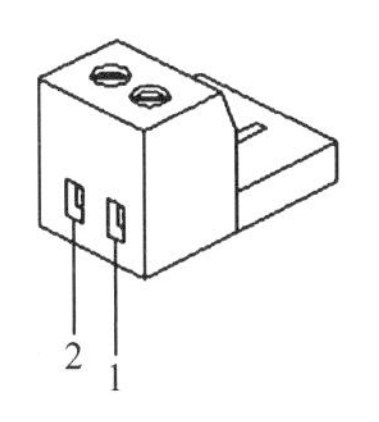

PIN	定义
1	+
2	−

图 1-16 电源插头示意图及引脚定义

3. 串口引脚定义

串口引脚定义如图 1-17 所示。

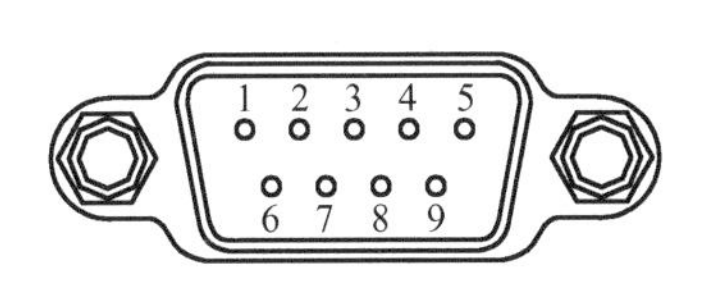

接口	PIN	引脚定义
COM1	2	RS232 RXD
	3	RS232 TXD
	5	GND
COM2	7	RS485+
	8	RS485−

图 1-17 串口引脚定义

4. 终端电阻

当 RS485 通信距离大于 20m 时，会出现干扰现象，要设置终端匹配电阻，COM2 口 RS485 终端匹配电阻跳线设置如图 1-18 所示。

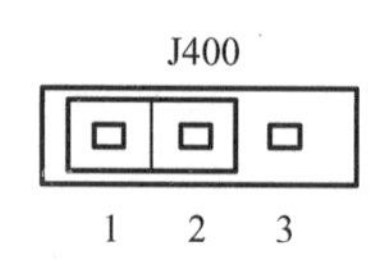

跳线设置	终端匹配电阻
	无
	有

图 1-18　COM2 口 RS485 终端匹配电阻跳线设置

5. TPC7062K 与计算机的连接

TPC7062K 与计算机的连接如图 1-19 所示。

图 1-19　TPC7062K 与计算机的连接

扁平接口插到计算机的 USB 口，微型接口插到 TPC7062K 的 USB2 口。TPC7062K 的 USB2 口为从口，只能下载工程，不能识别外接 USB 设备（U 盘、鼠标、打印机等）。TPC7062K 的 USB1 口为主口，可以识别外接 USB 设备，不能下载工程。

1.7　新建工程、打开工程及保存工程

1. 新建工程

选择菜单“文件”→“新建工程”或者单击按钮，弹出“新建工程设置”对话框，在“TPC”栏中，类型选择“TPC7062K”，在“背景”栏设置背景色、网格、列宽、行高，最后单击“确认”按钮，如图 1-20 所示。

如果 MCGS 嵌入版安装在 D 盘根目录下，则会在 D:\MCGSE\Work\下自动生成新建工程，默认的工程名为“新建工程 X.MCE”（X 表示新建工程的序号，如 0、1、2 等）。

2. 打开工程

选择菜单“文件”→“打开工程”或者单击按钮，弹出“打开”对话框，在“查找范围”栏选择文件的路径，在“文件名”栏输入需要打开的文件名，最后单击“打开”按钮，如图 1-21 所示。

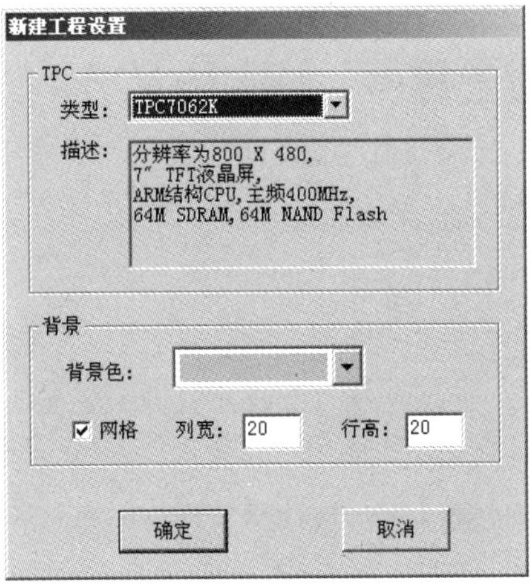

图 1-20 “新建工程设置”对话框

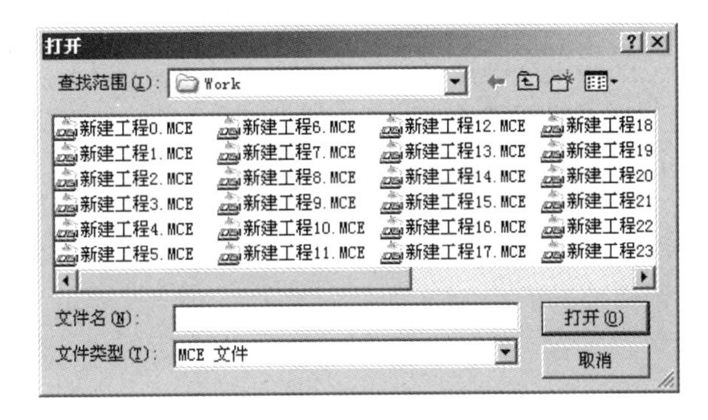

图 1-21 “打开”对话框

3. 保存工程

如果 MCGS 嵌入版安装在 D 盘根目录下，选择菜单“文件”→“保存工程”或者单击按钮，就会将文件保存在 D:\MCGSE\Work 目录下。

选择菜单“文件”→“工程另存为”，弹出“保存为”对话框，在“保存在”栏选择保存文件的路径，在“文件名”栏输入需要保存的文件名，最后单击“保存”按钮，如图 1-22 所示。

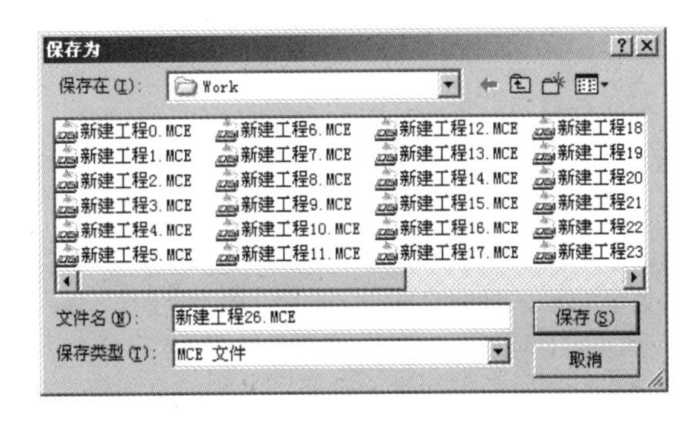

图 1-22 “保存为”对话框

1.8 工程下载与工程上传

一般情况下，工程下载是指将计算机中的工程下载到TPC，工程上传是指将TPC中的工程上传到计算机。

1. 工程下载

在组态环境下，选择菜单“工具”→“下载配置”或者单击按钮，弹出“下载配置”对话框，如图1-23所示。

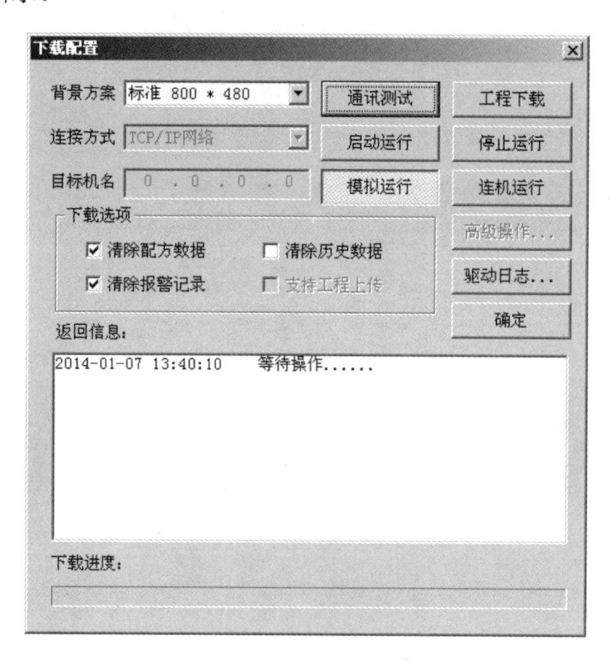

图1-23 “下载配置”对话框

1）设置选项

“背景方案”用于设置模拟运行环境屏幕的分辨率，用户可根据需要选择。“连接方式”用于设置上位机与下位机的连接方式，当选择“TCP/IP 网络”时，还需要在“目标机名”中填入TPC的IP地址。

2）功能按钮

“通讯测试”按钮用于测试通信情况，“工程下载”按钮用于将工程下载到模拟运行环境或下位机的运行环境中，“启动运行”按钮用于启动嵌入式系统中的工程，“停止运行”按钮用于停止嵌入式系统中的工程运行，“模拟运行”按钮用于工程在模拟运行环境下运行，“连机运行”按钮用于工程在实际的下位机中运行，“驱动日志”按钮用于搜集驱动工作中的各种信息。

单击“高级操作”按钮弹出“高级操作”对话框，通过上位机组态环境的高级操作，可以更新TPC的运行环境，获取序列号，下载注册码，设置IP地址，更换启动画面，复位工程（在不启动工程的情况下，通过复位工程删除用户工程、驱动及历史数据），如图1-24所示。

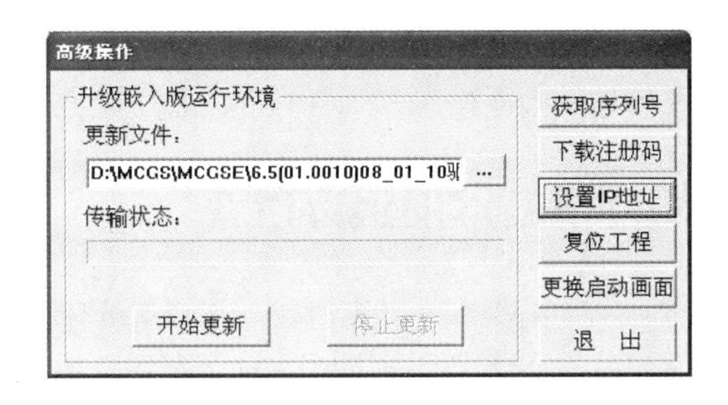

图 1-24 “高级操作”对话框

3）下载选项

“清除配方数据”选项用于重新下载时选择是否清除屏幕中原来工程的配方数据（包括计划曲线的配方数据）。“清除历史数据”选项用于重新下载时选择是否清除屏幕中原工程的存盘数据。“清除报警记录”选项用于重新下载时选择是否清除屏幕中以前运行的报警记录。“支持工程上传”选项用于下载后选择是否可以上传正在下载的原工程至计算机。

工程下载操作步骤：

（1）单击“连机运行”按钮。

（2）连接方式可以选择“TCP/IP 网络”或者“USB 通讯”，当选择“TCP/IP 网络”时，需要在“目标机名”中填入 TPC 的 IP 地址，必须保证计算机和 TPC 的 IP 在同一个网段。

（3）单击“通讯测试”按钮，测试通信是否正常，如果通信成功，在“返回信息”框中将提示“通讯测试正常”。

（4）单击“工程下载”按钮，将工程下载到 TPC，工程下载完毕，在“返回信息”框中将提示“工程下载成功”。

2. 工程上传

只有在“下载配置”对话框中选中“支持工程上传”选项时，才可以实现工程上传，在组态环境下，选择菜单“文件”→“上传工程”，弹出“上传工程”对话框，如图 1-25 所示。

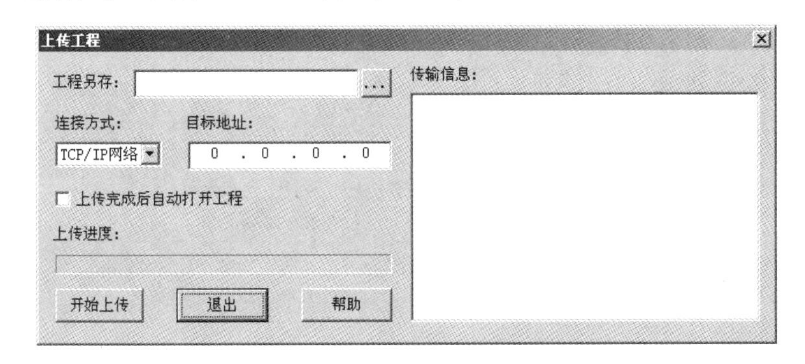

图 1-25 “上传工程”对话框

工程上传操作步骤：

（1）在“工程另存”中设置工程上传到计算机的路径及文件名。

（2）在“连接方式”中根据通信方式来选择“USB 通讯”或者“TCP/IP 网络”，当选择

"TCP/IP 网络"时，根据 IP 地址设置目标地址。

（3）单击"开始上传"按钮，当进度条满时，上传完成。

1.9 MCGS 嵌入版组态软件的运行方式

MCGS 嵌入版组态软件包括组态环境、运行环境、模拟运行环境三部分。组态环境和模拟运行环境运行在计算机上，运行环境安装在 TPC 上；组态环境是用户组态工程的平台，模拟运行环境在计算机上模拟工程的运行情况，用户可以不必连接下位机，对工程进行检查，运行环境是 TPC 真正的运行环境，当下载新工程到 TPC 时，如果新工程与旧工程不同，将不会删除磁盘中的存盘数据，如果是相同的工程，但同名组对象结构不同，则会删除该组对象的存盘数据。

模拟运行操作步骤：

（1）打开"下载配置"对话框，单击"模拟运行"按钮。

（2）单击"通讯测试"按钮，测试通信是否正常。如果通信成功，在"返回信息"框中将提示"通讯测试正常"，同时弹出模拟运行环境窗口，此窗口打开后，将以最小化形式在任务栏中显示。

（3）单击"工程下载"按钮，将工程下载到模拟运行环境中，如果工程正常下载，将提示"工程下载成功"。

（4）单击"启动运行"按钮，模拟运行环境启动，模拟环境最大化显示，即可看到工程正在运行，如图 1-26 所示。

（5）单击"下载配置"对话框中的"停止运行"按钮，工程停止运行；单击模拟运行环境窗口中的关闭按钮 ，窗口关闭。

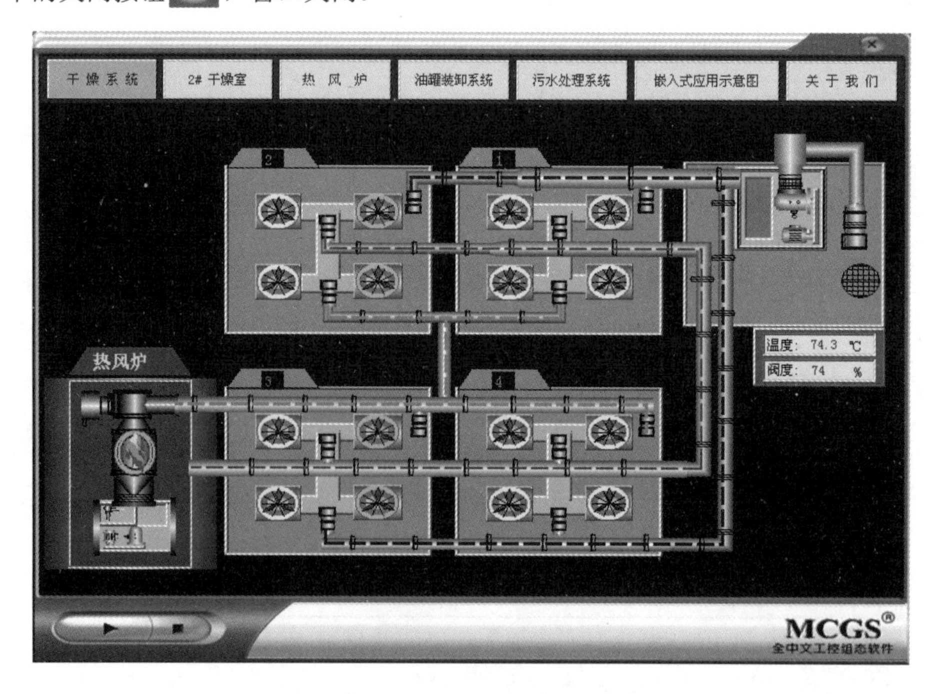

图 1-26　工程正在运行

1.10 CeSvr 启动属性窗口

当 TPC 启动后，如图 1-27 所示，出现启动进度条时，点击触摸屏，进入 CeSvr 的“启动属性”窗口，如图 1-28 所示，通过点击按钮进行操作，停止触摸屏校准的倒计时。如果不点击任何按钮，等待 30 秒系统自动启动触摸屏校准程序。

图 1-27 启动进度条

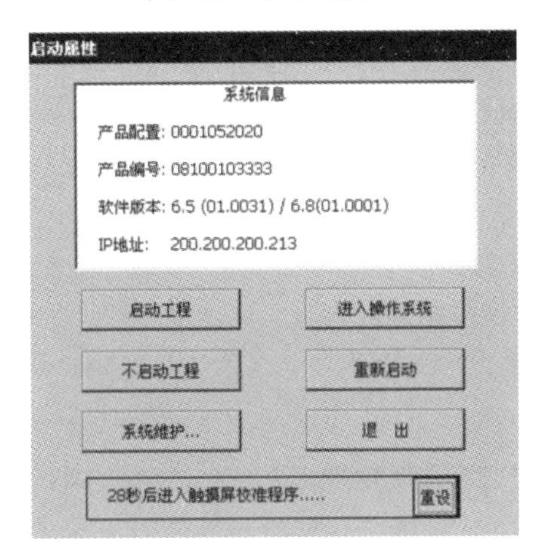

图 1-28 “启动属性”窗口

“启动工程”按钮用于启动 McgsCE.exe 程序，直接运行工程；“不启动工程”按钮用于不运行工程，进入运行环境，如图 1-29 所示；“进入操作系统”按钮用于启动 Explorer.exe 程序，打开资源管理器；“系统维护”按钮用于弹出“系统维护”对话框，由用户进行 TPC 运行环境的参数设置，提供运行环境文件备份、恢复和清理等系统维护功能；“重新启动”按钮用于重新启动 TPC；“退出”按钮用于退出 CeSvr“启动属性”窗口。

图 1-29 进入运行环境

主控窗口

MCGS 嵌入版组态软件的主控窗口是组态工程的主窗口，是所有设备窗口和用户窗口的父窗口。它相当于一个大容器，可以放置一个设备窗口和多个用户窗口，负责这些窗口的管理和调度，并调度用户策略的运行。同时，主控窗口又是组态工程结构的主框架，可在主控窗口内设置系统运行流程及特征参数，方便用户的操作。

在 MCGS 嵌入版组态软件中，一个应用系统只允许有一个主控窗口，主控窗口是作为一个独立对象存在的，其强大的功能和复杂的操作都被封装在对象的内部，组态时只对主控窗口的属性进行设置即可。

主控窗口是应用系统的父窗口和主框架，其基本职责是调度与管理运行系统，反映出应用工程的总体概貌。选中主控窗口图标，单击工具栏中的“属性”按钮（），或执行菜单“编辑”→“属性”命令，或右击“主控窗口”并选择“属性”命令，弹出“主控窗口属性设置”对话框，如图 2-1 所示。

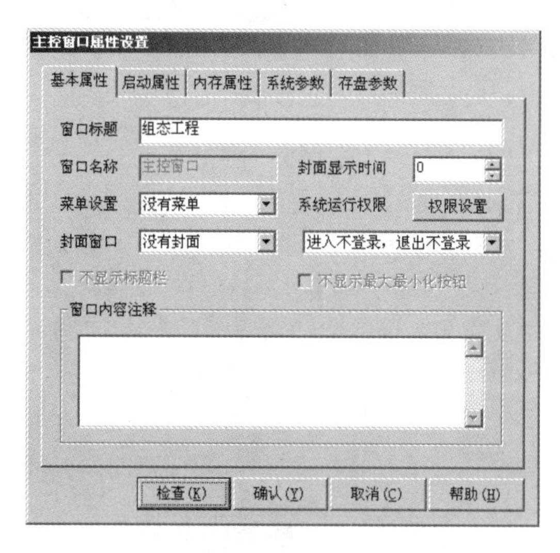

图 2-1 “主控窗口属性设置”对话框

2.1 基本属性

应用工程运行时的总体概貌及外观完全由主控窗口的基本属性决定，选择“基本属性”标签，进入“基本属性”选项卡。

1. 窗口标题

设置工程运行窗口的标题。

2. 窗口名称

这是指主控窗口的名称，默认为“主控窗口”，并灰色显示，不可更改。

3. 菜单设置

设置工程是否有菜单。

4. 封面窗口

确定工程运行时是否有封面，可在下拉菜单中选择相应的封面窗口。

5. 封面显示时间

设置封面持续显示的时间，以秒为单位。运行时，单击窗口任何位置，封面自动消失。封面时间设置为0，封面将一直显示，直到单击窗口任何位置时，封面才消失。

6. 系统运行权限

设置系统运行权限，单击“权限设置”按钮，进入用户权限设置。

7. 进入或退出工程的权限设置

可将进入或退出工程的权限赋予某个用户组，无此权限的用户组中的用户不能进入或退出该工程。当选择“所有用户”时，相当于无限制。此项措施对防止无关人员的误操作、提高系统的安全性起到重要的作用。通过下拉列表框选择进入或退出时是否登录，选项包括：“进入不登录，退出登录”，即当用户退出MCGS运行环境时，须登录；“进入登录，退出不登录”，即当用户启动MCGS运行环境时，须登录，退出时不必登录；“进入不登录，退出不登录”，即进入或退出MCGS运行环境时，都不必登录；“进入登录，退出登录”，即进入或退出MCGS运行环境时，都需要登录。

8. 窗口内容注释

它对窗口内容起到说明和备忘的作用，对应用工程运行时的外观不产生任何影响。

2.2 启动属性

应用系统启动时，主控窗口应自动打开一些用户窗口，即时显示某些图形动画（反映工程特征的封面图形），主控窗口的这一特性称为启动属性。选择“启动属性”标签，进入“启动属性”选项卡，左侧为“用户窗口列表”，列出了所有定义的用户窗口名称，右侧为启动时“自动运行窗口”，利用“增加”和“删除”按钮，可以调整自动启动的用户窗口。单击“增加”按钮或双击左侧列表内指定的用户窗口，可以将该窗口移动到右侧，成为系统启动时自动运行的用户窗口，单击“删除”按钮或双击右侧列表内指定的用户窗口，可以将该用户窗口从“自动运行窗口”列表中删除，如图 2-2 所示。

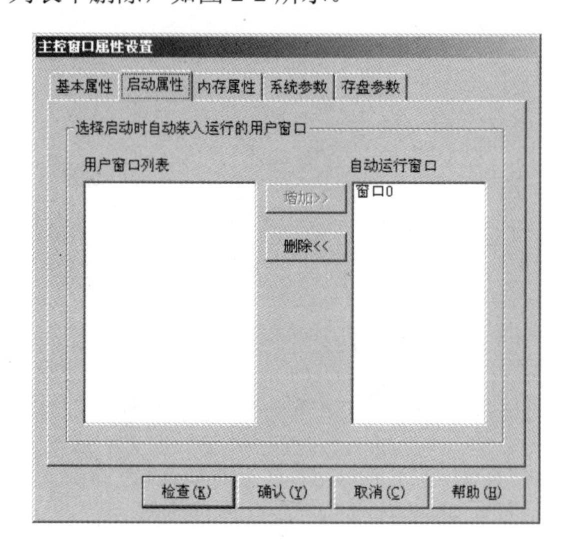

图 2-2 “启动属性”选项卡

启动时，一次打开的窗口个数没有限制，但由于计算机内存的限制，一般只把最需要的窗口选为启动窗口，启动窗口过多会影响系统的启动速度。

2.3 内存属性

应用工程运行过程中，当需要打开一个用户窗口时，系统首先把窗口的特征数据从硬盘调入内存，再执行窗口打开的指令，这样打开窗口的过程可能比较缓慢，满足不了工程的需要。为了加快用户窗口的打开速度，MCGS 嵌入版组态软件提供了一种直接从内存中打开窗口的机制，即把用户窗口装入内存，节省了磁盘操作的时间。将位于主控窗口内的某些用户窗口定义为内存窗口，称为主控窗口的内存属性。

利用主控窗口的内存属性，可以设置运行过程中始终位于内存中的用户窗口，不管该窗口是处于打开状态，还是处于关闭状态。由于窗口存在于内存之中，打开时不需要从硬盘上读取，因而能提高打开窗口的速度。MCGS 嵌入版组态软件最多允许选择 20 个用户窗口在运行时装入内存。受计算机内存大小的限制，一般只把需要经常打开和关闭的用户窗口在运行时装入内存。预先装入内存的窗口过多也会影响运行系统装载的速度。MSGS 的内存窗口具有指定功能，使内存窗口的选择不能自动排序，而由用户指定顺序，从而可以在内存有限的情况下优先缓存前面的窗口。

选择“内存属性”标签，进入“内存属性”选项卡，左侧为“用户窗口列表”，列出了所有定义的用户窗口名称，右侧为启动时“装入内存窗口”列表，利用“增加”和“删除”按钮，可以调整装入内存中的用户窗口。单击“增加”按钮或双击左侧列表内指定的用户窗口，可以将该窗口移动到右侧，成为始终位于内存中的用户窗口，单击“删除”按钮或双击右侧列表内指定的用户窗口，可以将该用户窗口从“装入内存窗口”列表中删除，如图 2-3 所示。

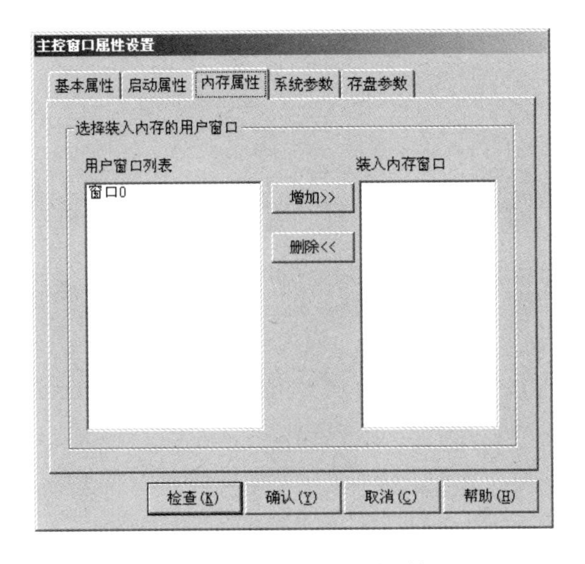

图 2-3 “内存属性”选项卡

2.4 系统参数

主控窗口的系统参数主要设置与动画显示有关的时间参数，选择“系统参数”标签，进入“系统参数”选项卡，如图 2-4 所示。

“快速闪烁周期”为 100～1000（毫秒），“中速闪烁周期”为 200～2000（毫秒），“慢速闪烁周期”为 150～2000（毫秒）；如果超出这个范围，系统将强制转换。设置“系统最小时间片”是为了防止用户的误操作，是指运行时系统最小的调度时间，其值在 20～100（毫秒），一般设置为 50，当设置的某个周期的值小于 50 时，该功能将启动，默认该值单位为“时间片”，如动画刷新周期为 1，则系统认为是指 1 个时间片，即 50（毫秒）。

主控窗口属性设置

基本属性 启动属性 内存属性 系统参数 存盘参数

控制参数

快速闪烁周期 600 动画刷新周期 333

中速闪烁周期 888 系统最小时间片 50

慢速闪烁周期 1000

注意：以上时间的单位为ms

检查(K) 确认(Y) 取消(C) 帮助(H)

图 2-4 “系统参数”选项卡

2.5 存盘参数

选择“存盘参数”标签，进入“存盘参数”选项卡，如图 2-5 所示，该选项卡中可以进行工程文件配置和特大数据存储设置。

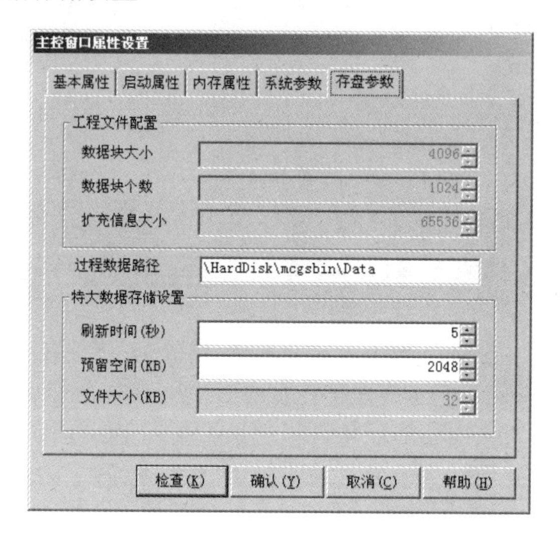

图 2-5 “存盘参数”选项卡

2.6 菜单管理

打开组态环境的工作台，选择“主控窗口”→“菜单组态”命令或者双击主控窗口图标进入菜单组态环境，菜单采用树形结构进行管理。在菜单组态环境中右击，弹出快捷菜单，选择“新增下拉菜单”，或者单击工具栏的图标，产生“操作集 0”下拉菜单，相当于一个文件夹；选择“新增菜单项”或者工具栏的图标，产生“操作 0”普通菜单，相当于一个独立文件；选择“新增分隔线”或者工具栏的图标，在下拉菜单各操作之间产生“分隔线”；选择“向右移动”或者工具栏的图标，使“操作 0”放入“操作集 0”；选择“向左移动”或者工具栏的图标，使“操作 0”返回到“操作集 0”层；选择“向上移动”或者工具栏的图标，选择“向下移动”或者工具栏的图标，可进行菜单位置调整。

菜单管理是一种快捷的调用窗口的方式，下面通过标准按钮测试的实例来实现菜单管理的功能。

（1）首先建立一个“属性窗口管理”下拉菜单，菜单属性设置如图 2-6 所示。

（2）建立一个“基本属性窗口”菜单项，菜单属性设置如图 2-7 所示，通过“向右移动”将“基本属性窗口”菜单项放入“属性窗口管理”下拉菜单中。

（3）用同样方法建立“操作属性窗口”及“脚本程序窗口”菜单项；在“基本属性窗口”“操作属性窗口”及“脚本程序窗口”之间插入“分隔线”。

（4）选中“属性窗口管理”下拉菜单，新建“事件窗口”菜单项。

（5）将“主控窗口属性设置”对话框的“菜单设置”设置为“有菜单”，如图 2-8 所示。

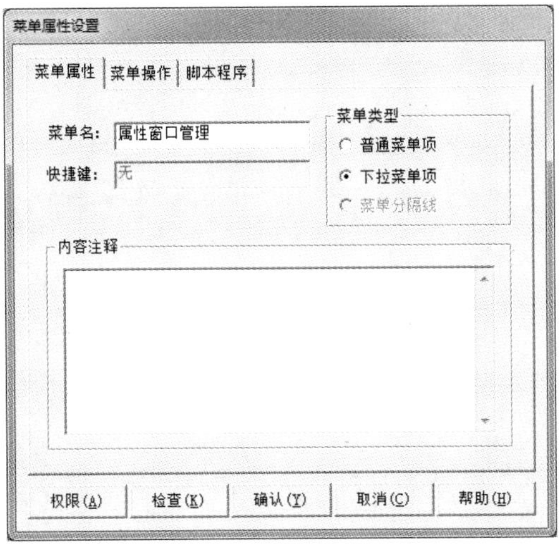

图 2-6 “属性窗口管理”下拉菜单的菜单属性设置

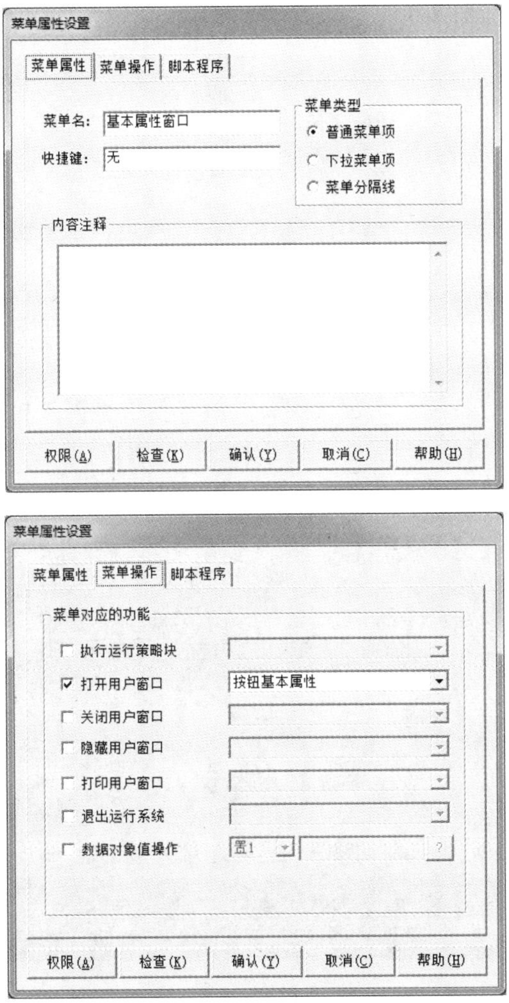

图 2-7 “基本属性窗口”菜单项的菜单属性设置

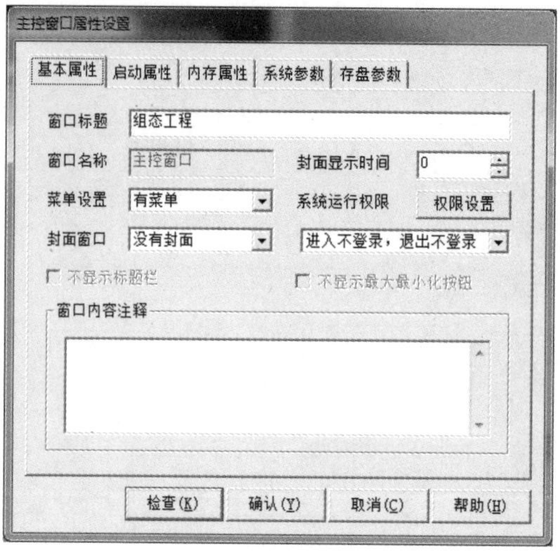

图 2-8 “菜单设置”

（6）运行环境下菜单如图 2-9 所示。

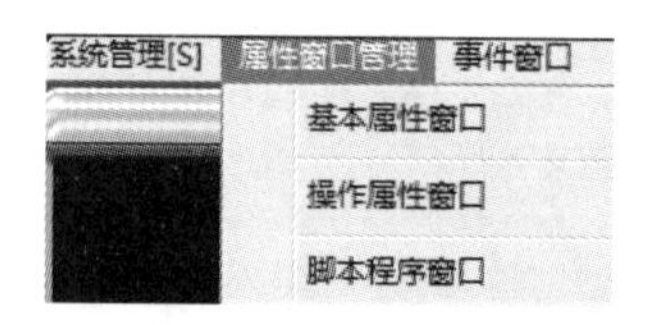

图 2-9　运行环境下菜单

2.7　封面应用

在工程应用中，经常会希望点击触摸屏首页的任何位置进入相关页面，通过设置主控窗口的封面属性可以解决这个问题，下面通过实例进行说明。

（1）制作测试首页及基本属性窗口，如图 2-10 所示。

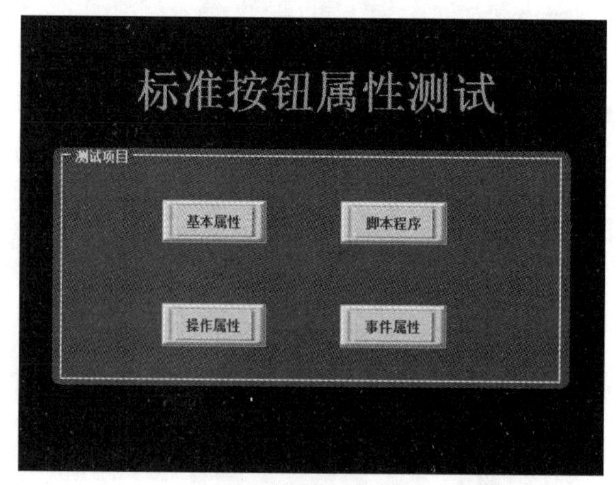

（a）测试首页窗口

图 2-10　窗口的效果

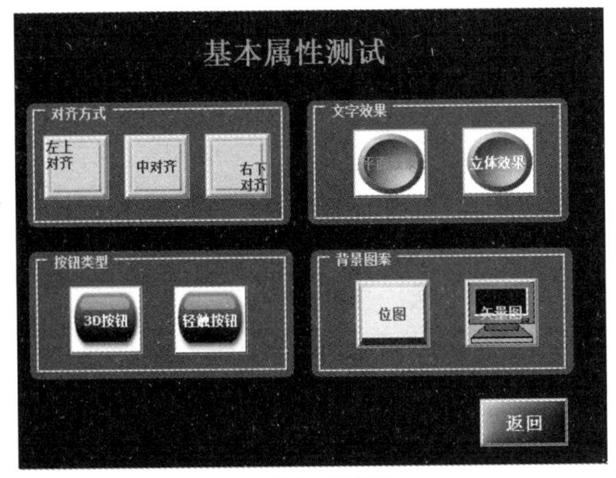

（b）基本属性窗口

图 2-10　窗口的效果（续）

（2）打开“主控窗口属性设置”对话框的“基本属性”选项卡，“封面窗口”选择“测试首页”，“封面显示时间”设置为“0”，如图 2-11 所示。

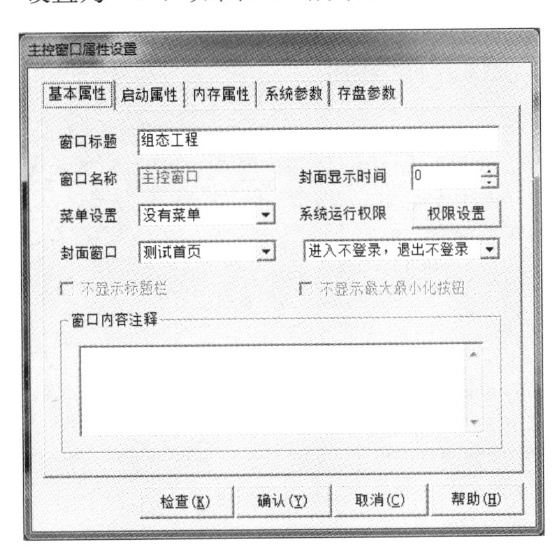

图 2-11　封面属性设置

（3）打开“启动属性”选项卡，将“基本属性”窗口设置为自动运行窗口，如图 2-12 所示。

（4）在运行环境下，点击“测试首页”任何位置，就可以进入“基本属性”窗口。

采用封面属性设置解决这个问题，只能够运行一次，需要再运行就必须重新启动，这样操作很不方便，采用标准按钮及窗口事件来解决这个问题，操作简单、方便。

采用标准按钮解决这个问题，首先制作一个和“测试首页”窗口颜色和大小一样的标准按钮，并将该按钮放置在底层，然后设置标准按钮操作属性，如图 2-13 所示。

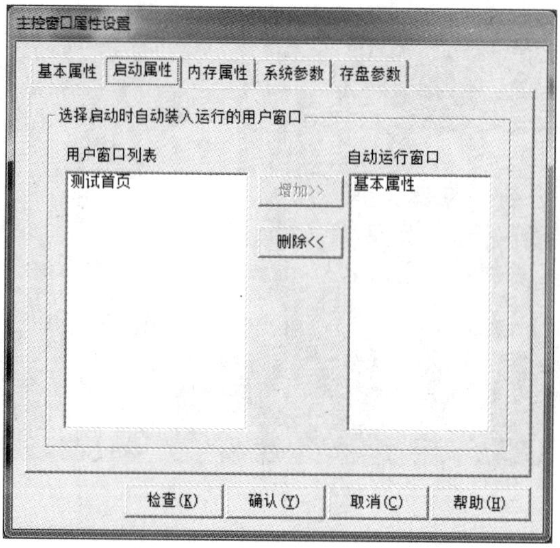

图 2-12　自动运行窗口的设置

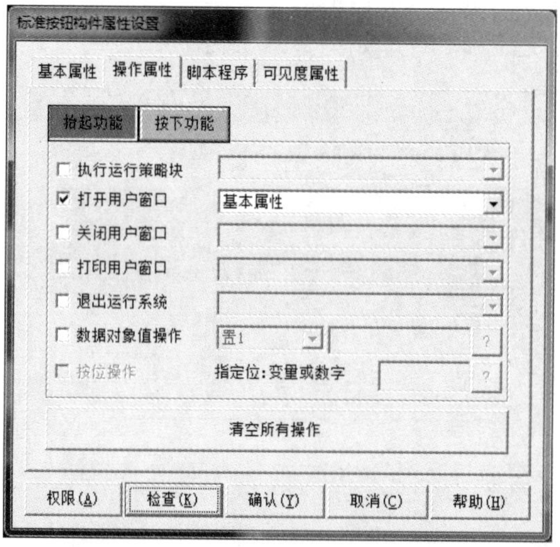

图 2-13　设置标准按钮操作属性

采用窗口事件解决这个问题，首先在“测试首页”窗口右击，选择“事件”，弹出事件组态窗口，然后选择鼠标左键单击事件，编写事件连接脚本“用户窗口.基本属性.Open( )”。

第3章

设备窗口

设备窗口是 MCGS 嵌入版系统的重要组成部分，在设备窗口中建立系统与外部硬件设备的连接关系，使系统能够从外部设备读取数据并控制外部设备的工作状态，实现对工业过程的实时监控。

3.1 设备管理

MCGS 嵌入版实现设备驱动的基本方法是：在设备窗口内配置不同类型的设备构件，并根据外部设备的类型和特征，设置相关的属性，将设备的操作方法（如硬件参数配置、数据转换、设备调试等）都封装在构件中，以对象的形式与外部设备建立数据的传输通道。系统运行过程中，设备构件由设备窗口统一调度管理。通过通道连接，它既可以向实时数据库提供从外部设备采集到的数据，供系统其他部分进行控制运算和流程调度，又能从实时数据库查询控制参数，实现对设备工作状态的实时检测和过程的自动控制。

MCGS 嵌入版的这种结构形式使其成为一个“与设备无关”的系统，对于不同的硬件设备，只定制相应的设备构件，放置到设备窗口中，并设置相关的属性，系统就可对这一设备进行操作，而不需要对整个系统结构做任何改动。在 MCGS 嵌入版中，一个用户工程只允许有一个设备窗口。运行时，由主控窗口负责打开设备窗口，而设备窗口是不可见的，在后台独立运行，负责管理和调度设备构件的运行。

设备管理窗口中提供了常用的上百种设备的驱动程序，方便用户快速找到适合自己的设备驱动程序，完成所选设备在 Windows 中的登记和删除登记工作。初次使用设备或用户自己新添加设备之前，必须完成设备驱动程序的登记工作，否则可能会出现不可预测的错误。在 MCGS 嵌入版组态环境中选择“工具”菜单下的“设备构件管理”项，将弹出“设备管理”窗口，如图 3-1 所示。在“设备管理”窗口中，左边列出了系统现在支持的所有设备，右边列出了所有已经登记的设备，用户只要在窗口左边的列表框中选中需要使用的设备，单击“增加”按钮或者双击，即完成了 MCGS 嵌入版设备的登记工作。在窗口右边的列表框中选中需要删除的设备，单击“删除”按钮即完成了 MCGS 嵌入版设备的删除登记工作。

如果需要增加新设备，必须安装新设备的驱动程序。在“设备管理”窗口中单击“安装”按钮，系统弹出对话框询问是否需要安装新增的驱动程序，选择“是”，指明驱动程序所在的路径，进行安装。安装完毕，新的设备将显示在“设备管理”窗口的左侧列表框“用户定制设备”目录下，然后进行新设备的登记工作。

在“设备管理”窗口左边的列表框中列出了系统目前支持的所有设备（驱动程序在

\MCGSE\Program\Drivers 目录下），设备是按一定分类排列的，设备驱动分类方法如图 3-2 所示，用户可根据分类方法查找自己需要的设备。例如，用户要查找研华 Adam4013 智能模块的驱动程序，可在 Drivers 目录下先找到智能模块目录，然后在该目录下找到研华模块目录，里面即有研华 Adam4013 的驱动程序。

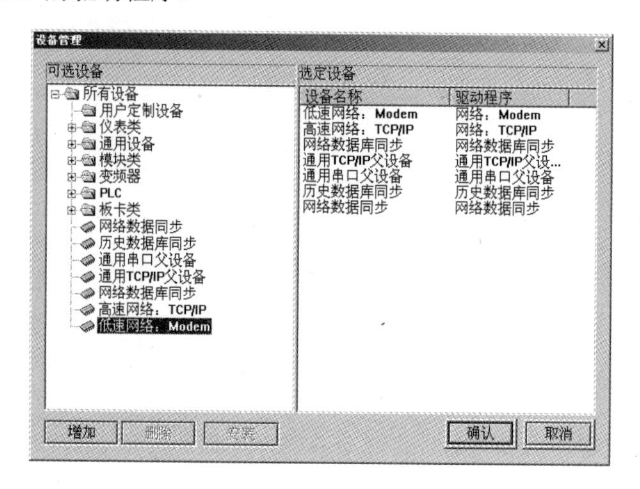

图 3-1 “设备管理”窗口

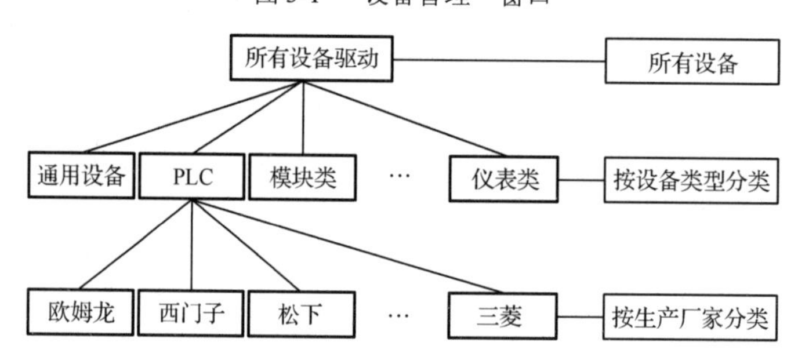

图 3-2 设备驱动分类方法

3.2 设备构件选择

设备构件是 MCGS 嵌入版系统对外部设备进行驱动的中间媒介，通过建立的数据通道，在实时数据库与测控对象之间实现数据交换，达到对外部设备的工作状态进行实时检测与控制的目的。

MCGS 嵌入版系统内部设有“设备工具箱”，“设备工具箱”内一般只列出工程所需的设备构件，以方便工程使用。一般情况下，“设备管理”窗口“选定设备”栏中的设备构件就是“设备工具箱”中的设备构件。

选择设备构件的操作步骤：

（1）选择工作台窗口中的“设备窗口”标签，进入设备窗口页。

（2）双击设备窗口图标或单击“设备组态”按钮，打开设备组态窗口。

（3）单击工具栏中的“工具箱”按钮，打开“设备工具箱”，如图 3-3 所示。

观察所需的设备是否显示在“设备工具箱”内，如果所需设备没有出现，单击“设备管理”按钮，在弹出的设备管理对话框中选定所需的设备。

（4）双击“设备工具箱”内对应的设备构件，或选择设备构件后，单击设备窗口，将选中的设备构件设置到设备窗口内。

（5）设置设备构件的属性。

设备工具箱
设备管理
通用串口父设备
西门子_S7200PPI
三菱_FX系列编程口
扩展OmronHostLink

图 3-3 “设备工具箱”

3.3 设备构件的属性设置

在设备窗口内配置了设备构件之后，接着应根据外部设备的类型和性能，设置设备构件的属性。不同的硬件设备，属性内容大不相同，但对大多数硬件设备而言，包括设置设备构件的基本属性、建立设备通道和实时数据库之间的连接、设备通道数据处理内容的设置及调试硬件设备的各项组态。

在设备组态窗口内，选择设备构件，单击工具栏中的“属性”按钮，或者执行“编辑”菜单中的“属性”命令，或者双击该设备构件，即可打开选中构件的“设备编辑窗口”，进行设备构件属性设置，如图 3-4 所示。该窗口由设备的驱动信息、基本信息、通道信息及功能按钮四部分组成。

图 3-4 “设备编辑窗口”

3.3.1 驱动信息

驱动信息包括了驱动版本信息、驱动模版信息、驱动文件路径、驱动预留信息、通道处理拷贝信息。

3.3.2 基本信息

单击“查看设备内部属性”按钮弹出“FX 系列串口通道属性设置”对话框，用于设置 PLC 的读/写通道，以便进行设备通道连接，如图 3-5 所示。

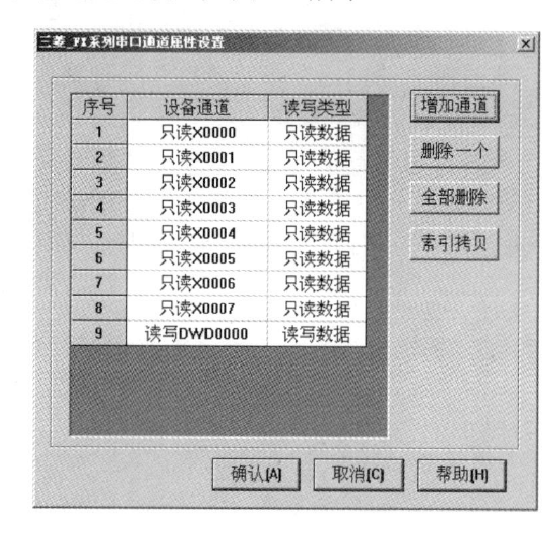

图 3-5 “FX 系列串口通道属性设置”对话框

初始工作状态是指进入 MCGS 嵌入版运行环境时，设备构件的初始工作状态。设为“启动”时，设备构件自动开始工作；设为“停止”时，设备构件处于非工作状态，需要在系统的其他地方（如运行策略中的设备操作构件内）来启动设备、开始工作。

在 MCGS 嵌入版中，系统对设备构件的读/写操作是按一定的时间周期来进行的，“最小采集周期”是指系统操作设备构件的最短时间周期。运行时，设备窗口用一个独立的线程来管理和调度设备构件的工作，在系统的后台按照设定的采集周期，定时驱动设备构件采集和处理数据，因此设备采集任务将以较高的优先级执行，得以保证数据采集的实时性和严格的同步要求。实际应用中，可根据需要对设备的不同通道设置不同的采集或处理周期，单位为 ms，一般在静态测量时设为 1000ms，在快速测量时设为 200ms。

设备地址默认为 0，要与实际 PLC 设备地址相同；“通讯等待时间”默认设置为 200ms，当采集速度要求较高或数据量较大时，设置值可适当减小或增大；对选择了快速采集的通道进行快速采集的频率设置；PLC 类型默认为 FX0N，要与实际 PLC 类型相同。

3.3.3 通道信息

MCGS 嵌入版设备中一般都包含一个或多个用来读取或者输出数据的物理通道，MCGS 嵌入版把这样的物理通道称为设备通道，如模拟量输入装置的输入通道、模拟量输出装置的输出通道、开关量输入/输出装置的输入/输出通道等，这些都是设备通道。

设备通道只是数据交换用的通路，而数据输入到哪里和从哪里读取数据以供输出，即进行数据交换的对象，则必须由用户指定和配置。实时数据库是 MCGS 嵌入版的核心，各部分之间的数据交换均须通过实时数据库。因此，所有的设备通道都必须与实时数据库连接。所谓通道连接，即由用户指定设备通道与数据对象之间的对应关系，这是设备组态的一项重要工作。首先单击进行“行选择”，然后双击或者单击，打开通道连接变量选择窗口进行变量选择，每次只能选择一个。

通道信息栏包括索引、连接变量、通道名称、通道处理、调试数据、采集周期及信息注释。在 MCGS 嵌入版对设备构件进行操作时，不同通道可使用不同处理周期。通道处理周期是设置的最小采集周期的倍数，如设为 0，则不对对应的设备通道进行处理。为提高处理速度，建议把不需要的设备通道的处理周期设置为 0。

在实际应用中，开始可能并不知道系统所采用的硬件设备，可利用 MCGS 嵌入版系统的设备无关性，先在实时数据库中定义所需要的数据对象，组态完成整个应用系统。在最后的调试阶段，再把所需的硬件设备接上，进行设备窗口的组态，建立设备通道和对应数据对象的连接。一般来说，设备构件的每个设备通道及其输入或输出数据的类型是由硬件本身决定的，所以连接时，连接的设备通道与对应的数据对象的类型必须匹配，否则连接无效。

3.3.4 功能按钮

1. “快速连接变量”按钮

“快速连接变量”按钮提供了一种方便快捷的连接方式，可实现多通道连接。单击“快速连接变量”按钮，弹出“快速连接”对话框，如图 3-6 所示。

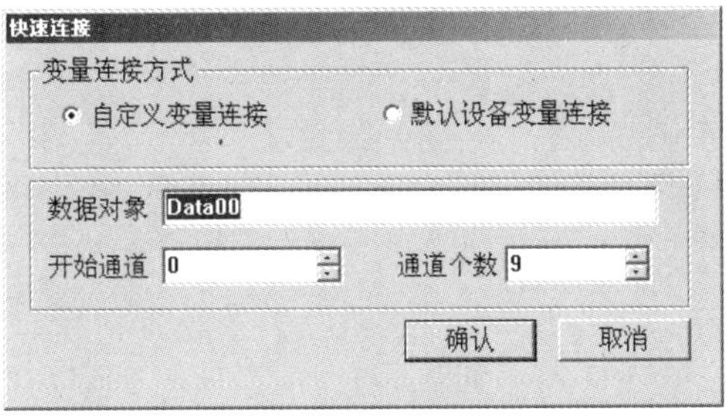

图 3-6 “快速连接”对话框

选择“自定义变量连接”时，首先设置数据对象名称、开始通道及通道个数，然后从开始通道处开始连接变量，根据通道个数添加相应个数通道的变量连接。如从 0 通道开始添加 11 个通道的连接，数据对象从 Data00 开始，通道 0，1，…，10 对应的连接变量依次为 Data00，Data01，…，Data10。

选择“默认设备变量连接”时，所有通道连接的变量统一被替换成一种格式的变量，格式为“设备名+变量名称+地址”。

2. “通道处理设置”按钮

在实际应用中，经常需要对从设备中采集到的数据或输出到设备的数据进行前处理，以得到实际需要的工程物理量，如从 AD 通道采集进来的数据一般都为电压值，需要进行量程转换或查表计算等处理才能得到所需的物理量。

对通道数据的处理包括多项式计算、倒数计算、开方计算、滤波处理、工程转换计算、函数调用、标准查表计算、自定义查表计算八种形式。可以任意设置以上八种处理的组合，MCGS 嵌入版从上到下顺序进行计算处理，每行计算结果作为下一行计算输入值，通道值等于最后计算结果值。

通道处理一次能且只能对这一个通道进行通道处理设置，不支持多个通道同时处理。值得注意的是，设备通道的编号从 0 开始。

对输入通道（从外部设备中读取数据送入 MCGS 嵌入版的通道，AD 板的输入通道）的处理顺序如下。

（1）通过设备构件从外部设备读取数据。

（2）按处理内容列表设置的处理内容，从上到下顺序计算处理，第一行使用通道从外部设备读取数据作为计算输入值，其他行使用上一行的计算结果作为输入值。

（3）最后一行计算结果作为通道的值。

（4）根据所建立的设备通道和实时数据库的连接关系，把通道的值送入实时数据库中的指定数据对象。

对输出通道（把 MCGS 嵌入版中的数据送到外部设备输出的通道，DA 板的输出通道）的处理顺序如下。

（1）根据所建立的设备通道和实时数据库的连接关系，把实时数据库中的指定数据对象的值读入通道。

（2）按处理内容列表设置的处理内容，从上到下顺序计算处理，第一行使用通道从 MCGS 嵌入版中读取的数据作为计算输入值，其他行使用上一行的计算结果作为输入值。

（3）最后一行计算结果作为通道的值。

（4）通过设备构件把通道的数据输出到外部设备。

单击“通道处理设置”按钮，弹出“通道处理设置”对话框，如图 3-7 所示，单击每种处理方法前的数字按钮，即可把对应的处理内容增加到右边的“处理内容”列表中，单击“上移”和“下移”按钮可改变处理顺序，单击“删除”按钮可删除选定的处理项，单击“设置”按钮，弹出处理参数设置对话框，可以对编辑过的某个处理方法进行设置，其中，倒数、开方、滤波处理不用设置参数，故没有对应的对话框弹出。

3. 数据处理方法

1）多项式计算处理

多项式计算处理可设置的处理参数为 K0～K5，可以将其设置为常数，也可以设置成指定通道的值（通道号前面加“!”）；另外，还应选择参数和计算输入值的乘除关系，如图 3-8 所示。

2）函数调用处理

函数调用处理用来对设定的多个通道值进行统计计算，包括求和、求平均值、求最大值、求最小值、求标准方差，函数调用中的输入通道不能为当前通道，否则当前通道数据采集失败，如图 3-9 所示。

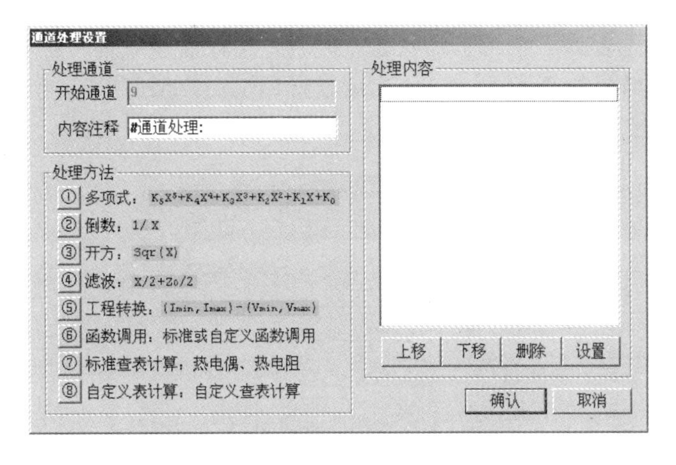

图 3-7 “通道处理设置”对话框

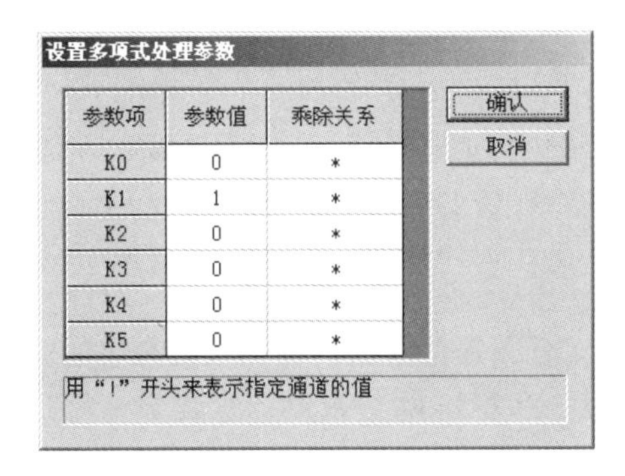

图 3-8 “设置多项式处理参数”对话框

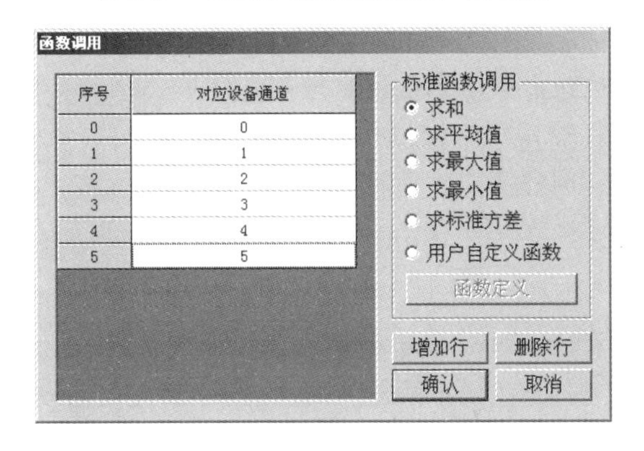

图 3-9 “函数调用”对话框

3）工程量转换处理

工程量转换处理是将设备输入信号转换成工程物理量，根据输入信号的大小采用线性插值方法转换成工程物理量。例如，将设备通道 0 的输入信号 1000～5000mV（采集信号）转换成 0～2MPa（传感器量程）的压力量，设置如图 3-10 所示。

4. “启用设备调试”按钮

使用设备调试窗口可以在设备组态的过程中很方便地对设备进行调试，以检查设备组态设置是否正确、硬件是否处于正常工作状态；同时，可以直接对设备进行控制和操作，方便了设计人员对整个系统的检查和调试。当启用设备调试后，所有的功能都变为不可用，直到停止设备调试。

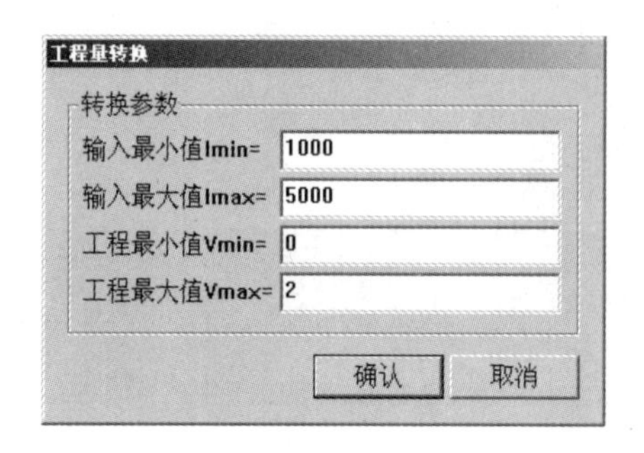

图 3-10 “工程量转换”对话框

在通道值一列中，对输入通道显示的是经过数据转换处理后的最终结果值；对输出通道，可以给对应的通道输入指定的值，经过设定的数据转换后，输出到外部设备。

3.4 模拟设备

模拟设备是 MCGS 嵌入版组态软件根据设置的参数产生的一组模拟曲线数据，以供用户调试工程使用，模拟设备可以产生标准的正弦波、方波、三角波、锯齿波信号，其幅值和周期都可以任意设置。下面通过实例介绍模拟设备添加、属性设置及设备调试。

（1）在“设备管理”窗口的“可选设备”列表框中双击模拟设备构件，即可将模拟设备构件添加到“选定设备”列表框中，同时在“设备工具箱”窗口出现模拟设备构件，单击“设备管理”窗口的“确认”按钮，关闭“设备管理”窗口。

（2）在“设备工具箱”窗口双击模拟设备构件，即可将模拟设备构件添加到设备窗口，在设备窗口中双击模拟设备构件，弹出“设备编辑”窗口。

（3）单击“内部属性”设置按钮 ...，弹出“内部属性”窗口，进行内部属性设置，如图 3-11 所示。

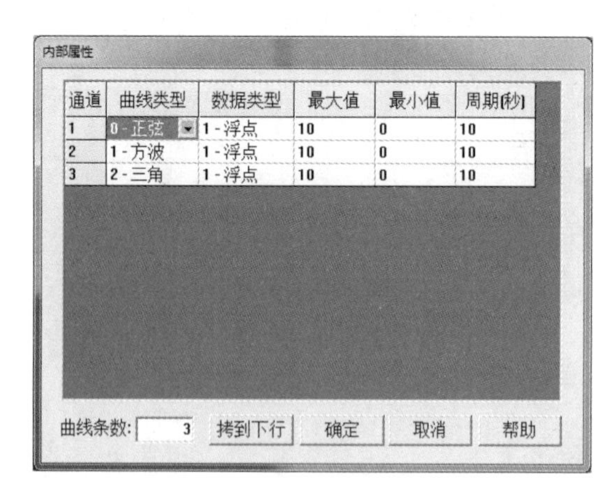

图 3-11 “内部属性”窗口

在“内部属性”窗口中可以设置曲线类型、数据类型、最大值、最小值及周期，在“曲线条数”输入框中可以输入需要的曲线数，单击“拷到下行”按钮，可以把鼠标所在行的所有数据复制到下一行。

（4）将通道 0、通道 1 及通道 2 分别和变量 D0、D1 及 D2 连接。

（5）制作三盏灯画面，将 HL1、HL2 及 HL3 对应表达式分别设置为 D0>5、 D1=10 及 D2>5，如图 3-12 所示。

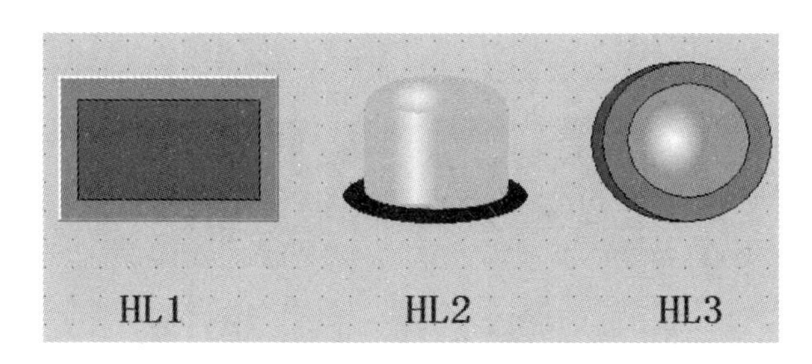

图 3-12 三盏灯画面

（6）在运行环境下，三盏灯会自动按照设置的条件亮或灭。

3.5 触摸屏和 FX 系列 PLC 设备连接

通用串口父设备是提供串口通信功能的父设备，每个通信串口父设备与一个实际的物理串口对应，下面可以挂接所有通过串口连接的设备，通信串口父设备对应的串口有 RS232 和 RS485 两种通信方式。RS232 方式只能使用 1 对 1 通信方式（1 个 RS232 串口接一个 RS232 设备）；RS485 方式可以使用 1 对多的通信方式，各子设备的串口通信参数必须与父设备串口通信参数相同，且各子设备要以不同地址区分，如图 3-13 所示。

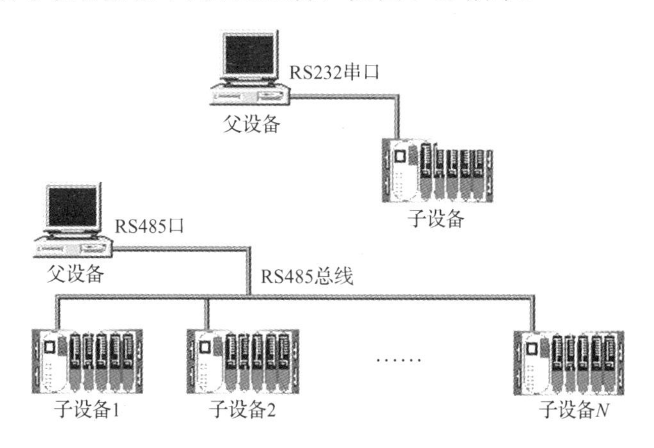

图 3-13 通信串口父设备对应的通信方式

3.5.1 RS232 通信方式

（1）制作 RS232 通信线，如图 3-14 所示，建议采用 3 芯屏蔽线，长度约为 2 米。

TPC端	
2	RXD
3	TXD
5	GND

PLC RS232端 9针D型母头	
3	TD(TXD)
2	RD(RXD)
5	SG(GND)

图 3-14　RS232 通信线

（2）触摸屏的设置。

① 在设备窗口添加通用串口父设备及三菱_FX 系列编程口，如图 3-15 所示。

图 3-15　设备组态

② 设置通用串口父设备的参数，串口号应选 COM1，如图 3-16 所示。

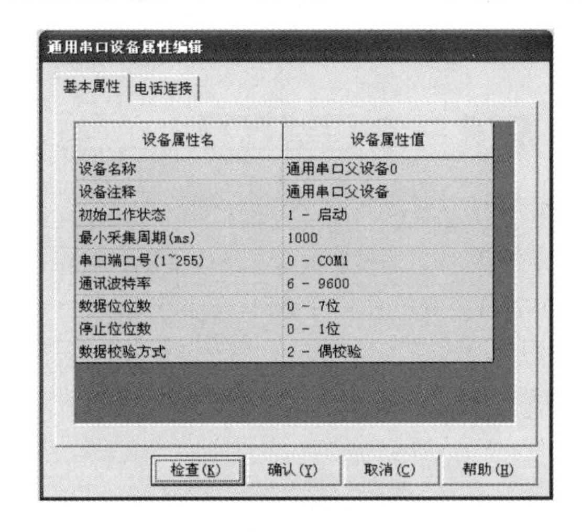
通用串口设备属性编辑

基本属性　电话连接

设备属性名	设备属性值
设备名称	通用串口父设备0
设备注释	通用串口父设备
初始工作状态	1 - 启动
最小采集周期(ms)	1000
串口端口号(1~255)	0 - COM1
通讯波特率	6 - 9600
数据位位数	0 - 7位
停止位位数	0 - 1位
数据校验方式	2 - 偶校验

检查(K)　确认(Y)　取消(C)　帮助(H)

图 3-16　设置通用串口父设备参数

③ 设置子设备的参数，如图 3-17 所示。

设备属性名	设备属性值
[内部属性]	设置设备内部属性
采集优化	1-优化
设备名称	设备0
设备注释	三菱_FX系列编程口
初始工作状态	1 - 启动
最小采集周期(ms)	100
设备地址	0
通讯等待时间	200
快速采集次数	0
CPU类型	2 - FX2NCPU

图 3-17　设置子设备参数

（3）PLC 参数全部选择默认设置，不做任何修改。

3.5.2 RS485 通信方式

（1）制作 RS485 通信线，如图 3-18 所示，建议采用 5 芯屏蔽线，长度约为 2 米。

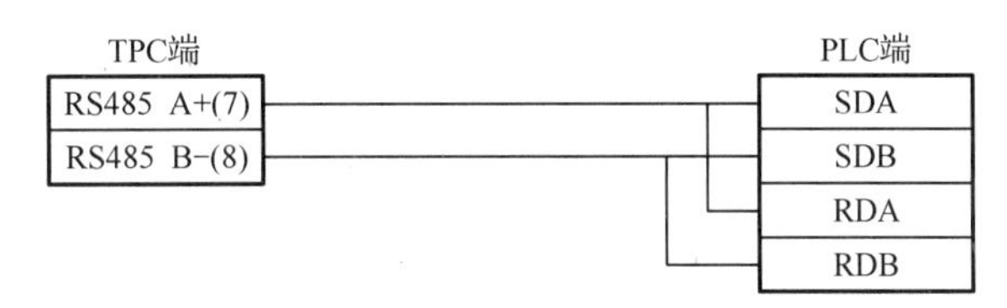

图 3-18 RS485 通信线

（2）触摸屏的设置。

① 在设备窗口添加通用串口父设备及三菱_FX 系列串口，如图 3-19 所示。

图 3-19 设备组态

② 设置通用串口父设备的参数，串口号应选 COM2，如图 3-20 所示。

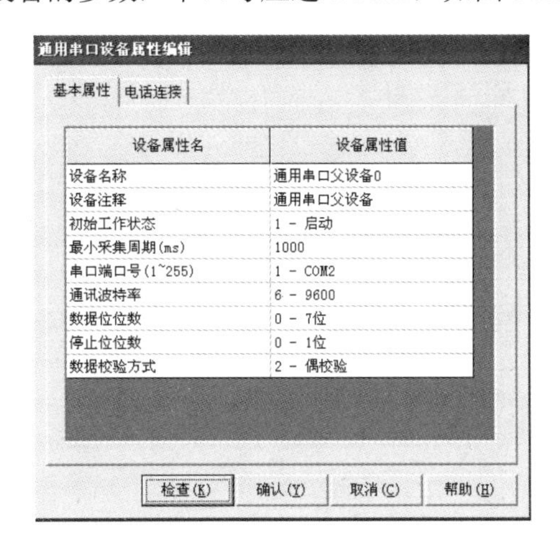
通用串口设备属性编辑

基本属性 | 电话连接

设备属性名	设备属性值
设备名称	通用串口父设备0
设备注释	通用串口父设备
初始工作状态	1 - 启动
最小采集周期(ms)	1000
串口端口号(1~255)	1 - COM2
通讯波特率	6 - 9600
数据位位数	0 - 7位
停止位位数	0 - 1位
数据校验方式	2 - 偶校验

检查(K)　确认(Y)　取消(C)　帮助(H)

图 3-20 设置通用串口父设备参数

③ 设置子设备的参数，如图 3-21 所示。

设备属性名	设备属性值
[内部属性]	设置设备内部属性
采集优化	1-优化
设备名称	设备0
设备注释	三菱_FX系列串口
初始工作状态	1 - 启动
最小采集周期(ms)	100
设备地址	0
通讯等待时间	200
快速采集次数	0
协议格式	0 - 协议1
是否校验	1 - 求校验
PLC类型	4 - FX2N

图 3-21 设置子设备参数

（3）打开 GX Developer 软件，选择“PLC 参数”项，如图 3-22 所示，弹出“FX 参数设置”对话框，进行 PLC 参数设置，如图 3-23 所示。

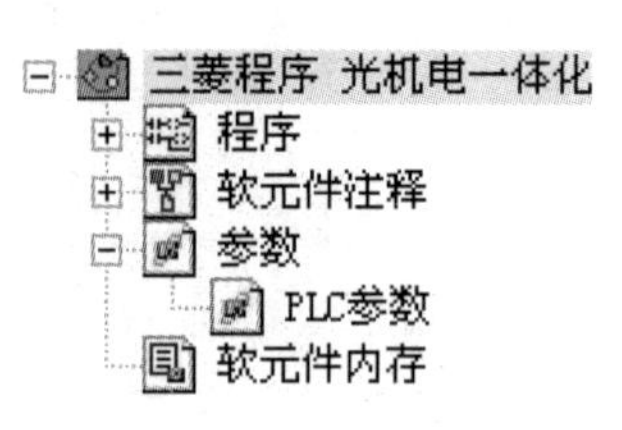

图 3-22　选择“PLC 参数”

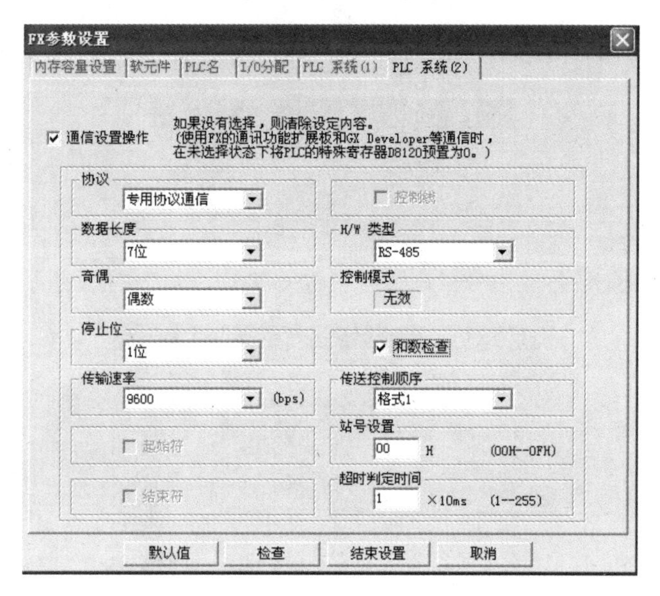

图 3-23　“FX 参数设置”对话框

用户窗口

用户窗口是由用户定义的用来构成 MCGS 嵌入版图形界面的窗口。用户窗口是组成 MCGS 嵌入版图形界面的基本单位，所有的图形界面都是由一个或多个用户窗口构成的，它的显示和关闭由各种功能构件（包括动画构件和策略构件）来控制。

用户窗口相当于一个“容器”，用来放置图元、图符和动画构件等各种图形对象，通过对图形对象的组态设置建立与实时数据库的连接，来完成图形界面的设计工作。

用户窗口内的图形对象是以“所见即所得”的方式来构造的，也就是说，组态时用户窗口内的图形对象是什么样，运行时就是什么样，同时打印出来的结果也不变。

4.1 用户窗口类型

在 MCGS 嵌入版中，根据打开窗口的方法，用户窗口可分为标准窗口和子窗口两种类型。

1. 标准窗口

标准窗口是最常用的窗口，作为主要的显示界面，用来显示流程图、系统总貌及各操作画面等。使用动画构件、策略构件、SetWindow 函数及窗口的方法可打开或关闭标准窗口。

2. 子窗口

子窗口与标准窗口不同的是，在运行时，子窗口不是用普通的打开窗口的方法打开的，而是在某个已经打开的标准窗口中，使用 OpenSubWnd 方法打开。

4.2 设置用户窗口属性

在 MCGS 嵌入版组态环境的“工作台”窗口内，选择用户窗口页，单击“新建窗口”按钮，即可创建一个新的用户窗口。在用户窗口页中，可以像在 Windows 系统的文件操作窗口中一样，以大图标、小图标、列表、详细资料四种方式显示用户窗口，也可以剪切、复制、粘贴指定的用户窗口，还可以直接修改用户窗口的名称。

在 MCGS 嵌入版中，用户窗口也是作为一个独立的对象而存在的，它包含的许多属性需要在组态时正确设置。单击选中的用户窗口，用下列方法之一打开“用户窗口属性设置”对话框。

（1）在用户窗口页中单击窗口属性按钮。

（2）右击并选择“属性”。

（3）单击工具栏中的“显示属性”按钮。

（4）执行“编辑”菜单中的“属性”命令。

（5）按快捷键 Alt+Enter。

（6）双击用户窗口的空白处。

在“用户窗口属性设置”对话框中，可以分别对用户窗口的“基本属性”“扩充属性”“启动脚本”“循环脚本”和“退出脚本”进行设置。

4.2.1 基本属性

系统各部分对用户窗口的操作是根据窗口名称进行的，因此，每个用户窗口的名称都是唯一的，在建立窗口时，系统赋予窗口的默认名称为“窗口 X”（X 为区分窗口的数字代码）；“窗口标题”是系统运行时用户窗口标题栏上显示的标题文字；“窗口背景”用于设置窗口背景的颜色，如图 4-1 所示。

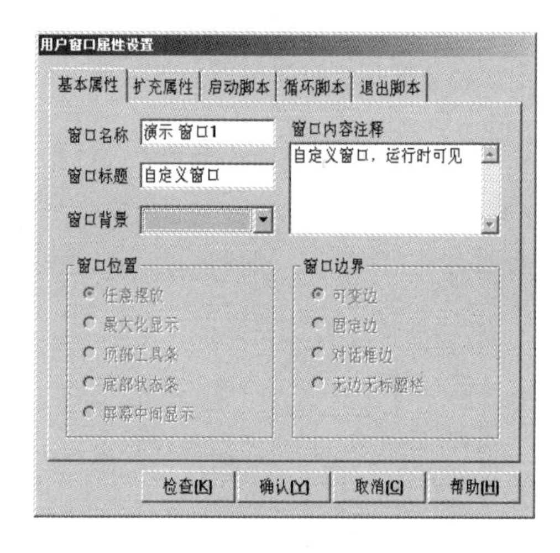

图 4-1 “基本属性”选项卡

4.2.2 扩充属性

单击“扩充属性”标签，进入“扩充属性”选项卡（图 4-2），窗口视区是指实际用户窗口可用的区域，打印窗口时，按窗口视区的大小来打印窗口的内容，还可以选择打印方向，如按纵向打印或按横向打印。显示器屏幕上所见的区域称为窗口可见区，一般通过“窗口坐标”栏的“窗口宽度”和“窗口高度”设置，一般情况下两者大小相同。当窗口视区大于窗口可见区时显示滚动条，以确保全部窗口内容被完整显示。

4.2.3 启动脚本

单击“启动脚本”标签，进入“启动脚本”选项卡，如图 4-3 所示。单击“打开脚本程序编辑器”按钮，编写脚本程序实现该用户窗口启动时需要完成的操作。

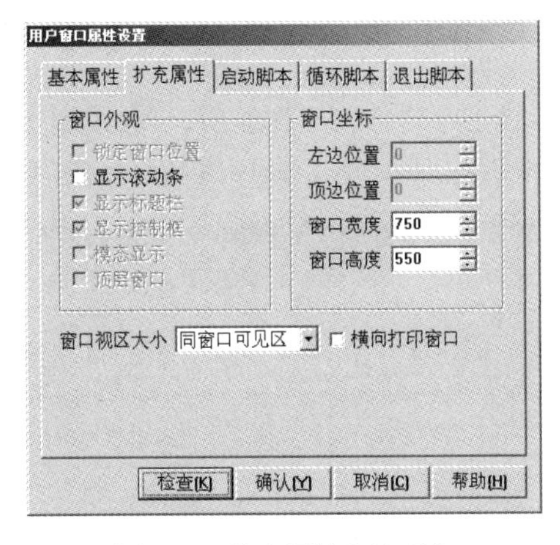

图 4-2 “扩充属性”选项卡

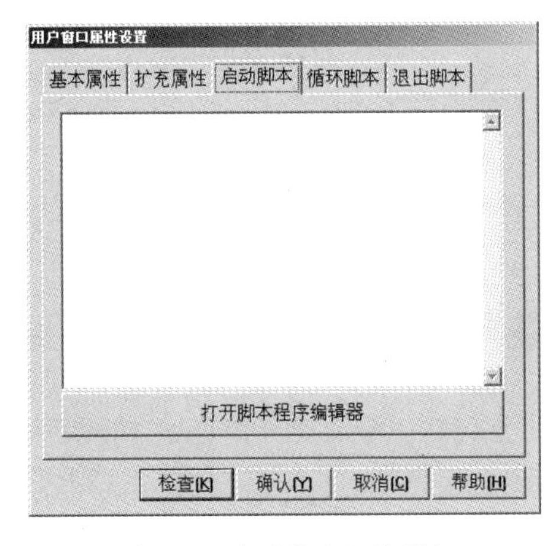

图 4-3 “启动脚本”选项卡

4.2.4 循环脚本

单击“循环脚本”标签，进入“循环脚本”选项卡，如图 4-4 所示。在“循环时间”输入栏中输入循环执行时间，单击“打开脚本程序编辑器”按钮，编写脚本程序实现该用户窗口需要完成的循环操作。

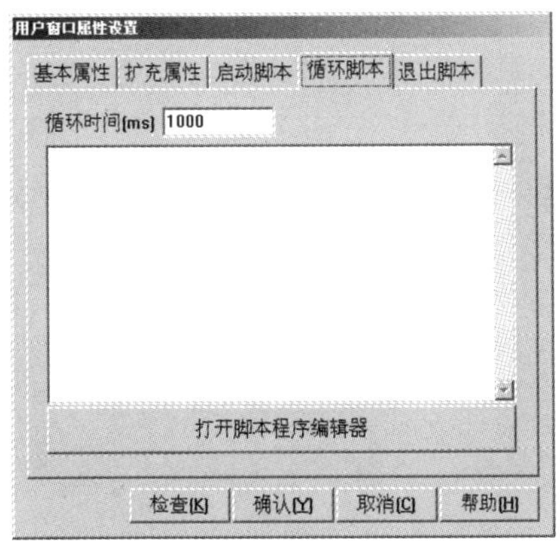

图 4-4 “循环脚本”选项卡

4.2.5 退出脚本

单击“退出脚本”标签，进入“退出脚本”选项卡，如图 4-5 所示。单击“打开脚本程序编辑器”按钮，编写脚本程序实现该用户窗口关闭时需要完成的操作。

图 4-5 “退出脚本”选项卡

4.3 用户窗口的属性与方法

设置用户窗口的属性和方法可在工程的运行过程中方便灵活地改变用户窗口的属性和状态。使用操作符“.”可以在脚本程序或使用表达式的地方调用用户窗口对象相应的属性和方法。例如：窗口 0.Left 可以取得窗口 0 的左边界的当前坐标值。

4.3.1 用户窗口的属性

用户窗口的属性如图 4-6 所示。

（1）Name：窗口的名字，字符型。

（2）Left：窗口左边界的当前坐标值，数值型。

（3）Top：窗口上边界的当前坐标值，数值型。

（4）Width：窗口宽度，数值型。

（5）Height：窗口高度，数值型。

（6）Visible：窗口的可见度，数值型。

（7）Caption：窗口标题，字符型。

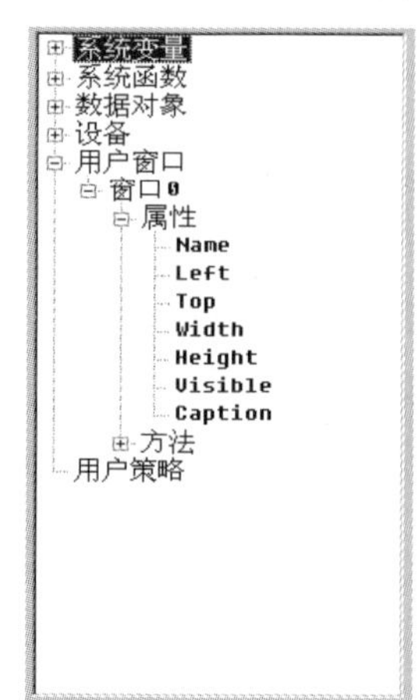

图 4-6 用户窗口的属性

4.3.2 用户窗口的方法

用户窗口的方法如图 4-7 所示。

1. Open

打开窗口。

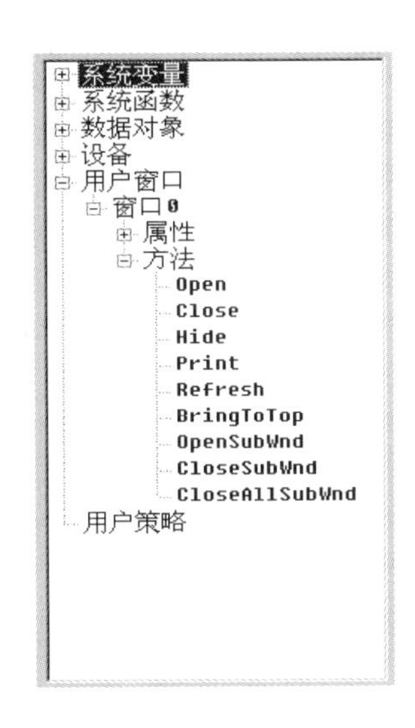

图 4-7 用户窗口的方法

返回值：数值型，为 0 表示操作成功，非 0 表示操作失败。

2. Close

关闭窗口。
返回值：数值型，为 0 表示操作成功，非 0 表示操作失败。

3. Hide

隐藏窗口。
返回值：数值型，为 0 表示操作成功，非 0 表示操作失败。

4. Print

打印窗口。
返回值：数值型，为 0 表示操作成功，非 0 表示操作失败。

5. Refresh

刷新窗口。
返回值：数值型，为 0 表示操作成功，非 0 表示操作失败。

6. BringToTop

将窗口显示到屏幕的最上层。
返回值：数值型，为 0 表示操作成功，非 0 表示操作失败。
此函数在嵌入版中暂时不可用。

7. OpenSubWnd（参数 1,参数 2,参数 3,参数 4,参数 5,参数 6）

显示子窗口。
返回值：字符型，如成功就返回子窗口 n，n 表示打开的第 n 个子窗口。

8. CloseSubWnd

关闭当前窗口中指定的子窗口。
返回值：浮点型，为 1 表示操作成功，非 1 表示操作失败。

9. CloseAllSubWnd

关闭当前窗口中的所有子窗口。
返回值：数值型，为 0 表示操作成功，非 0 表示操作失败。

4.4 子窗口的应用

在工程应用中，经常会使用子窗口显示一些操作信息，MCGS 嵌入版采用 OpenSubWnd 显示子窗口。

OpenSubWnd(参数 1,参数 2,参数 3,参数 4,参数 5,参数 6)

参数 1：需要显示的子窗口名。

参数 2：数值型，打开子窗口相对于本窗口的 X 坐标。

参数 3：数值型，打开子窗口相对于本窗口的 Y 坐标。

参数 4：数值型，打开子窗口的宽度。

参数 5：数值型，打开子窗口的高度。

参数 6：数值型，打开子窗口的类型，参数 6 是一个 32 位的二进制数。

第 0 位：是否打开模式，使用此功能，必须在此窗口中使用 CloseSubWnd 来关闭子窗口，子窗口外的构件对鼠标操作不响应。

第 1 位：是否使用菜单模式，使用此功能，单击子窗口之外任何位置，子窗口关闭。

第 2 位：是否显示水平滚动条，使用此功能，可以显示水平滚动条。

第 3 位：是否垂直显示滚动条，使用此功能，可以显示垂直滚动条。

第 4 位：是否显示边框，选择此功能，在子窗口周围显示细黑线边框。

第 5 位：是否自动跟踪显示子窗口，选择此功能，在当前鼠标位置上显示子窗口，忽略 iLeft、iTop 的值，如果此时鼠标位于窗口外，则在窗口中居中显示子窗口。

第 6 位：是否自动调整子窗口的宽度和高度为默认值，使用此功能则忽略 iWidth 和 iHeight 的值。

根据用户窗口显示子窗口的方法（OpenSubWnd）可以归纳出子窗口有三种关闭方法：在子窗口中使用 CloseSubWnd 关闭子窗口、单击子窗口之外任何位置关闭子窗口及在当前窗口使用 CloseSubWnd 关闭子窗口。

通过实例来说明子窗口显示及关闭的方法，单击“设置”按钮弹出设置子窗口，必须单击子窗口中的“确认”按钮关闭子窗口；单击“操作”按钮弹出操作子窗口，单击子窗口之外任何位置可关闭子窗口；单击“停止”按钮弹出停止子窗口，单击子窗口外“关闭”按钮可关闭子窗口。

（1）制作用户窗口 0，如图 4-8 所示，在“设置”按钮中编写脚本“用户窗口.窗口0.OpenSubWnd(设置,68,168,130,89,1)”，在“操作”按钮中编写脚本“用户窗口.窗口0.OpenSubWnd(操作,221,168,130,89,2)”，在“停止”按钮中编写脚本“用户窗口.窗口0.OpenSubWnd(停止,374,168,130,89,0)”，在“关闭”按钮中编写脚本“用户窗口.窗口0.CloseSubWnd(停止)”。

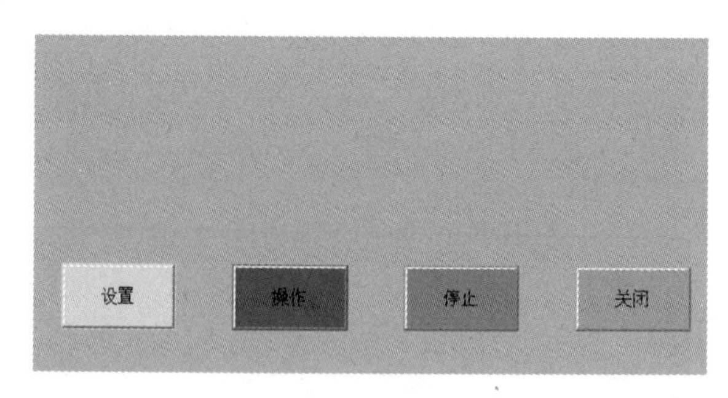

图 4-8　用户窗口 0

（2）制作设置子窗口，在“确定”按钮中编写脚本“用户窗口.设置.CloseSubWnd(设置)”，制作操作子窗口，制作停止子窗口，如图 4-9 所示。注意，制作子窗口时，将显示内容放置在左上角，显示子窗口时，将子窗口（0，0）位置移到当前窗口的位置，以设置的宽度及高度显示子窗口的内容。

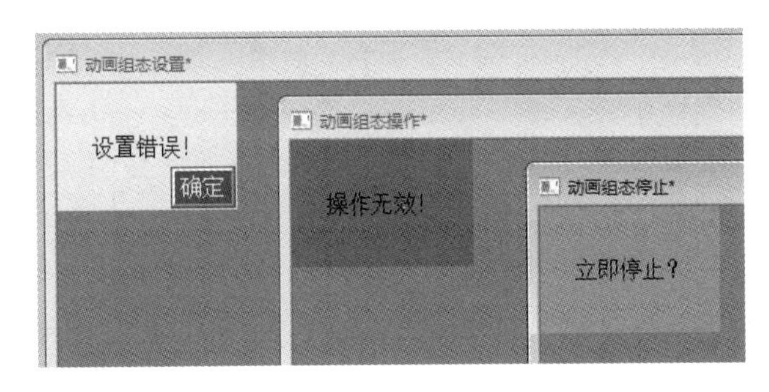

图 4-9 子窗口

4.5 窗口循环脚本的应用

在窗口循环脚本中，设置循环时间，编写脚本程序，可以实现定时及闪烁功能，如图 4-10 所示。

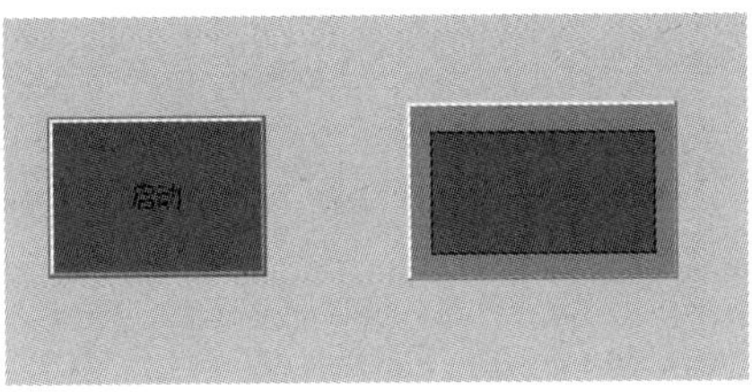

图 4-10 定时及闪烁功能

1. 定时

单击“启动”按钮，定时 8 秒，指示灯亮。

（1）制作“启动”按钮，设置当单击“启动”按钮时，M0 置 1。

（2）制作指示灯，将开关量 M1 和指示灯连接。

（3）在窗口循环脚本中，设置循环时间为 1 秒，编写程序：

```
IF M0=1 THEN D0=D0 + 1
IF D0=8 THEN M1=1
```

2. 闪烁

单击“启动”按钮，指示灯按照亮 1 秒、灭 1 秒方式闪烁。

（1）制作“启动”按钮，设置当单击“启动”按钮时，M0 置 1。

（2）制作指示灯，将开关量 M1 和指示灯连接。

（3）在窗口循环脚本中，设置循环时间为 1 秒，编写程序“IF M0=1 THEN M1=NOT M1”。

第5章

图形对象

在用户窗口内使用系统提供的工具箱中的各种工具，可以创建图形对象，图形对象是组成用户应用系统图形界面的最小单元。

5.1 图形对象的类型

MCGS 嵌入版中的图形对象包括图元、图符和动画构件三种类型，不同类型的图形对象有不同的属性，所能完成的功能也各不相同。图形对象可以从 MCGS 嵌入版提供的工具箱和常用图符中选取，如图 5-1 所示，工具箱中提供了常用的图元和动画构件，常用图符中提供了常用的图符。

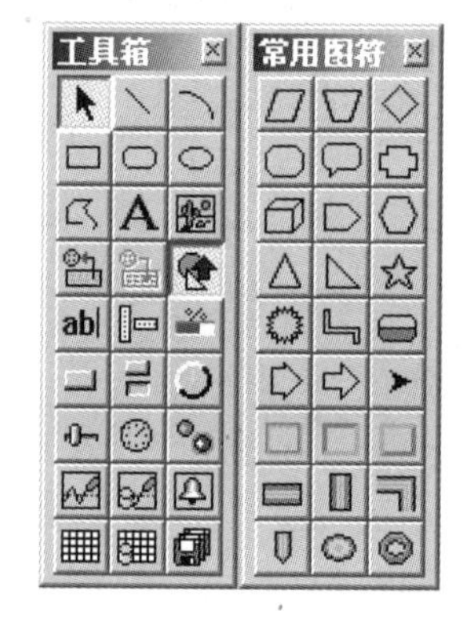

图 5-1 工具箱和常用图符

对应选择器，用于在编辑图形时选取用户窗口中指定的图形对象；用于打开和关闭常用图符。

1. 图元

图元是构成图形对象的最小单元，多种图元的组合可以构成新的、复杂的图形对象。MCGS 嵌入版为用户提供了 8 种图元对象：弧线、矩形、圆角矩形、椭圆、折线或多边形、标签、位图及直线。

折线或多边形图元对象是由多个线段或点组成的图形元素，当起点与终点的位置不同时，该图元为一条折线；当起点与终点的位置相同时，就构成了一个封闭的多边形。

由多个字符组成的一行字符串显示于指定的矩形框内，MCGS 嵌入版把这样的字符串称为文本图元。对于文本图元，改变显示矩形框的大小，文本的大小并不改变。

MCGS 嵌入版的图元除位图图元外都是以矢量图的格式存在的（矢量图也称向量图，用函数存储，放大时，矢量图不会失真，也不会模糊；位图也称点阵图，用点阵来存储，放大时，位图会模糊），根据需要可随意移动图元的位置和改变图元的大小。

2. 图符

多个图元按照一定规则组合在一起所形成的图形对象，称为图符。图符是作为一个整体而存在的，可以随意移动和改变大小。多个图元可构成图符，图元和图符又可构成新的图符。新的图符可以分解，还原成组成该图符的图元和图符。

MCGS 嵌入版系统内部提供了平行四边形、等腰梯形、菱形等 27 种常用的图符对象，放在常用图符中，称为系统图符，为快速构图和组态提供方便。系统图符是专用的，不能分解，以一个整体参与图形的制作。系统图符可以和其他图元、图符一起构成新的图符。

3. 动画构件

动画构件实际上就是将工程监控作业中经常操作或观测用的一些功能性器件软件化，做成外观相似、功能相同的构件，供用户在图形对象组态配置时选用，完成一个特定的动画功能。

MCGS 嵌入版的工具箱提供了标准按钮构件、输入框构件、组合框构件等 17 种常用的动画构件。动画构件本身是一个独立的实体，它比图元和图符包含更多的特性和功能，它不能和其他图形对象一起构成新的图符。

5.2 创建图形对象

在工作台的用户窗口页中，双击指定的用户窗口图标，或者选中用户窗口图标后，单击“动画组态”按钮，一个空白的用户窗口就打开了，可以使用工具箱中的各种工具创建图形对象，生成漂亮的图形界面。创建图形对象有绘制图形对象、复制对象、剪切对象及操作对象元件库 4 种方法。

1. 绘制图形对象

在用户窗口中绘制一个图形对象，实际上是将工具箱内的图符或构件放置到用户窗口中，组成新的图形。打开工具箱，单击选中所要绘制的图元、图符或动画构件。之后把鼠标移到用户窗口内，此时鼠标指针变为十字形，按下鼠标左键不放，在窗口内拖动鼠标到适当的位置，然后松开鼠标左键，则在该位置建立所需的图形，此时鼠标指针恢复为箭头形。

当绘制折线或者多边形时，在工具箱中选中折线图元，将鼠标移到用户窗口编辑区，先将十字形指针放置在折线的起始点位置并单击，再移动到第二点位置并单击，如此进行，直到最后一点位置时双击，完成折线的绘制。如果最后一点和起始点的位置相同，则折线闭合成多边形。多边形是一个封闭的图形，其内部可以填充颜色。

2. 复制对象

复制对象是将用户窗口内已有的图形对象复制到指定的位置，原图形仍保留，这样可以加快图形的绘制速度。单击用户窗口内要复制的图形对象，选中（或激活）后，执行“编辑”菜单中的“拷贝”命令，或者按快捷键 Ctrl+C，然后执行“编辑”菜单中的“粘贴”命令，或者按快捷键 Ctrl+V，就会复制出一个新的图形，连续“粘贴”，可复制出多个图形。

也可以采用拖曳法复制图形。先激活要复制的图形对象，按下 Ctrl 键不放，鼠标指针指向要复制的图形对象，按住左键移动鼠标，到指定的位置松开左键和 Ctrl 键，即可完成图形的复制工作。

3. 剪切对象

剪切对象是将用户窗口中选中的图形对象剪切，然后放置到其他指定位置。首先选中需要剪切的图形对象，执行“编辑”菜单中的“剪切”命令，或者按快捷键 Ctrl+X，接着执行

“编辑”菜单中的“粘贴”命令，或者按快捷键Ctrl+V，弹出所选图形，移动鼠标，将它放到新的位置。

4. 操作对象元件库

MCGS嵌入版中设置了被称为对象元件库的图形库，用来解决组态结果的重新利用问题。在使用本系统的过程中，把常用的、制作完好的图形对象甚至整个用户窗口存入对象元件库中，需要时，再从元件库中取出来直接使用。

1）插入元件

单击工具箱中的图标，弹出“对象元件库管理”窗口，选中对象类型后，从相应的元件列表中选择所要的图形对象，单击“确认”按钮，即可将该图形对象放置在用户窗口中。

2）存入元件

选中所要存入的图形对象，单击图标，弹出“把选定的图形保存到对象元件库”对话框，单击“确定”按钮，弹出“对象元件库管理”窗口，默认的对象名为“新图形”，单击“确认”按钮，把新的图形对象存入对象元件库。还可以对新放置的图形对象进行修改名字、移动位置等操作。

5.3 编辑图形对象

MCGS嵌入版提供了一套完善的编辑工具，使用户能快速制作各种复杂的图形界面，以清晰、美观的图形表示外部物理对象。

用户窗口内带有选中标志（拖曳手柄）的图形对象，称为当前对象。当有多个图形对象被选中时，选中标志（拖曳手柄）为黑色的图形对象为当前对象。此时，若单击已选中的某一图形对象，则此对象变为当前对象。所有的编辑操作都是针对当前对象进行的，若用户窗口内没有指定当前对象，那么有一些编辑操作指令将不能使用。

1. 选取对象

在对图形对象进行编辑操作之前，首先要选择被编辑的图形对象，常用选取对象的方法有以下5种。

（1）打开工具箱，单击工具箱中的“选择器”图标，此时鼠标变为箭头形。然后在用户窗口内指定的图形对象上单击，在该对象周围显示多个小方块（称为拖曳手柄），即表示该图形对象被选中。

（2）按Tab键，可依次在所有图形对象周围显示选中的标志，由用户最终选定。

（3）单击“选择器”图标，然后按住鼠标左键，从上往下拖动鼠标，画出一个实线矩形，进入矩形框内的所有图形对象即选中的对象，松开鼠标左键，则在这些图形对象周围显示选中的标志。

（4）单击“选择器”图标，然后按住鼠标左键，从某一位置开始从下往上拖动鼠标，画出一个虚线矩形，与虚线矩形框相交的所有图形对象即选中的对象，松开鼠标左键，在这些图形对象周围显示选中标志。

（5）按住Ctrl键不放，逐个单击图形对象，可完成多个图形对象的选取。

2. 图形对象的大小和位置调整

可以通过以下 6 种方法调整图形对象的大小和位置。

（1）将鼠标指针指向选中的图形对象，按住鼠标左键不放，把选中的对象移动到指定的位置，松开鼠标，完成图形对象位置的移动。

（2）当只有一个选中的图形对象时，把鼠标指针移到手柄处，等指针形状变为双向箭头后，按住鼠标左键不放，向相应的方向拖动鼠标，即可改变图形对象的形状及大小。

（3）按键盘上的上、下、左、右方向键（“↑”“↓”“←”“→”），可把选中的图形对象向相应的方向移动。按一次只移动一个点，连续按可移到指定位置。

（4）按下 Shift 键的同时，按键盘上的上、下方向键，可使选中的图形对象的高度增大或减小。按一次只改变一个点的大小，连续按可调整到适当的高度。

（5）在状态栏上的大小编辑框内输入要修改的值，按键盘上的 Enter 键或者选择其他区域使修改生效。按 Esc 键可以恢复到修改之前的值。

（6）在状态栏上的位置编辑框内输入要修改的值，按键盘上的 Enter 键或者选择其他区域使修改生效。按 Esc 键可以恢复到修改之前的值。

3. 多个图形对象的相对位置和大小调整

当选中多个图形对象时，可以把当前对象作为基准，使用工具栏上的功能按钮，或执行“排列”菜单中“对齐”菜单项的有关命令，对被选中的多个图形对象进行相对位置和大小的调整。

（1）单击按钮（或菜单“左对齐”命令），左边界对齐。

（2）单击按钮（或菜单“右对齐”命令），右边界对齐。

（3）单击按钮（或菜单“上对齐”命令），顶边界对齐。

（4）单击按钮（或菜单“下对齐”命令），底边界对齐。

（5）单击按钮（或菜单“中心对中”命令），所有选中对象的中心点重合。

（6）单击按钮（或菜单“横向对中”命令），所有选中对象的中心点 X 坐标相等。

（7）单击按钮（或菜单“纵向对中”命令），所有选中对象的中心点 Y 坐标相等。

（8）单击按钮（或菜单“图元等高”命令），所有选中对象的高度相等。

（9）单击按钮（或菜单“图元等宽”命令），所有选中对象的宽度相等。

（10）单击按钮（或菜单“图元等高宽”命令），所有选中对象的高度和宽度相等。

4. 图形对象的等距分布

当选中的图形对象多于两个时，可用工具栏上的功能按钮，对被选中的图形对象实现等距分布排列。

单击按钮（或菜单“横向等间距”命令），被选中的多个图形对象沿 X 方向等距分布；单击按钮（或菜单“纵向等间距”命令），被选中的多个图形对象沿 Y 方向等距分布。

5. 图形对象的方位调整

通过工具栏中的功能按钮，或执行菜单“排列”中的“旋转”命令，可以将选中的图形对象旋转 90°或翻转一个方向，但是不能对标签图元、位图图元和所有的动画构件进行旋转操作。

单击按钮（或菜单“左旋 90 度”命令），把被选中的图形对象左旋 90°。

单击按钮（或菜单“右旋 90 度”命令），把被选中的图形对象右旋 90°。

单击按钮（或菜单“左右镜像”命令），把被选中的图形对象沿 X 方向翻转。

单击按钮（或菜单“上下镜像”命令），把被选中的图形对象沿 Y 方向翻转。

6. 图形对象的层次排列

通过工具栏中的功能按钮，或执行菜单“排列”中的层次移动命令，可对多个重合排列的图形对象的前后位置（层次）进行调整。

单击按钮（或菜单“最前面”命令），把被选中的图形对象放在所有对象前。

单击按钮（或菜单“最后面”命令），把被选中的图形对象放在所有对象后。

单击按钮（或菜单“前一层”命令），把被选中的图形对象向前移一层。

单击按钮（或菜单“后一层”命令），把被选中的图形对象向后移一层。

7. 图形对象的锁定与解锁

锁定一个图形对象，可以固定对象的位置和大小，使用户不能对其进行移动和修改，避免编辑时，因误操作而破坏组态完好的图形。

单击按钮，或执行“排列”菜单中的“锁定”命令，可以锁定或解锁所选中的图形对象，当一个图形对象处于锁定状态时，选中该对象时出现的手柄是多个较小的矩形。

8. 图形对象的组合与分解

通过对一个或一组图形对象的分解与重新组合，可以生成一个新的组合图符，从而形成一个比较复杂的可以按比例缩放的图形元素。

单击按钮，或执行“排列”菜单中的“构成图符”命令，可以把选中的图形对象生成一个组合图符；单击按钮，或执行“排列”菜单中的“分解图符”命令，可以把一个组合图符分解为原先的一组图形对象。

9. 图形对象的固化与激活

当一个图形对象被固化后，用户就不能选中它，也不能对其进行各种编辑工作。在组态过程中，一般把作为背景的图形对象加以固化，以免影响其他图形对象的编辑工作。

按按钮，或执行“排列”菜单中的“固化”命令，可以固化所选中的图形对象。执行“排列”菜单中的“激活”命令，或者双击固化的图形对象，可以将固化的图形对象激活。

5.4 批量属性编辑

在同一画面上，同时更改多个同类型对象的属性称为批量属性编辑。支持批量属性编辑的有四类构件，分别是图元类、标签类、按钮类、输入框类。图元类包括所有常用图符、直线、圆弧、矩形、圆角矩形、椭圆、折线。

下面以图元类为例详细介绍批量属性编辑的具体方法。用 Ctrl+鼠标左键多选窗口中的常用图符、直线、圆弧、矩形、圆角矩形、椭圆、折线等构件，单击工具栏中的“属性”按钮，或者执行“编辑”菜单中的“属性”命令，或者右击任意被选构件并在弹出的快捷菜单中选择“属性”命令，将弹出“批量编辑图元的属性”对话框，如图 5-2 所示。

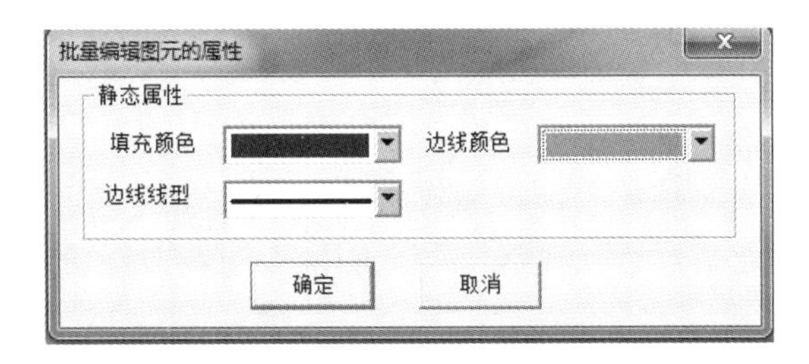

图 5-2 “批量编辑图元的属性”对话框

修改之前，被选构件的选中框的拖动点呈黑色，并且“确定”按钮是不可用的；修改属性之后，“确定”按钮可用。单击“确定”按钮，修改属性将应用到所有被选定的构件上；单击“取消”按钮，属性设置无效。

5.5　图元和图符对象的属性

图元和图符对象的属性分为静态属性和动画属性两部分，静态属性包括填充颜色、边线颜色、字符颜色和字符字体四种。其中，只有“标签”图元对象才有字符颜色和字符字体属性。动画属性用来定义动画方法和动画效果。通过图形对象动画属性的设置，可使图形界面“动”起来，真实地描述外界对象的状态变化，达到过程实时监控的目的。

5.5.1　图形动画的实现

MCGS 嵌入版实现图形动画设计的主要方法是将用户窗口中的图形对象与实时数据库中的数据对象建立相关性连接，并设置相应的动画属性。这样在系统运行过程中，图形对象的外观和状态特征就会由数据对象的实时采集结果进行驱动，从而实现图形的动画效果，使图形界面“动”起来。

用户窗口中的图形界面是由系统提供的图元、图符及动画构件等图形对象组合而成的，动画构件是作为一个独立的整体供用户选用的，每一个动画构件都具有特定的动画功能。一般来说，动画构件用来完成图元和图符对象所不能完成或难以完成的比较复杂的动画功能，而图元和图符对象可以作为基本图形元素，便于用户自由组态配置，来完成动画构件中所没有的动画功能。

5.5.2　动画连接

所谓动画连接，实际上是将用户窗口内创建的图形对象与实时数据库中定义的数据对象建立起对应的关系，在不同的数值区间内设置不同的图形状态属性（如颜色、大小、位置移动、可见度、闪烁效果等），将物理对象的特征参数以动画图形方式来描述。这样在系统运行过程中，就能用数据对象的值来驱动图形对象的状态改变，进而产生逼真的动画效果。

图元及图符对象的动画连接方法如图 5-3 所示，包括颜色动画连接、位置动画连接、输入/输出连接及特殊动画连接四类。在组态配置中，应当避免相互矛盾的属性设置，如当一个图元、图符对象处于不可见状态时，其他各种动画效果就无法体现出来。

图元、图符对象可以同时定义多种动画连接，由图元、图符组合而成的图形对象，最终的动画效果是多种动画连接方式的组合效果。根据实际需要，灵活地对图形对象定义动画连接，就可以呈现出各种逼真的动画效果。

建立动画连接的操作步骤如下。

（1）双击图元、图符对象，弹出“动画组态属性设置”对话框。

（2）设置图形对象的静态属性，根据需要设置图元、图符对象的动画属性。

（3）每种动画连接都对应一个属性选项卡，当选择了某种动画属性时，就增添相应的窗口标签，单击窗口标签，即可弹出相应的属性选项卡。

（4）在“表达式”栏内输入所要连接的数据对象名称。也可以单击右端“？”按钮，弹出变量选择对话框，双击所需的数据对象，则把该对象名称自动输入“表达式”栏内。

（5）设置动画相关的属性。

（6）单击“检查”按钮，进行正确性检查。检查通过后，单击“确认”按钮，完成动画连接。

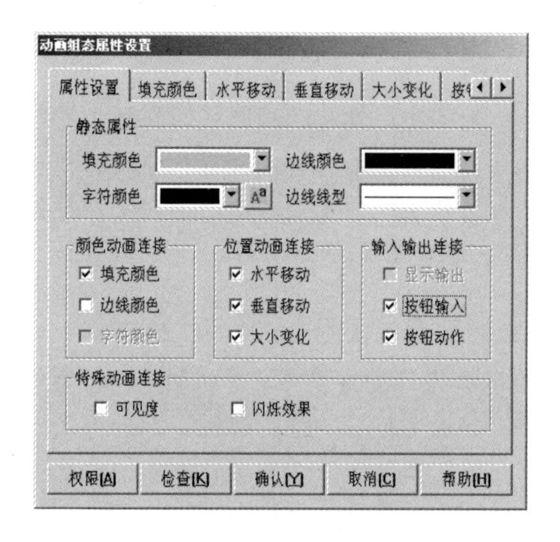

图 5-3　图元及图符对象的动画连接方法

5.5.3　颜色动画连接

颜色动画连接是指将图形对象的颜色属性与数据对象的值建立联系，使图元、图符对象的颜色属性随数据对象值的变化而变化，用这种方式实现颜色不断变化的动画效果。颜色属性包括填充颜色、边线颜色和字符颜色三种，只有“标签”图元对象才有字符颜色动画连接；对于“位图”图元对象，无须定义颜色动画连接；当一个图元、图符对象没有某种动画连接属性时，定义对应的动画连接不产生任何动画效果。

例如，定义了图形对象的填充颜色和数据对象“Data10”之间的动画，如图 5-4 所示，连接运行后，图形对象的颜色随 Data10 的值的变化情况如下。

当 Data10 的值小于 0 时，对应的图形对象的填充颜色为红色。

当 Data10 的值在 0 和 1 之间时，对应的图形对象的填充颜色为黄色。

当 Data10 的值在 1 和 2 之间时，对应的图形对象的填充颜色为浅绿色。

当 Data10 的值在 2 和 3 之间时，对应的图形对象的填充颜色为浅蓝色。

当 Data10 的值大于 3 时，对应的图形对象的填充颜色为黑色。

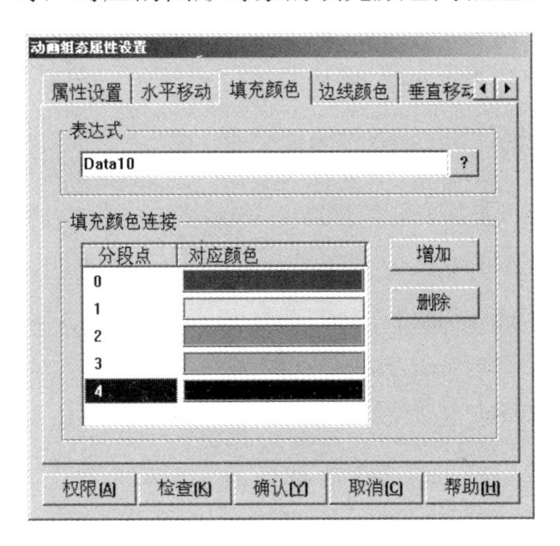

图 5-4　填充颜色和数据对象“Data10”之间的动画

图形对象的填充颜色由数据对象 Data10 的值来控制，或者说用图形对象的填充颜色来表示对应数据对象的值的范围。

填充颜色连接的表达式可以是一个变量，用变量的值来决定图形对象的填充颜色。当变量的值为数值型时，最多可以定义 32 个分段点，每个分段点对应一种颜色；当变量的值为开关型时，只能定义两个分段点，即 0 或非 0 两种不同的填充颜色。

在颜色属性设置中，通过单击“增加”按钮，增加一个新的分段点；通过单击“删除”按钮，删除指定的分段点；双击分段点的值，可以设置分段点数值；双击颜色栏，弹出色标列表框，可以设定图形对象的填充颜色。

边线颜色和字符颜色的动画连接与填充颜色的动画连接相同。

5.5.4　位置动画连接

位置动画连接包括图形对象的水平移动、垂直移动和大小变化三个属性，通过设置这三个属性使图形对象的位置和大小随数据对象值的变化而变化。用户只要控制数据对象值的大小和值的变化速度，就能精确地控制对应图形对象的大小、位置及变化速度。

用户可以定义一种或多种动画连接，图形对象的最终动画效果是多种动画属性的合成效果。例如，同时定义水平移动和垂直移动两种动画连接，可以使图形对象沿着一条特定的曲线轨迹运动，假如再定义大小变化的动画连接，就可以使图形对象在做曲线运动的过程中改变大小。

1. 平行移动

平行移动的方向包含水平和垂直两个方向，其动画连接的方法相同。首先要确定对应连接对象的表达式，然后定义表达式的值所对应的位置偏移量。平行移动的组态设置如图 5-5 所示，当表达式 Data01 的值为 0 时，图形对象的位置向右移动 0 点（即不动）；当表达式 Data01 的值为 10 时，图形对象的位置向右移动 5 点；当表达式 Data01 的值为其他值时，利用线性插值公式即可计算出相应的移动偏移量。

偏移量以组态时图形对象所在的位置为基准（初始位置），单位为像素点，向左为负方向，向右为正方向（对于垂直移动，向下为正方向，向上为负方向）。当把图中的 5 改为-5 时，随着 Data01 的值从小到大变化，图形对象将从基准位置开始，向左移动 5 点。

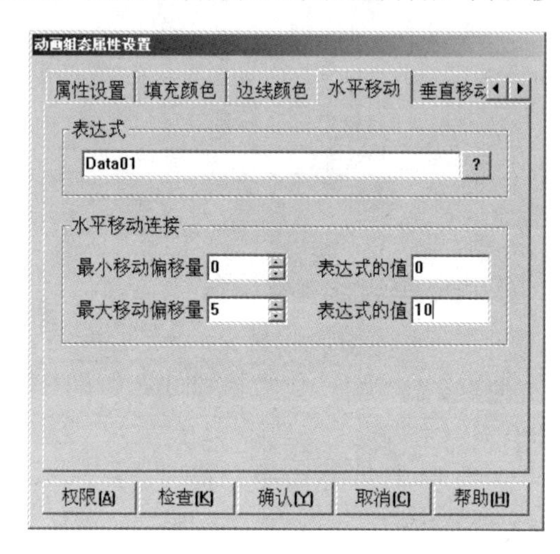

图 5-5　平行移动的组态设置

2. 大小变化

图形对象的大小变化以百分比的形式来衡量，把组态时图形对象的初始大小作为基准（100%即图形对象的初始大小）。

在 MCGS 嵌入版中，图形对象大小变化包括：以中心点为基准，沿 X 方向和 Y 方向同时变化；以中心点为基准，只沿 X（左右）方向变化；以中心点为基准，只沿 Y（上下）方向变化；以左边界为基准，沿着从左到右的方向发生变化；以右边界为基准，沿着从右到左的方向发生变化；以上边界为基准，沿着从上到下的方向发生变化；以下边界为基准，沿着从下到上的方向发生变化，共七种方式。

改变图形对象大小的方法有两种，一种是按比例整体缩小或放大，称为缩放方式；另一种是按比例整体剪切，只显示图形对象的一部分，称为剪切方式。两种方式都以图形对象的实际大小为基准。

大小变化的组态设置如图 5-6 所示，当表达式 Data10 的值小于或等于 0 时，最小变化百分比设为 0，即图形对象的大小为初始大小的 0%，此时，图形对象实际上是不可见的；当表达式 Data10 的值大于或等于 10 时，最大变化百分比设为 50%，即图形对象的大小为初始大小的 50%。不管表达式的值如何变化，图形对象的大小都在最小变化百分比与最大变化百分比之间变化。

采用剪切方式改变图形对象的大小，可以模拟容器充填物料的动态过程，具体步骤：首先，制作两个同样的图形对象，完全重叠在一起，使其看起来像一个图形对象；其次，为前后两层图形对象设置不同的背景颜色；最后，定义前一层图形对象的大小变化动画连接，变化方式设为剪切方式。实际运行时，前一层图形对象的大小按剪切方式发生变化，只显示一部分，而另一部分显示的是后一层图形对象的背景颜色，将前后两层图形对象作为一个整体，看起来如同一个容器内物料按百分比填充，从而获得逼真的动画效果。

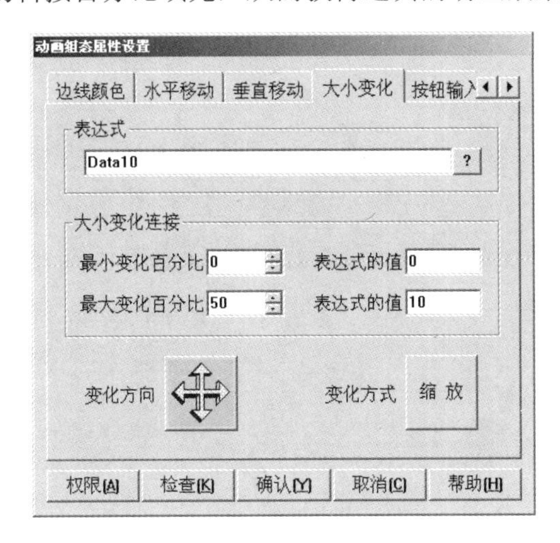

图 5-6 大小变化的组态设置

5.5.5 输入/输出连接

为使图形对象能够用于数据显示，并且便于操作人员对系统进行操作，更好地实现人机交互功能，系统增加了设置输入/输出属性的动画连接方式。

设置输入/输出连接方式从显示输出、按钮输入和按钮动作三个方面着手，实现动画连接。显示输出连接只用于“标签”图元对象，显示数据对象的数值；按钮输入连接用于输入数据对象的数值；按钮动作连接用于响应来自鼠标或键盘的操作，执行特定的功能。

在“动画组态属性设置”对话框内，从“输入输出连接”中选定一种，进入相应的属性选项卡进行设置。

1. 按钮输入

采用按钮输入使图形对象具有输入功能，当用户单击设定的图形对象时，将弹出输入对话框，用于输入与图形建立连接关系的数据对象的值。所有的图元、图符对象都可以建立按钮输入动画连接，在“动画组态属性设置”对话框内，在“输入输出连接”中选中“按钮输入”，进入“按钮输入”选项卡，如图 5-7 所示。如果图元、图符对象定义了按钮输入方式的动画连接，在运行过程中，当鼠标移动到该对象上时，鼠标指针将由箭头形变成手掌形，此时单击，则弹出输入对话框，对话框的形式由数据对象的类型决定。

当图元、图符对象连接的是数值型数据对象时，进入运行状态后，单击对应图元、图符对象，弹出的输入对话框如图 5-8 所示，通过单击 >> 按钮弹出特殊字符和小写字母键盘。

动画组态属性设置

水平移动 | 垂直移动 | 大小变化 | 按钮输入 | 按钮动作

对应数据对象的名称

Data01 ? 快捷键: Ctrl + C

输入值类型

开关量输入 数值量输入 字符串输入

输入格式

提示信息

开时信息 输入最小值 0

关时信息 输入最大值 0

权限(A) 检查(K) 确认(Y) 取消(C) 帮助(H)

图 5-7 “按钮输入”选项卡

请输入:

0

1	2	3	4	5	6	7	8	9	0	<-
A	B	C	D	E	F	G	H	I	J	Del
K	L	M	N	O	P	Q	R	S	T	>>
U	V	W	X	Y	Z	确定		取消		

图 5-8 数值型数据对象输入对话框

当数据对象的类型为开关型时，“提示信息”设置为“请选择 1#电机的工作状态”，“开时信息”设置为“打开 1#电机”，“关时信息”设置为“关闭 1#电机”，运行时弹出的输入对话框如图 5-9 所示。

图 5-9 开关型数据对象输入对话框

当数据对象的类型为字符型时，“提示信息”设置为“请输入:请输入字符数[大写]”，运行时弹出的输入对话框如图 5-10 所示。

请输入:请输入字符数 [大写]

0

1	2	3	4	5	6	7	8	9	0	<-
A	B	C	D	E	F	G	H	I	J	Del
K	L	M	N	O	P	Q	R	S	T	>>
U	V	W	X	Y	Z	确定		取消		

图 5-10 字符型数据对象输入对话框

2. 按钮动作

按钮动作不同于按钮输入，后者是在鼠标移到图形对象上时，单击进行信息输入，而按钮动作则是响应用户的鼠标按键动作或键盘按键动作，完成预定的功能操作。在“动画组态属性设置”对话框内，在“输入输出连接”中选中“按钮动作”，进入“按钮动作”选项卡，在该选项卡中指定按钮动作完成的功能，如图 5-11 所示。

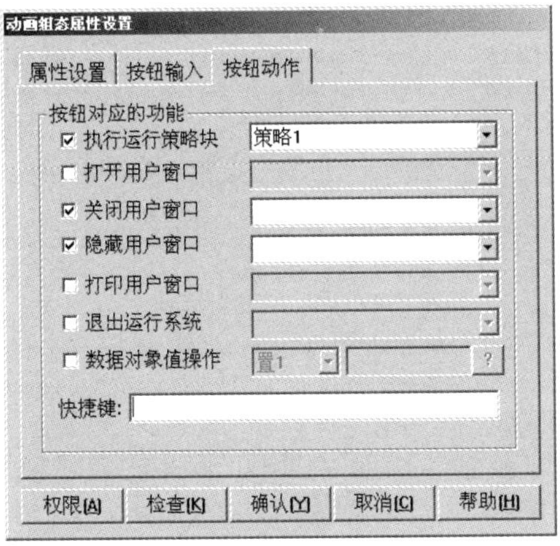

图 5-11 “按钮动作”选项卡

按钮对应的功能包括：执行运行策略块、打开用户窗口（若该窗口已经打开，则激活该窗口并使其处于最上层）、关闭用户窗口（若该窗口已经关闭，则不进行此项操作）、打印用户窗口、数据对象值操作（包括置 1、清 0、取反，只对开关型和数值型数据对象有效）、退出运行系统等。

在实际应用中，一个按钮动作可以同时完成多项操作。但应注意避免设置相互矛盾的操作，虽然相互矛盾的操作不会引起系统出错，但最后的操作结果是不可预测的。例如，对同一个用户窗口同时执行打开和关闭操作，该窗口的最终状态是不确定的，可能处于打开状态，也可能处于关闭状态。

在数据对象值“清 0”“置 1”和“取反”的右端，均有一“？”按钮，单击该按钮，将显示所有已经定义的数据对象列表，双击指定的数据对象，将自动输入该对象的名称。

5.5.6 特殊动画连接

特殊动画连接包括可见度和闪烁效果两种方式，用于实现图元、图符对象的可见与不可见交替变换和图形闪烁效果，图形的可见度变换也是闪烁动画的一种。MCGS 嵌入版中每一个图元、图符对象都可以定义特殊动画连接的方式。

1. 可见度连接

“可见度”选项卡如图 5-12 所示，在“表达式”栏，将图元、图符对象的可见度和数据对象（或者由数据对象构成的表达式）建立连接；在“当表达式非零时”中，根据表达式的结果来选择图符对象的可见度，当图符对象没有定义可见度连接时，该对象总是处于可见状态。

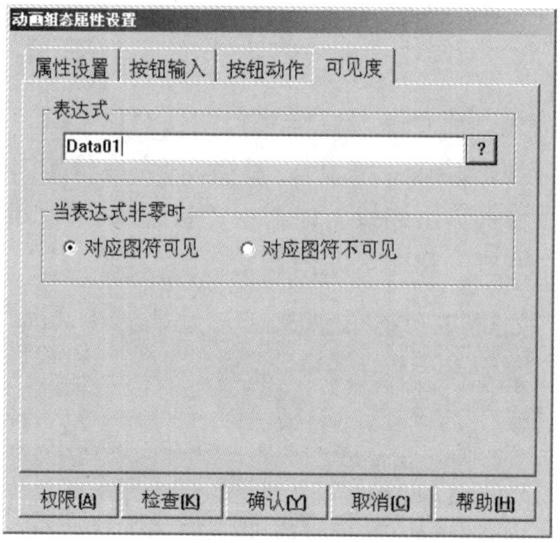

动画组态属性设置
属性设置 | 按钮输入 | 按钮动作 | 可见度
表达式
Data01
当表达式非零时
对应图符可见　对应图符不可见
权限(A)　检查(K)　确认(Y)　取消(C)　帮助(H)

图 5-12 “可见度”选项卡

2. 闪烁效果连接

在 MCGS 嵌入版中，实现闪烁的动画效果有两种方法，一种是不断改变图元、图符对象的可见度来实现闪烁效果，另一种是不断改变图元、图符对象的填充颜色与边线颜色来实现闪烁效果。“字符颜色”的闪烁效果设置只对“标签”图元对象有效，“闪烁效果”选项卡如图 5-13 所示。

图形对象的闪烁速度是可以调节的，MCGS 嵌入版给出了快、中和慢三种闪烁速度供用户选择。闪烁属性设置完毕，在系统运行状态下，当所连接的数据对象（或者由数据对象构成的表达式）的值为非 0 时，图形对象就以设定的速度开始闪烁，而当表达式的值为 0 时，图形对象就停止闪烁。

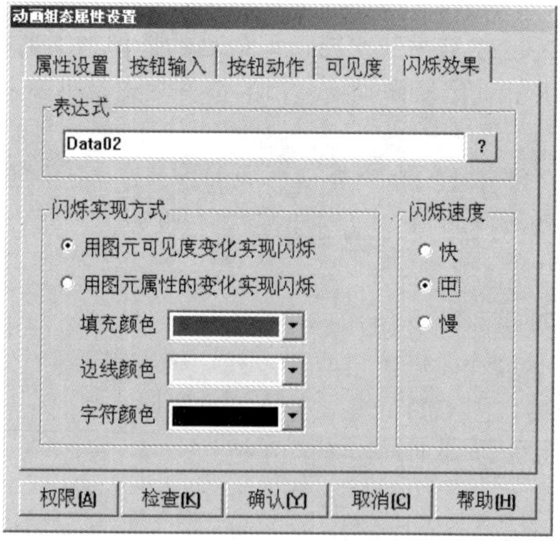

动画组态属性设置
属性设置 | 按钮输入 | 按钮动作 | 可见度 | 闪烁效果
表达式
Data02
闪烁实现方式
用图元可见度变化实现闪烁
用图元属性的变化实现闪烁
填充颜色
边线颜色
字符颜色
闪烁速度
快
中
慢
权限(A)　检查(K)　确认(Y)　取消(C)　帮助(H)

图 5-13 “闪烁效果”选项卡

5.6 标签

在 MCGS 软件中，标签构件除了具有通过文本作为 Tag（标记）的功能，还具有输入输出连接（显示输出、按钮输入、按钮动作）、位置动画连接（水平移动、垂直移动、大小变化）、颜色动画连接（填充颜色、边线颜色、字符颜色）、特殊动画连接（可见度、闪烁效果）的功能。

双击或者右击标签，在弹出的快捷菜单中选择“属性”命令，弹出“标签动画组态属性设置”对话框，进行属性设置，如图 5-14 所示。

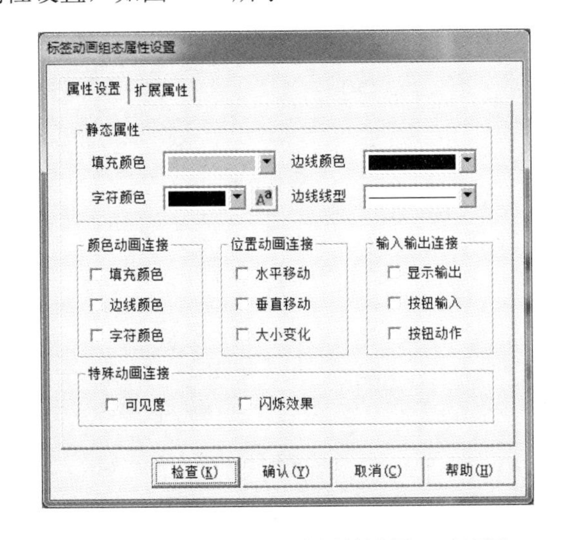

图 5-14 “标签动画组态属性设置”对话框

在“属性设置”选项卡中可以设置标签的填充颜色、边线颜色、字符颜色、边线线型。在“扩展属性”选项卡中可以设置对齐方式、内容排列方式，在“文本内容输入”框中可以输入文本，也可以选择矢量图、位图作为背景。

1. Tag（标记）功能

标签用于显示用户输入的信息，这些信息起到说明或者标识的作用。有两种输入信息的方法：一种是标签刚被拖入窗口时，标签处于激活状态，可以输入信息，按 Enter 键或者单击窗口其他位置，信息生效；另一种是通过“标签动画组态属性设置”对话框的“扩展属性”选项卡中的“文本内容输入”框实现，如图 5-15 所示。文本内容可以多行输入，并支持复制、粘贴、剪切等操作；文本内容可以横向或纵向排列，纵向排列时只允许输入单行文本；同时支持文本水平、垂直对齐。

有三种编辑信息的方法：第一种，右击标签，在弹出的快捷菜单中选择“改字符”，标签处于激活状态，可以修改信息；第二种，选中标签后，按 Esc 键可以清除标签已有信息，然后重新进行信息输入；第三种，双击标签，在“标签动画组态属性设置”对话框的“扩展属性”选项卡的“文本内容输入”框中进行信息修改。

选择矢量图、位图作为标签背景的操作步骤如下。

（1）选中“使用图”复选框。

（2）单击“矢量图”或“位图”按钮，弹出“对象元件库管理”对话框，如图 5-16 所示，从对话框左边的对象元件列表中选择相应的图，选中的图显示在对话框右边，单击“确定”按钮，返回“扩展属性”选项卡。

（3）在“扩展属性”选项卡中单击“确认”按钮后，背景图添加成功。加入位图后标签所在窗口的所有位图总大小不能超过 2MB，否则位图会加载失败。

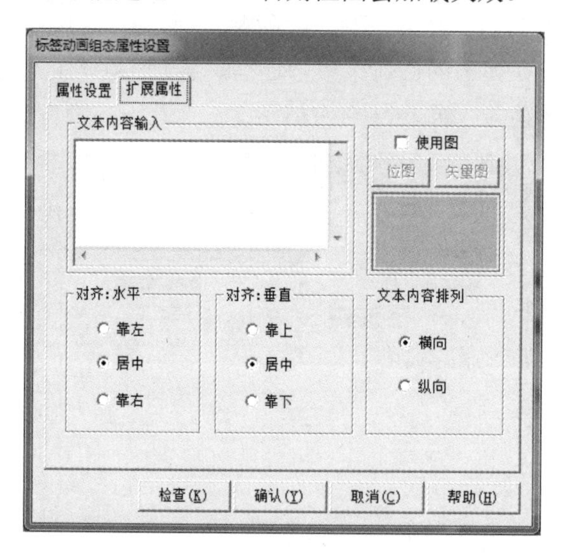

图 5-15 “文本内容输入”框

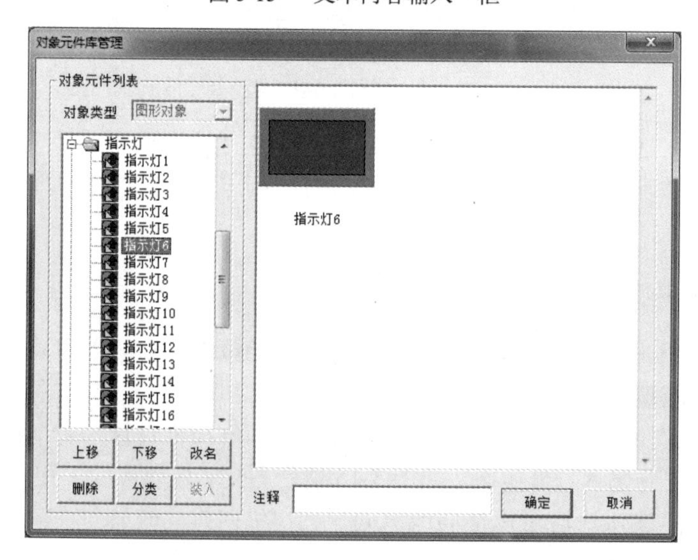

图 5-16 “对象元件库管理”对话框

2. 显示输出

在“属性设置”选项卡中选中“显示输出”时，弹出“显示输出”选项卡，如图 5-17 所示。“表达式”栏用于指定标签所连接的表达式名称，使用右侧的“？”按钮，可以方便地查找已经定义的所有数据对象，双击所要连接的数据对象，即可将该数据对象添加到“表达式”栏内；“输出值类型”可选择开关量输出、数值量输出和字符串输出；“输出格式”用于设定数值的格式，包括十进制、十六进制、二进制、前导0、四舍五入、密码、自然小数位、浮点输出8项，可预览显示效果。“单位”是可选项，当标签连接的数据对象为数值型、开关型，并且输出值类型为数值型时，此选项可用，具体单位须在文本框内输入。

前导0是指当输入的整数位数小于设置的整数位数时，数据通过补0的方式实现设置的整数位数；四舍五入是指当输入数据的小数位数超过设置的小数位数时，采用四舍五入的方式输入；密码是指当输入字符型数据时，数据在输入框内以“*”形式显示；自然小数位是指用户对小数位的格式不做特殊要求而让系统自行决定小数位精度，若用户需要指定小数位数，就要取消该选项，并在下面的“小数位数”输入框中输入小数位数。

当连接不同类型的数据对象、输出值类型不同时，可使用的数据格式也不同。选择开关量输出时，这些数据格式都不可用。选择数值量输出时，若选择浮点输出，可以附加使用四舍五入、前导0；若不选择浮点输出，可以使用十进制、十六进制、二进制。选择字符串输出时，“密码”选项可以使用。注意，若关联数值型变量时没选择浮点输出，而是选择了进制方式，则数值型变量会转化为整数显示，小数位的精度会损失。

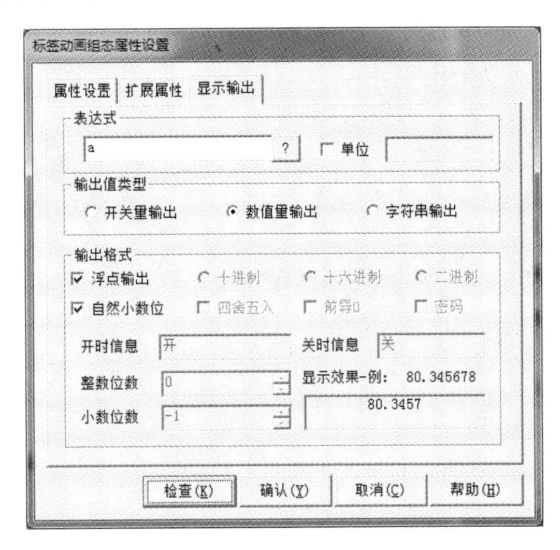

图5-17　“显示输出”选项卡

5.7　应用实例

制作如图5-18所示画面，要求文字“简 单 动 画 组 态”能够快速闪烁。

（1）新建一个窗口，设置背景颜色为白色，绘制一个圆角矩形，设置填充颜色为没有填充，边线颜色为浅绿色。

（2）单击▣，将鼠标移到用户窗口内，按下鼠标左键不放，在窗口内拖动鼠标到适当的位置，然后松开鼠标左键，则在该位置建立了位图对象。

（3）右击该位图对象，在弹出的菜单中选择“装载位图”命令，选取相应的位图文件（位图对象必须是后缀为“.bmp”的图形文件，位图大小不能超过2MB）。

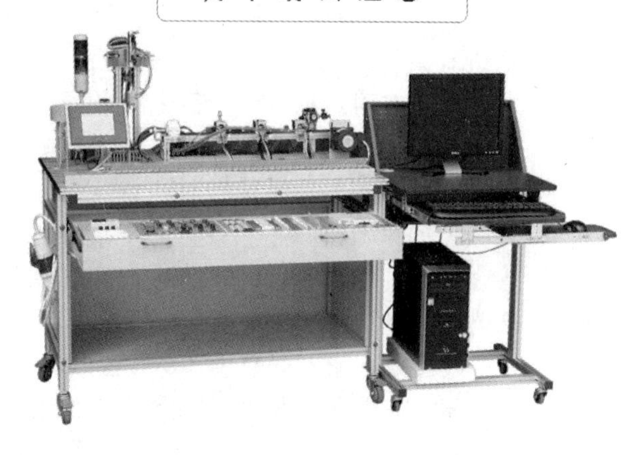

图 5-18　简单动画组态

（4）右击该位图对象，在弹出的菜单中选择“调整构件”命令，使含有位图的图形对象的大小和位图的实际大小一致（位图没有放大或缩小）。

（5）单击A，将鼠标移到用户窗口内，按下鼠标左键不放，在窗口内拖动鼠标到适当的位置，然后松开鼠标左键，设置填充颜色为没有填充，边线颜色为浅绿色，字符颜色为藏青色，字体设置为宋体、粗体、小二，选中闪烁效果。

（6）在“扩展属性”选项卡的“文本内容输入”栏中输入“简单动画组态”文字。

（7）在“闪烁效果”选项卡中，“表达式”设为 1，表示条件永远成立，通过图元可见度变化实现闪烁，选择快速闪烁。

（8）调整标签和圆角矩形的大小、位置，使这两个图形对象基本重合。

第6章 常用动画构件

动画构件实际上就是将工程监控作业中经常操作或观测用的一些功能性器件软件化，做成外观相似、功能相同的构件，存入 MCGS 嵌入版的“工具箱”中，供用户在图形对象组态配置时选用，完成一个特定的动画功能。动画构件本身是一个独立的实体，它比图元和图符包含更多的特性和功能，它不能和其他图形对象一起构成新的图符。

6.1 动画构件的基本属性

通过动画构件基本属性设置，可以对动画构件有一个基本的描述。

1. Name

属性意义：构件名称。
属性类型：字符型，只读。

2. Left

属性意义：构件的 X 坐标。
属性类型：数值型。

3. Top

属性意义：构件的 Y 坐标。
属性类型：数值型。

4. Width

属性意义：构件的宽度。
属性类型：数值型。

5. Height

属性意义：构件的高度。
属性类型：数值型。

6. Focus

属性意义：构件获得焦点。
属性类型：数值型。

7. Visible

属性意义：构件的可见度。
属性类型：数值型。

6.2 输入框构件

1. 功能

输入框构件用于接收用户从键盘输入的信息，通过合法性检查后，将它转换成适当的形式，赋予实时数据库中所连接的数据对象。输入框构件也可以作为数据输出的构件，显示所连接的数据对象的值。形象地说，输入框构件在用户窗口中提供了一个观察和修改实时数据库中数据对象值的窗口。

输入框构件具有激活状态和不激活状态两种不同的工作模式。当输入框构件处于不激活状态时，作为数据输出用的窗口，将显示所连接的数据对象的值，并与数据对象的变化保持同步。单击输入框构件，或按设置的快捷键，可使输入框构件进入激活状态。

当输入框构件处于激活状态时，将中断显示数据，表示操作者可以在此框内输入数据对象所需的内容（当和数值型数据对象相连接时，可以输入相关数据；当和字符型数据对象相连接时，可以输入适当的字符）。输入完毕，按 Enter 键，则结束输入框激活状态，系统自动将输入的内容赋予该构件所连接的数据对象；按 Esc 键，结束激活状态，此时，用户所输入的内容将不被赋给所连接的数据对象。结束激活状态后，输入框构件将转入不激活状态，输入框构件内的闪烁光标也将消失，并恢复数据显示功能。

输入框构件具有可见与不可见两种状态。当满足指定的可见度表达式时，输入框构件处于可见状态，鼠标指针经过时会呈现手掌形，此时单击输入框构件，可使它处于激活状态。当不满足指定的可见度表达式时，输入框构件处于不可见状态，不能向输入框中输入信息，鼠标指针经过时形状不变。如果不指定可见度表达式，即不对可见度属性进行设置，则输入框构件处于可见状态。

2. 属性设置

组态过程中，双击已经放置在用户窗口中的输入框构件，将弹出构件的属性设置对话框，包括“基本属性”“操作属性”和“可见度属性”三个选项卡。

1）基本属性

基本属性设置如图 6-1 所示，“边界类型”指定输入框构件的边界形式，其中“三维边框”是 Windows 95 和 Windows NT 下编辑框的标准外形，可以使整个界面具备三维效果；对齐方式包括水平对齐和垂直对齐，是指输入框内字符的显示方式；“构件外观”包括“背景颜色”

和“字符颜色”，也可以采用矢量图、位图作为构件背景。

2）操作属性

操作属性包括指定被操作的数据对象的名称、数值范围及数据格式，如图 6-2 所示。“对应数据对象的名称”栏用于指定输入框构件所连接的数据对象名称，使用右侧“？”按钮，可以方便地查找已经定义的所有数据对象，双击所要连接的数据对象，即可将该数据对象添加进来，可以连接的数据对象包括数值型、开关型和字符型三种类型。数值输入的取值范围（对数值输入有限制，对显示没有限制）对数值型、开关型数据对象有效，设定了最小值和最大值即确定了数值输入范围，超过了界限，则运行时只取设定的界限值。数据格式包括十进制、十六进制、二进制、前导 0、四舍五入、密码、自然小数位。显示效果可以预览。

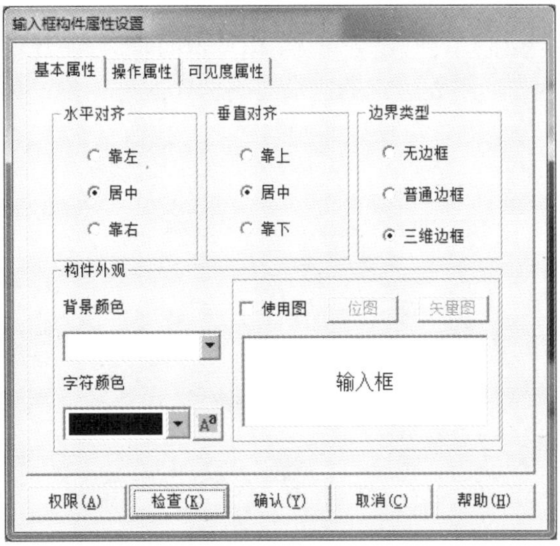

图 6-1 基本属性设置

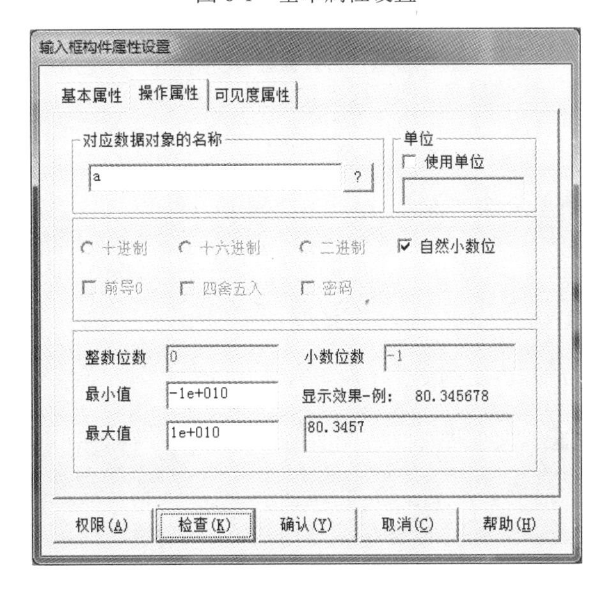

图 6-2 操作属性设置

如果选择“前导 0”，当输入的整数位数小于设置的整数位数时，数据通过补 0 的方式实现设置的整数位数。如果选择“四舍五入”，当输入数据的小数位数超过设置的小数位数时采用四舍五入。“密码”是指当输入字符型数据时，数据在输入框内以“*”形式显示。“自然小数位”是指用户对小数位的格式不做特殊要求而让系统自行决定小数位精度，若用户需要指定小数位数，就要取消该选项，并在下面的“小数位数”输入框中输入小数位数。“自然小数位”和“前导 0”及“四舍五入”选项互斥。

数值型数据可选择“自然小数位”或设置“前导 0”及“四舍五入”格式，默认以十进制形式显示；开关型数据可以使用“十进制”“十六进制”“二进制”“前导 0”“自然小数位”格式；字符型数据时可以使用“密码”格式。

3）可见度属性

可见度是指输入框在系统运行时是否可见，由指定的表达式的值决定，如图 6-3 所示。“表达式”要求输入一个表达式，用表达式的值来控制构件的可见度，如不设置任何表达式，则运行时，构件始终处于可见状态，可使用右侧的“？”按钮查找并设置相关的数据对象。“当表达式非零时”指定表达式的值与构件可见度的对应关系。

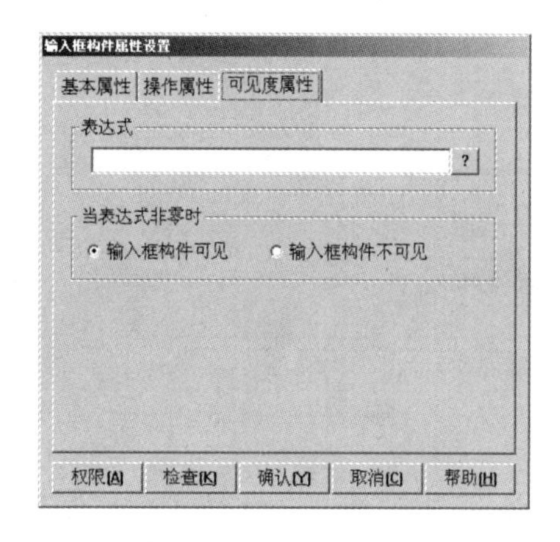

图 6-3　可见度属性设置

4）其他属性

Text

属性意义：输入框中显示的文本。

属性类型：字符型。

5）事件

Change

当输入框内容改变时触发。

6.3　标准按钮构件

1. 功能

标准按钮构件用于实现 Windows 中的按钮功能。标准按钮构件有抬起与按下两种状态，可分别设置其动作。标准按钮构件在可见状态下，当鼠标移过标准按钮上方时，鼠标指针将变为手掌形，此时单击，即可执行所设定的操作。如果此标准按钮构件是轻触型按钮，那么鼠标经过时，整个按钮将显示向上凸起的三维效果。

2. 属性设置

组态时双击标准按钮构件，弹出构件的属性设置对话框，包括“基本属性”“操作属性”“脚本程序”和“可见度属性”四个选项卡，如图 6-4 所示。

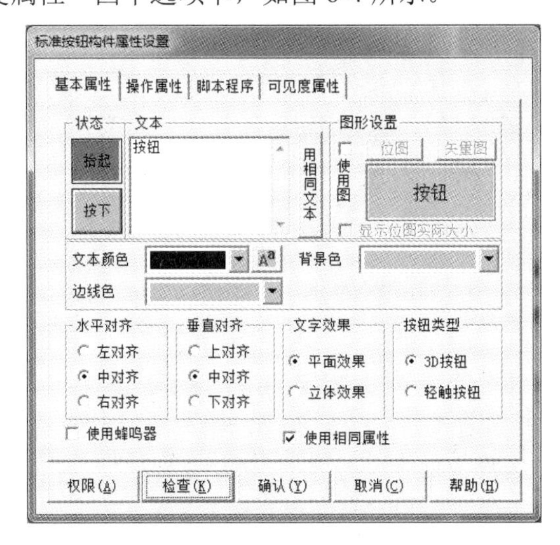

图 6-4　“标准按钮构件属性设置”对话框

1）基本属性

在“状态”中选择按钮初始状态，包括按下和抬起两个状态。在“文本”栏设定标准按钮构件上显示的文本内容，可设置两种状态使用相同文本。在“图形设置”中选择按钮背景图案，可选择位图或矢量图，并设定是否显示位图实际大小，中间的图形是预览效果，预览内容包括状态、文本、字体颜色、背景色、背景图形、对齐效果。注意，加入位图后构件所在窗口的所有位图总大小不能超过 2MB，否则位图会加载失败。“文本颜色”设定标准按钮构件上显示文字的颜色。“边线色”设定标准按钮构件边线的颜色。“背景色”设定标准按钮构件文字背景颜色，当选择图形背景时，此设置不起作用。“使用相同属性”可设置抬起、按下两种状态是否使用相同属性，默认为选中，即当前设置内容同时应用到抬起、按下状态。“水平对齐”和“垂直对齐”指定标准按钮构件上的文字对齐方式，背景图案的对齐方式与标题文字的对齐方式正好相反。“文字效果”指定标准按钮构件上的文字显示效果，有平面和立体两种效果可选。“按钮类型”包括 3D 按钮和轻触按钮，3D 按钮是具有三维效果的普通按钮，轻触按钮则实现一种特殊的按钮轻触效果，适于与其他图形元素组合成具有特殊按钮功能的图形。“使用蜂鸣器”设置下位机运行时点击按钮是否有蜂鸣声，默认为无。

2）操作属性

“操作属性”选项卡中可设置标准按钮构件完成指定的功能，如图 6-5 所示。用户可以分别设定抬起及按下两种状态下的功能，首先选中将要设定的状态，然后单击将要设定的功能前面的复选框。一个标准按钮构件的一种状态可以同时指定几种功能，运行时将逐一执行。

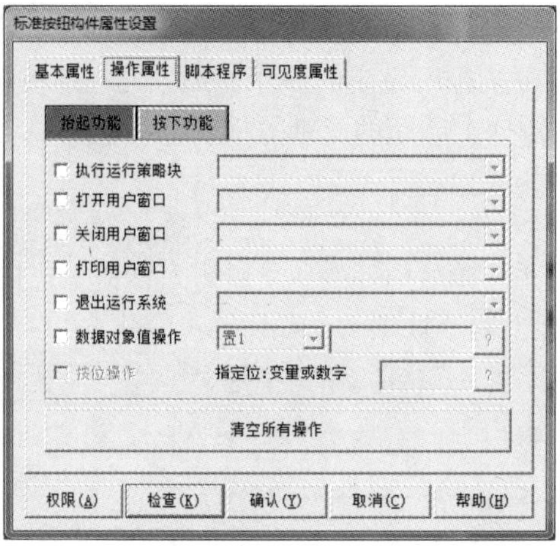

图 6-5 “操作属性”选项卡

“执行运行策略块”指定用户所建立的策略块，MCGS 嵌入版系统固有的三个策略块（启动策略块、循环策略块、退出策略块）不能被标准按钮构件调用，组态时单击下拉按钮，从弹出的下拉列表中选取。“打开用户窗口”和“关闭用户窗口”可以设置打开或关闭一个指定的用户窗口，可以在下拉列表中选取。如果指定的用户窗口已经打开，打开窗口操作将使 MCGS 嵌入版简单地把这一窗口放到最前面；如果指定的用户窗口已经关闭，则关闭窗口操作将被 MCGS 嵌入版忽略。“打印用户窗口”设置要打印的用户窗口，可以在下拉列表中选择要打印的窗口。“退出运行系统”提供了退出运行程序、退出运行环境、退出操作系统、重启操作系统和关机五种操作供用户选择。“数据对象值操作”一般用于对开关型对象的值进行取反、清 0、置 1 等操作，可以单击右侧的“？”按钮，从弹出的数据对象列表中选取数据对象。“按位操作”用于操作指定的数据对象的位（二进制形式），操作的对象为“数据对象值操作”的对象，可以指定变量或数字。“清空所有操作”用于清空两种状态的所有操作属性设置。

3）脚本程序

用户可以分别编辑抬起、按下两种状态的脚本程序。当完成一次按钮动作时，系统执行一次对应的脚本程序。用户可单击“清空所有脚本”按钮，快速清空两种状态的脚本程序，如图 6-6 所示。

图 6-6 “脚本程序”选项卡

在按钮的按下状态选择打开用户窗口或者退出操作系统，系统会屏蔽抬起状态的操作属性及脚本程序；同理，在按钮的按下脚本中输入打开窗口的脚本或者退出操作系统的脚本时，抬起状态操作属性设置和脚本程序也不能被执行。

6.4　动画按钮构件

6.4.1　功能

动画按钮构件是一种特殊的按钮构件，用于实现类似多挡开关的效果。构件与实时数据库中的数据对象连接，通过不同图像、文字对应数据对象的值所处的范围、状态。构件可以接收用户的按键输入，在规定的多个状态之间切换，也可以执行一定的操作来改变关联数据对象的值。动画按钮构件在可见状态下，当鼠标移到构件上方时，鼠标指针将变为手掌形，表示可以进行单击操作。

6.4.2　组成

动画按钮构件由区域、图像、文字三部分组成。选中构件区域，图像和文字也被选中；拖动构件区域改变它的大小，图像和文字将自动改变到合适的位置，但是大小不改变。可以单独选中图像、文字，文字可以移动，但是不能改变大小，图像大小可以改变。

右击构件区域，弹出如图 6-7 所示的快捷菜单，通过“分段点”查看构件的分段点，改变构件分段点状态。

右击图像，弹出如图 6-8 所示的快捷菜单，“显示次序”用于在一个分段点有多个图像时改变选定图像的次序。“锁定对象”用于锁定选中的图像，图像被锁定后不可移动。“全部锁定”用于锁定图像和文字，构件区域不被锁定。

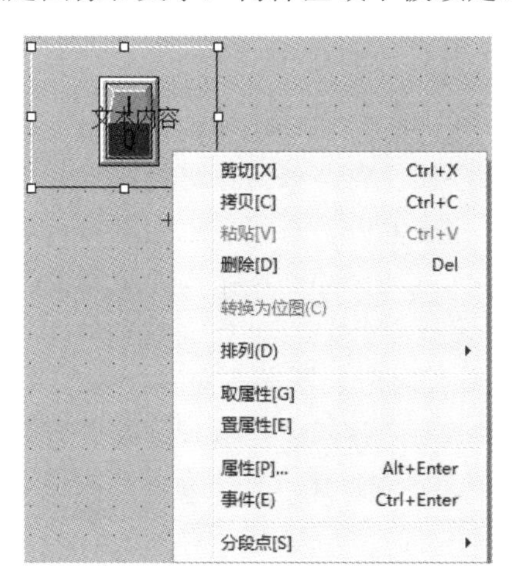

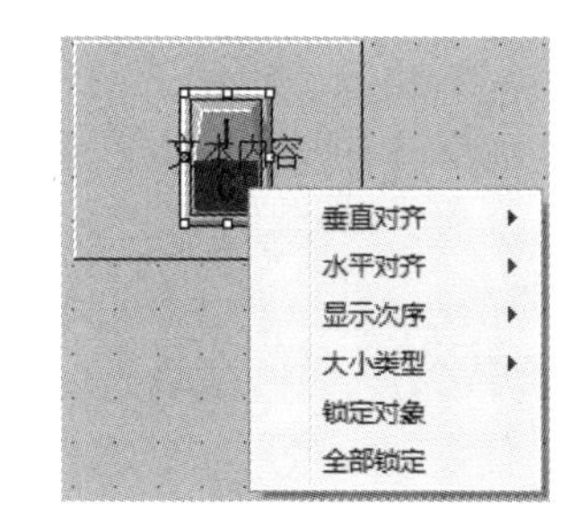

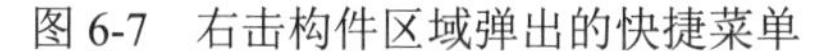
图 6-7　右击构件区域弹出的快捷菜单　　图 6-8　右击图像弹出的快捷菜单

右击文字弹出的快捷菜单和右击图像弹出的快捷菜单基本相同，“显示次序”用于在一个分段点有多个文本时改变选中文本的次序。

6.4.3 属性设置

组态时双击动画按钮构件，弹出的对话框如图 6-9 所示，包括“基本属性”“变量属性”和“可见度属性”三个选项卡。

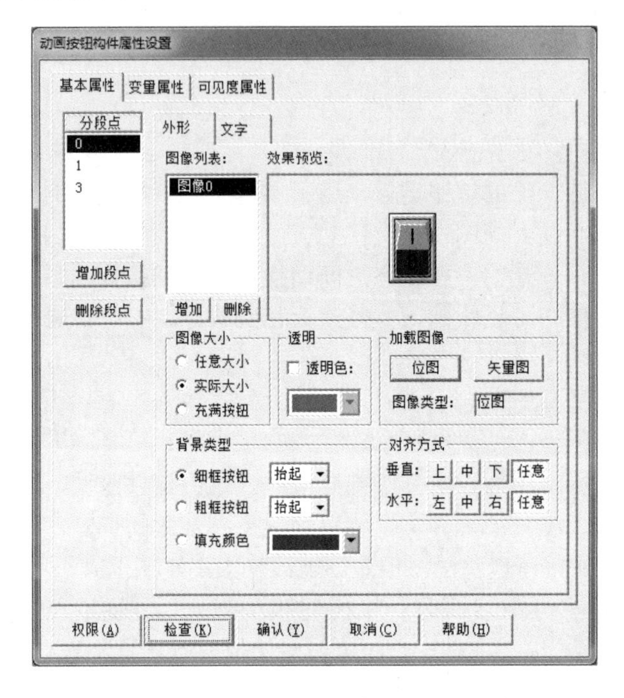

图 6-9 “动画按钮构件属性设置”对话框

1. 基本属性

1）分段点

每个分段点对应动画按钮构件的一种状态，运行时按钮动作使构件根据显示变量值在多种状态之间切换，也可以通过设置变量执行某些操作。每个分段点可以对应多个图像、多个文本，当显示变量的值发生变化时，构件会显示相应的分段点状态。如果显示变量的值与所有的分段点值都不相同，则构件的状态不发生变化。如果动画按钮构件所连接的显示变量是开关型的，则构件只有两种状态：非 0 状态（开状态）和 0 状态（关状态），此时分段点只有两个。在分段点列表中选择不同的分段点，可显示其对应的图像、文字。

单击“增加段点”按钮，在分段点列表中增加一个分段点。双击分段点的值，可激活分段点，进入编辑状态，修改或输入新的分段点值，按 Enter 键，使用新的分段点值。分段点值可以为正数、负数、小数。系统默认分段点值从第一个分段点开始按从小到大的顺序排列，如果顺序混乱，可能无法被识别，一个构件最多有 50 个分段点。单击“删除段点”按钮，可删除分段点列表中所选定的分段点；同时，该分段点对应的图像、文本也被删除。一个构件至少有一个分段点。

一个分段点默认只对应一个图像，但是可以通过两种方式添加多个图像，一种是单击“图像列表”下方的“增加”按钮；另一种是右击“图像列表”空白区域，在弹出的快捷菜单中选择“插入”命令，这两种方式都可以添加一个默认的图像到图像列表中。图像列表允许的最多图像个数为 15。双击图像名，可激活图像名，进入编辑状态，修改或输入新的图像名，按 Enter 键，使用新的图像名。通过鼠标拖动的方式改变图像的顺序可以改变图像在构件区域的显示层次，默认图像列表中的第一个图像显示在最上层。单击“删除”按钮，或者右击图像列表空白区域，在弹出的快捷菜单中选择“删除”命令，可以删除图像。

2）外形

单击“位图”按钮，可以把对象元件库中的位图装入指定的分段点，通过“效果预览”可以查看添加位图之后的效果。单击“矢量图”按钮，可以把对象元件库中的矢量图装入指定的分段点，通过“效果预览”可以查看添加矢量图之后的效果。

“图像大小”包括“任意大小”“实际大小”“充满按钮”三个选项。选择“任意大小”，可以随意改变图像的大小；选择“实际大小”，图像将以实际大小显示；选择“充满按钮”，图像将以充满按钮的形式显示。选择“任意大小”“实际大小”，可以在组态时改变图像大小；选择“充满按钮”，则无法直接改变图像大小，只能通过改变构件大小来改变图像大小。选中“透明色”复选框使位图上的相应颜色透明，此选项只对位图有效。

在“背景类型”中设置构件区域背景，包括“细框按钮”“粗框按钮”“填充颜色”三类。“细框按钮”“粗框按钮”有“抬起”“按下”两种状态。

“对齐方式”用来设置图像对齐方式，分为垂直对齐、水平对齐。垂直对齐包括上对齐、中对齐、下对齐、任意对齐。水平对齐包括左对齐、中对齐、右对齐、任意对齐。任意对齐默认是中对齐。

3）文字

一个分段点默认只对应一个文本，但是可以通过两种方式添加多个文本。一种是单击文本列表下方的“增加”按钮；另一种是右击文本列表空白区域，在弹出的快捷菜单中选择“插入”命令，这两种方式都可以添加一个默认的文本到文本列表中。文本列表允许的最多文本个数为 15。双击文本名，可激活文本名，进入编辑状态，修改或输入新的文本名，按 Enter 键，使用新的文本名。通过鼠标拖动的方式改变文本的顺序可以改变文本的显示层次，默认文本列表中的第一个文本显示在最上层。单击“删除”按钮，或者右击文本列表空白区域，在弹出的快捷菜单中选择“删除”命令，可以删除文本。

“文本内容”用于对分段点对应的文本列表中的文本进行编辑，支持 Ctrl+C（复制）、Ctrl+V（粘贴）、Ctrl+X（剪切）、Delete（删除）操作，也可以右击空白区域，在弹出的快捷菜单中进行相应的操作。文本内容较多时，可以通过上下、左右滚动条查看。

“对齐方式”用来设置文本的对齐方式，分为垂直对齐、水平对齐。垂直对齐包括上对齐、中对齐、下对齐、任意对齐。水平对齐包括左对齐、中对齐、右对齐、任意对齐。任意对齐默认是中对齐。

前景色用于设置文字的颜色，背景色用于设置文字背景色，3D 效果用于设置文字的立体效果。闪烁用于设置文字的闪烁效果，闪烁速度分为快、中、慢，由于下位机限制，所有文本只能以相同的速度闪烁。字体用于设置文字的字体、字形、大小。

单击“使用相同字体”按钮，使所有文本字体都变为在文本列表中选中的文本的字体。

单击“使用相同文字”按钮，使所有文本内容都变为在文本列表中选中的文本的内容，设置的文本格式效果不受影响。

2. 变量属性

动画按钮构件可以关联显示变量和设置变量。设置变量和显示变量之间没有必然的联系，如果只有显示变量，则构件不具备按钮动作；如果只有设置变量，则构件只具有按钮动作而没有状态显示的功能；如果显示变量和设置变量关联同一个数据对象，则构件执行按钮动作的同时会改变自身的显示状态。

显示变量用于显示构件的分段点状态，通过显示变量值的变化使构件可以在多个分段点之间切换。显示变量类型分为开关型、数值型、开关型的位。当显示变量类型为开关型的位时，分段点只有两个，位的范围为0～31。

设置变量用于构件执行按钮动作，每按下一次动画按钮构件，就执行一次对应的操作。设置变量的类型分为布尔操作、位操作、数值操作，如图6-10所示。选择布尔操作和数值操作时，数据对象类型为开关型、数值型；选择位操作时，数据对象只能是开关型，位的范围为0～31。

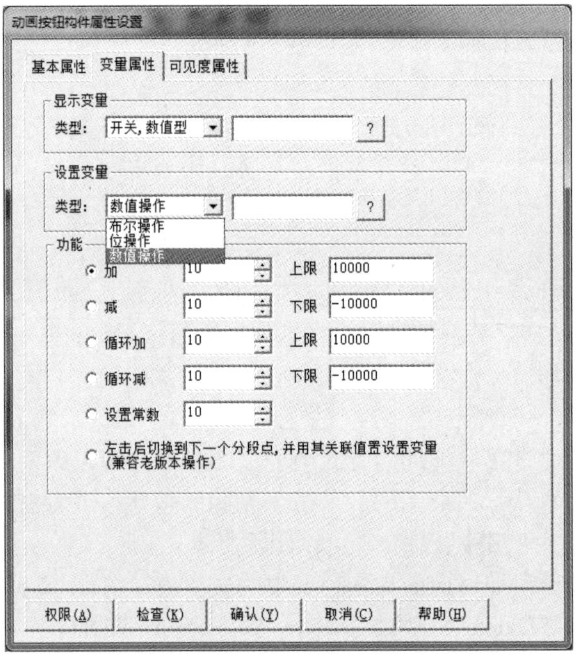

图6-10　设置变量的类型

布尔操作包括置1、清0、取反、按1松0、按0松1，执行布尔操作后的数据对象值只能是0或者1。位操作包括置1、清0、取反、按1松0、按0松1，此操作只对开关型数据对象的位进行操作。数值操作包括加、减、循环加、循环减、设置常数、兼容老版本操作。“加”表示每按下一次动画按钮构件，会加一次递加值到关联的设置变量，其结果应不超过上限值，递加值可通过输入或者微调的方式改变，递加值不能小于0。“减”表示每按下一次动画按钮构件，关联的设置变量的值会减去一次递减值，其结果应不低于下限值，递减值可通过输入或者微调的方式改变，递减值不能小于0。“循环加”表示每按下一次动画按钮构件，会加一次递加值到关联的设置变量，其结果达到上限值时，再从关联的设置变量的初始值重新开始递加，递加值可通过输入或者微调的方式改变，递加值不能小于 0。“循环减”表示每按下一次动画按钮构件，关联的设置变量的值会减去一次递减值，其结果达到下限值时，再从关联的设置变量的初始值重新开始递减，递减值可通过输入或者微调的方式改变，递减值不能小于 0。“设置常数”表示当按下一次动画按钮构件时，预设的常数会被赋给关联的设置变量，预设的常数可以通过输入或者微调的方式改变。“兼容老版本操作”表示当按下一次动画按钮构件时，构件自动显示下一个分段点的状态，并用关联值设置变量。

6.5 动画显示构件

动画显示构件用于实现动画显示和多状态显示的效果。通过和显示变量建立连接，动画显示构件用显示变量的值来驱动、切换显示多个图像、文本。在状态显示方式下，构件用显示变量的值来寻找分段点，显示指定分段点对应的图像、文本。在动画显示方式下，当显示变量的值为非 0 时，构件按指定的频率循环显示所有分段点对应的图像。

动画显示构件的组成及基本属性与动画按钮构件相同，在这里只介绍显示属性，如图 6-11 所示。

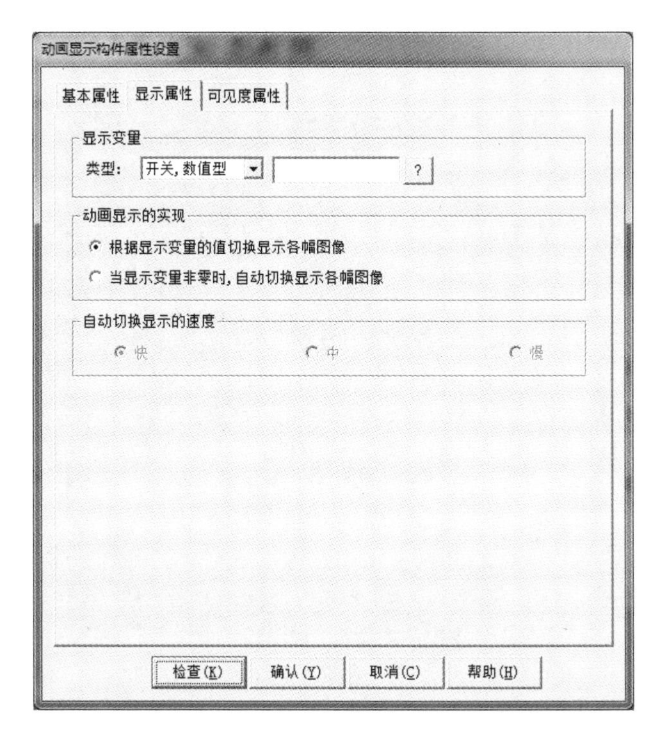

图 6-11 显示属性

动画显示构件通过关联显示变量实现图像的切换显示。显示变量的类型包括数值型、开关型、开关型的位，当显示变量类型为开关型的位时，分段点只有两个，位的范围为 0～31。

可以用两种不同的方法来实现动画显示效果，一种是用表达式的值来驱动，当表达式的值发生变化时，构件用表达式的值来寻找对应的分段点，同时显示与分段点对应的图像，如找不到对应的分段点，则构件显示最后一个分段点的图像、文本；另一种是由构件自己驱动实现，按设定的频率自动循环显示各分段点对应的图像、文本。当显示变量的值为非 0 时，开始切换显示；当显示变量的值为 0 时，停止切换显示。如果用多个图像来表示一个物理对象的不同状态，那么，不停地切换显示代表不同状态的图像和文本，就可以模拟物理对象不断变化的动态效果。

6.6 组合框构件

6.6.1 功能

用户在对系统的操作中往往会遇到大量数据选择的情况。为了方便用户使用，MCGS 系列产品中推出了组合框构件。MCGS 嵌入版的组合框构件包括下拉组合框、列表组合框、策略组合框及窗口组合框 4 种类型，不同类型的组合框有不同的处理策略。MCGS 嵌入版组合框构件由组态环境组合框构件设计、运行环境组合框构件操作和运行环境组合框构件脚本函数三部分组成。

6.6.2 属性设置

组态时双击组合框构件，弹出构件的属性设置对话框，包括“基本属性”“选项设置”两个选项卡，如图 6-12 所示。

图 6-12　属性设置对话框

1. 基本属性

“控件名称”用于设置组合框构件的名称，“缺省内容”用于设置构件的默认内容，“数据关联”用于选择实时数据变量的名称，“背景颜色”用于设置组合框构件编辑框部分的背景颜色，“文本颜色”用于设置组合框构件编辑框部分的文字颜色，“文本字体”用于设置组合框构件文本的字体，“ID 号关联”用于设置组合框构件当前被选中项输出的数据变量，“构件类型”中可通过复选框选择组合框构件的类型。

2. 选项设置

选项设置和组合框构件的类型相关联，不同类型的组合框会有不同的选项设置。

1）下拉组合框和列表组合框

列表组合框提供用户选择功能，下拉组合框提供用户编辑和选择功能，选项设置如图 6-13 所示。在这个选项卡中可以输入内容列表，运行环境下，这些内容就成为了下拉列表选项。

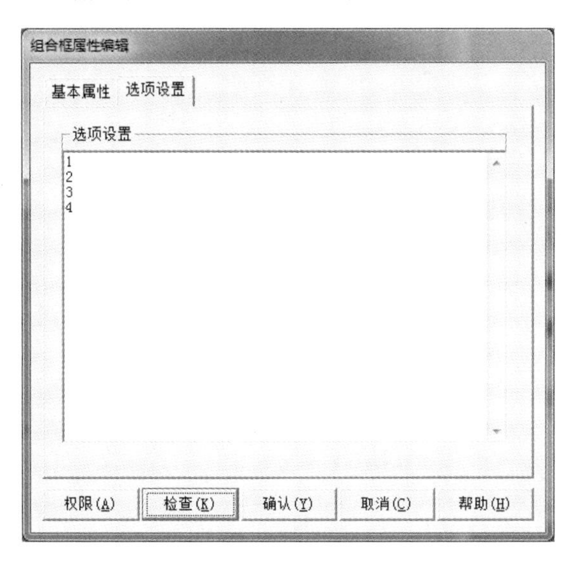

图 6-13　下拉组合框和列表组合框的选项设置

2）策略组合框和窗口组合框

策略组合框供用户选择执行策略，窗口组合框供用户打开用户窗口、快速显示用户窗口，选项设置如图 6-14 所示。在这个选项卡中可以选择想要执行的策略或者打开的用户窗口，运行环境下，选中某一项后会执行相关策略或者打开对应的用户窗口。

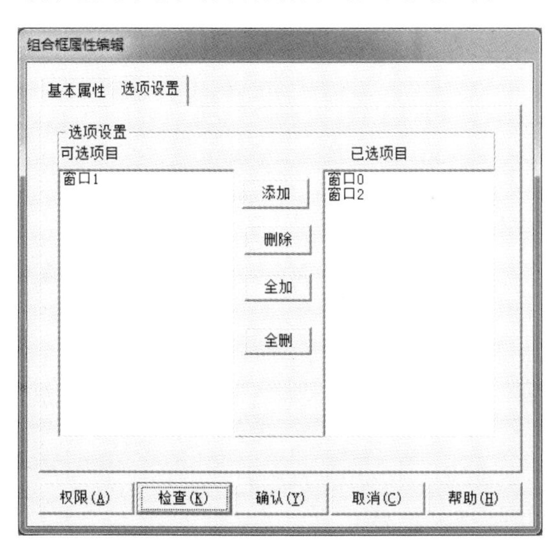

图 6-14　策略组合框和窗口组合框的选项设置

6.6.3 运行环境下组合框构件的操作

运行环境下，只有下拉组合框可以编辑组合框构件当前内容，其他类型的组合框必须从下拉列表中选择，如图 6-15 所示。

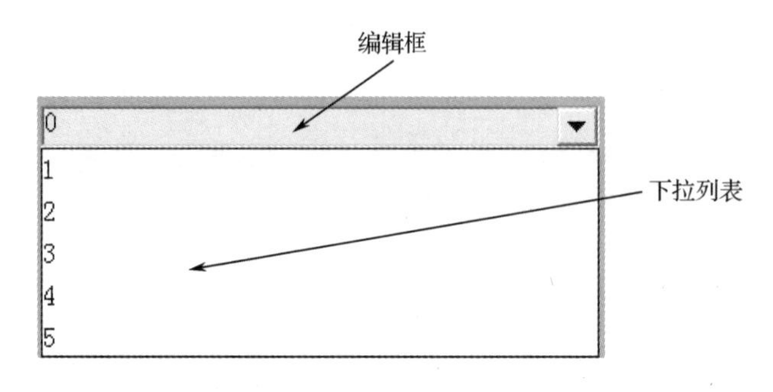

图 6-15 运行环境下的组合框构件

6.6.4 点操作

1. !Clear()

函数意义：清除当前组合框构件的列表内容。
返回值：无。
参数：无。
实例：!Clear()

2. !GetSelText()

函数意义：得到当前编辑框的内容。
返回值：字符型。
参数：无。
实例：data1=!GetSelText()
　　　data1：字符型。

3. !GetSelFloat()

函数意义：得到当前编辑框的内容。
返回值：字符型。
参数：数值型。
实例：!GetSelFloat(data1)
　　　data1：数值型。

4. !AddItem()

函数意义：增加一条记录到下拉列表。
返回值：整型，1 表示成功，0 表示失败。

参数：字符型。
实例：!AddItem(data1)
　　data1：字符型。

5. !GetStrByID()

函数意义：通过 ID 得到字符串。
返回值：整型，1 表示成功，0 表示失败。
参数：数值型，字符型。
实例：!GetStrByID(data1,data2)
　　data1：数值型。
　　data2：字符型，用于保存结果。

6. !GetFloatByID ()

函数意义：通过 ID 得到浮点值。
返回值：整型，1 表示成功，0 表示失败。
参数：数值型。
实例：!GetFloatByID(data1,data2)
　　data1：数值型。
　　data2：数值型，用于接收结果。

7. !GetTotalItemSum()

函数意义：得到当前组合框下拉列表项总数。
返回值：整型。
参数：无。
实例：data1=!GetTotalItemSum()
　　data1：整型。

8. !DeleteItem()

函数意义：通过 ID 删除某项。
返回值：无。
参数：整型。
实例：!DeleteItem(data1)
　　data1：整型。

9. !SetItemValueByID()

函数意义：通过 ID 修改下拉列表项的值。
返回值：无。
参数：整型，字符型。
实例：!SetItemValueByID(data0,data1)

data0：整型。

data1：字符型。

10. !InsertItemByID()

函数意义：通过 ID 向下拉列表插入一项。

返回值：无。

参数：整型，字符型。

实例：!InsertItemByID(data0,data1)

data0：整型。

data1：字符型。

6.7 制作密码画面

制作密码画面，如图 6-16 所示，输入正确密码后，单击“确定”按钮，密码生效；若输入密码不正确，则弹出“请重新输入密码！”的提示框，需要重新输入正确的密码。输入密码正确，将显示“调试”及“运行”按钮，正确的密码为“235A”。

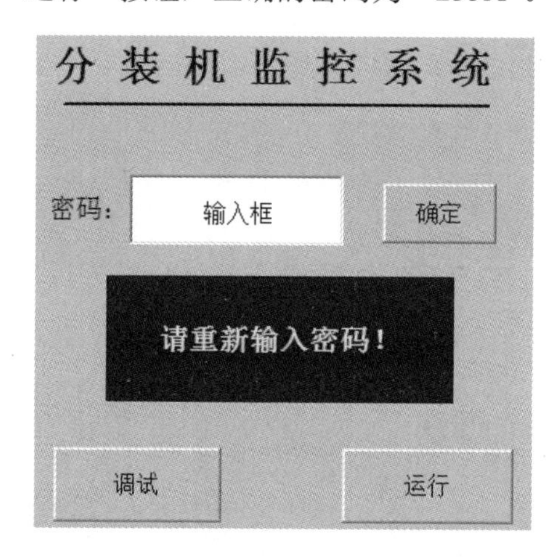

图 6-16 密码画面

（1）新建“窗口 0”，单击A，设置填充颜色为没有填充，边线颜色为没有边线，字体为宋体、粗体、二号，文本内容输入“分 装 机 监 控 系 统”。

（2）单击A，设置填充颜色为没有填充，边线颜色为没有边线，字体为宋体、常规、四号，文本内容输入“密码：”。

（3）制作“确定”“调试”及“运行”标准按钮，设置“调试”及“运行”标准按钮可见度属性的表达式为开关量 M，在“确定”按钮抬起脚本中编写：

```
IF !strComp(a,"235A")<>0 THEN 用户窗口.窗口 0.OpenSubWnd(提示,285,237,244,87,2)
IF !strComp(a,"235A")=0 THEN M=1
```

（4）制作输入框，在操作属性中，选择字符型数据，并且选中“密码”项。

（5）绘制直线，按照要求调整位置。

（6）新建“提示窗口”，按照要求制作。

6.8 制作方式选择画面

制作方式选择画面，如图 6-17 所示，单击“原点回归”按钮使系统回到原点，原点指示灯亮。使用“方式选择”开关进行方式选择，“方式选择”开关在左挡位，选择的模式为“调试”；“方式选择”开关在右挡位，选择的模式为“运行”。只有原点指示灯亮且“方式选择”开关在左挡位，单击“调试”按钮才可以进入调试画面；只有原点指示灯亮且“方式选择”开关在右挡位，单击“运行”按钮才可以进入运行画面。

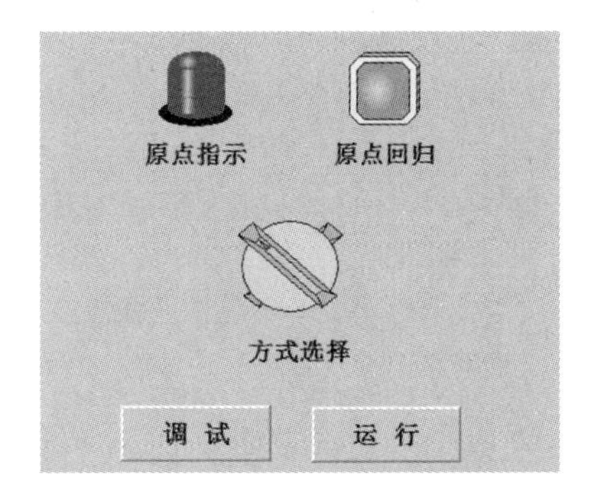

图 6-17 方式选择画面

对于方式选择画面可以采用按钮可见度及按钮脚本程序两种方法实现。

1. 按钮可见度

（1）制作“原点回归”按钮，设置按钮抬起时将 m0 置 1，制作原点指示灯，将开关量 m0 和指示灯连接。

（2）制作“方式选择”开关，将开关量 m1 和方式选择开关连接。

（3）制作两个完全一样的“调试”按钮，可见度表达式设置为“m1=1 and m0”，其中一个选择“按钮不可见”，另一个选择“按钮可见”，设置“按钮可见”的按钮按下时打开调试窗口，调整位置使两个“调试”按钮完全重合。制作两个完全一样的“运行”按钮，可见度表达式设置为“m1=0 and m0”，其中一个选择“按钮不可见”，另一个选择“按钮可见”，设置“按钮可见”的按钮按下时打开运行窗口，调整位置使两个“运行”按钮完全重合。

2. 按钮脚本程序

（1）制作“原点回归”按钮，设置按钮抬起时将 m0 置 1，制作原点指示灯，将开关量 m0 和指示灯连接。

（2）制作“方式选择”开关，将开关量 m1 和方式选择开关连接。

（3）制作“调试”按钮，在按下脚本中编写“IF m1=1 and m0 THEN 用户窗口.窗口 1.Open( )”。制作“运行”按钮，在按下脚本中编写“IF m1=0 and m0 THEN 用户窗口.窗口 2.Open( )”。

第7章 事件

在 MCGS 嵌入版的动画界面组态中，可以组态处理动画事件。动画事件是在某个对象上发生的，它可能带参数，也可能是不带参数的动作驱动源。例如，Load 事件不带参数，触发时其相应脚本程序被执行；MouseMove 事件带参数，先将 MouseMove 事件的几个参数连接到数据对象上，当 MouseMove 事件触发时，就会把 MouseMove 的参数（鼠标位置、按键信息等）传送到连接的数据对象中，通过事件连接的脚本程序对这些数据对象进行处理。

7.1 动画构件的事件

对动画构件进行右击操作，在弹出的快捷菜单中选择“事件”命令，打开“事件组态”对话框，如图 7-1 所示，单击某个事件，进入相应的组态界面，可以对事件进行设置。

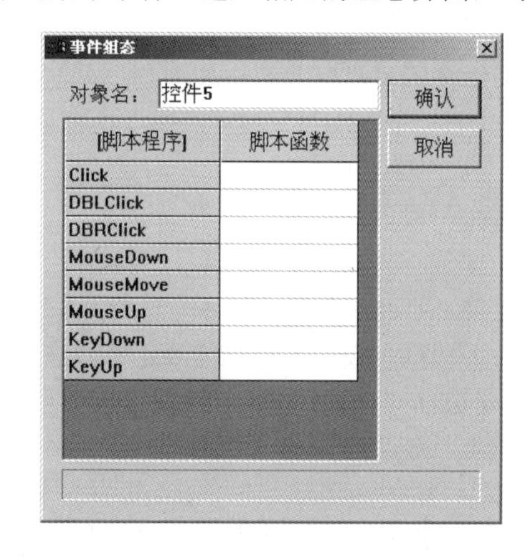

图 7-1 “事件组态”对话框

1. Click（单击）

单击“事件连接脚本”，出现脚本编辑器，可以编辑单击所要连接的脚本，如图 7-2 所示。

2. DBLClick（双击）

单击“事件连接脚本”，出现脚本编辑器，可以编辑双击所要连接的脚本，如图 7-3 所示。

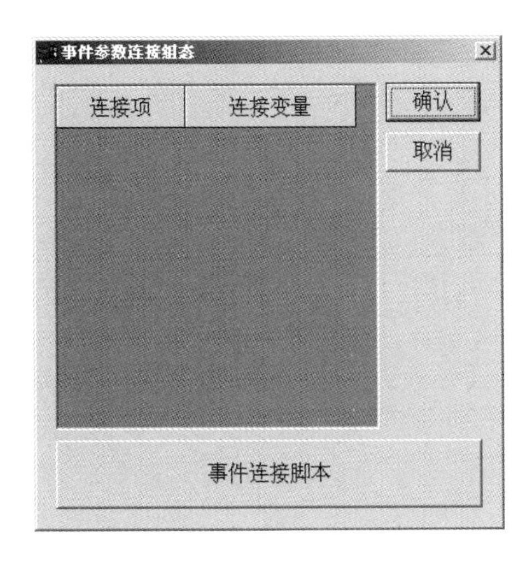

图 7-2 单击事件组态

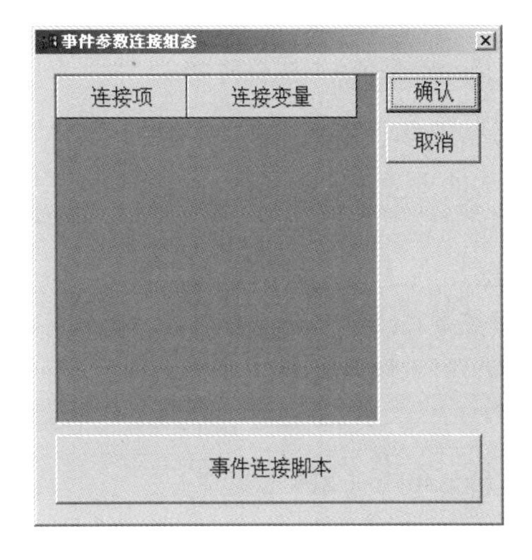

图 7-3 双击事件组态

3. DBRClick（右键双击）

单击“事件连接脚本”，出现脚本编辑器，可以编辑右键双击所要连接的脚本，如图 7-4 所示。

4. MouseDown（鼠标按下）

鼠标按下事件组态如图 7-5 所示。

参数 1：鼠标按下时的鼠标按键信息，为 1 表示左键按下，为 2 表示右键按下，为 4 表示中键按下。

参数 2：鼠标按下时的键盘信息，为 1 表示 Shift 键按下，为 2 表示 Ctrl 键按下，为 4 表示 Alt 键按下。

参数 3：鼠标按下时的 X 坐标。

参数 4：鼠标按下时的 Y 坐标。

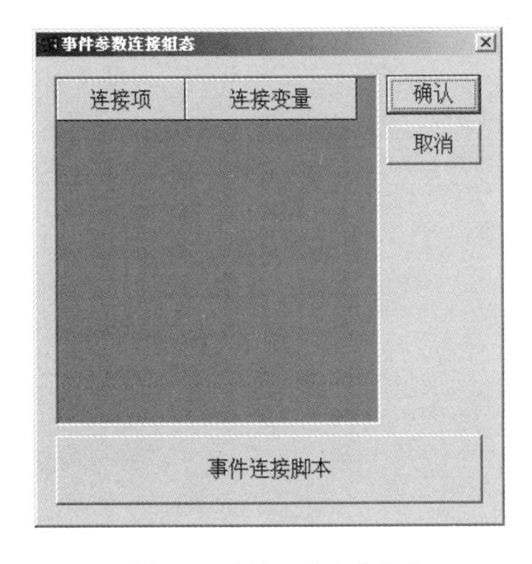

图 7-4 右键双击事件组态

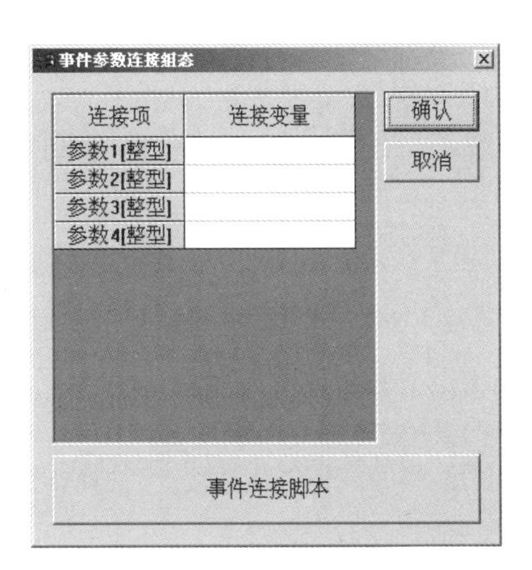

图 7-5 鼠标按下事件组态

5. MouseMove（鼠标移动）

鼠标移动事件组态如图 7-6 所示。

参数 1：鼠标移动时的鼠标按键信息，为 1 表示左键按下，为 2 表示右键按下，为 4 表示中键按下。

参数 2：鼠标移动时的键盘信息，为 1 表示 Shift 键按下，为 2 表示 Ctrl 键按下，为 4 表示 Alt 键按下。

参数 3：鼠标的 X 坐标。

参数 4：鼠标的 Y 坐标。

6. MouseUp（鼠标抬起）

鼠标抬起事件组态如图 7-7 所示。

参数 1：鼠标抬起时的鼠标按键信息，为 1 表示左键按下，为 2 表示右键按下，为 4 表示中键按下。

参数 2：鼠标抬起时的键盘信息，为 1 表示 Shift 键按下，为 2 表示 Ctrl 键按下，为 4 表示 Alt 键按下。

参数 3：鼠标抬起时的 X 坐标。

参数 4：鼠标抬起时的 Y 坐标。

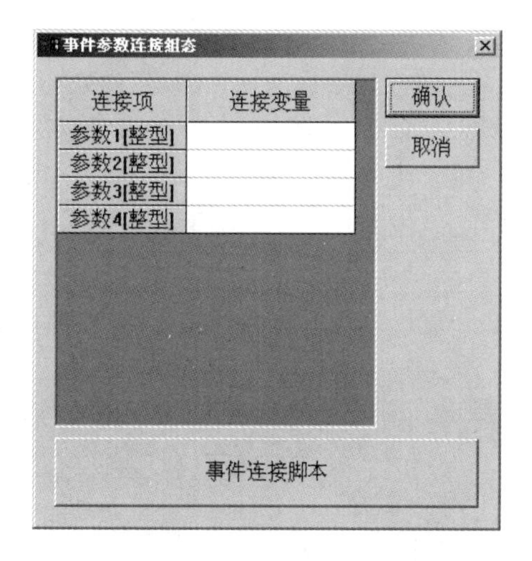

图 7-6　鼠标移动事件组态

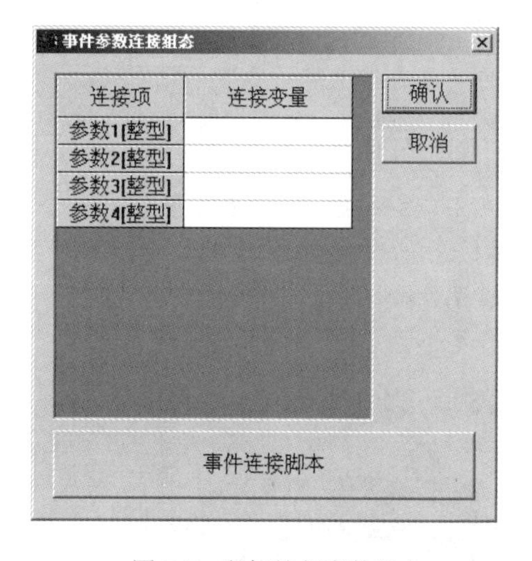

图 7-7　鼠标抬起事件组态

7. KeyDown（按下键盘按键）

按下键盘按键事件组态如图 7-8 所示。

参数 1：整型，按下按键的 ASCII 码。

参数 2：整型，0～7 位是按键的扫描码。

8. KeyUp（键盘按键抬起）

键盘按键抬起事件组态如图 7-9 所示。
参数 1：整型，抬起按键的 ASCII 码。
参数 2：整型，0～7 位是按键的扫描码。

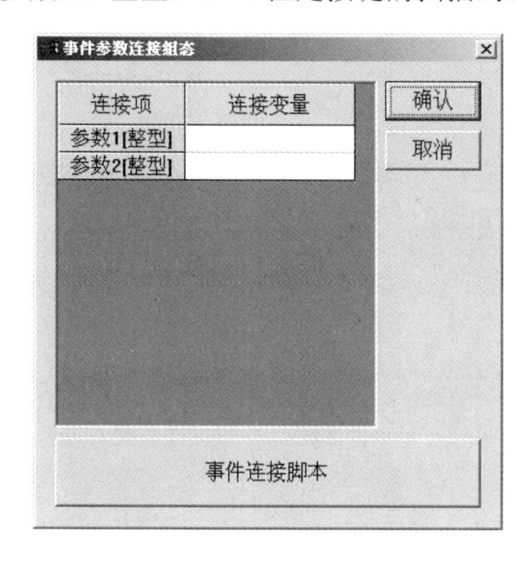

图 7-8 按下键盘按键事件组态

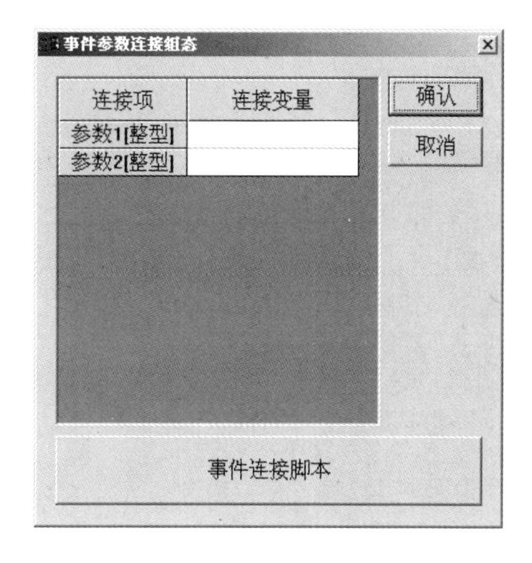

图 7-9 键盘按键抬起事件组态

7.2 用户窗口的事件

在 MCGS 嵌入版组态软件中，用户窗口支持事件的概念。所谓用户窗口的事件，就是当用户在窗口中进行某些操作时，用户窗口会根据用户不同的操作进行相应处理。如用户在窗口中单击时，就会触发用户窗口的 Click 事件，同时执行在 Click 事件中定义的一系列操作。

1. Click

单击时触发。

2. DBLClick

双击时触发。

3. DBRClick

右键双击时触发。

4. MouseDown

鼠标按下时触发。
参数 1：鼠标按下时的鼠标按键信息，为 1 表示左键按下，为 2 表示右键按下，为 4 表示中键按下。

参数 2：鼠标按下时的键盘信息，为 1 表示 Shift 键按下，为 2 表示 Ctrl 键按下，为 4 表示 Alt 键按下。

参数 3：鼠标按下时的 X 坐标。

参数 4：鼠标按下时的 Y 坐标。

5. MouseMove

鼠标移动时触发。

参数 1：鼠标移动时的鼠标按键信息，为 1 表示左键按下，为 2 表示右键按下，为 4 表示中键按下。

参数 2：鼠标移动时的键盘信息，为 1 表示 Shift 键按下，为 2 表示 Ctrl 键按下，为 4 表示 Alt 键按下。

参数 3：鼠标的 X 坐标。

参数 4：鼠标的 Y 坐标。

6. MouseUp

鼠标抬起时触发。

参数 1：鼠标抬起时的鼠标按键信息，为 1 表示左键按下，为 2 表示右键按下，为 4 表示中键按下。

参数 2：鼠标抬起时的键盘信息，为 1 表示 Shift 键按下，为 2 表示 Ctrl 键按下，为 4 表示 Alt 键按下。

参数 3：鼠标抬起时的 X 坐标。

参数 4：鼠标抬起时的 Y 坐标。

7. KeyDown

按下键盘按键时触发。

参数 1：数值型，按下按键的 ASCII 码。

参数 2：数值型，0～7 位是按键的扫描码。

8. KeyUp

键盘按键抬起时触发。

参数 1：数值型，抬起按键的 ASCII 码。

参数 2：数值型，0～7 位是按键的扫描码。

9. Load

窗口装载时触发。

10. Unload

窗口关闭时触发。

7.3 事件的应用

按钮上的“按 1 松 0”只能连接一个变量，如果要实现多个变量“按 1 松 0”，必须使用“事件”。

（1）制作画面，将指示灯 HL1、HL2 及 HL3 分别和开关量 M1、M2 及 M3 连接。

（2）选中按钮，右击并选择“事件”，在 MouseDown 事件连接脚本中编写 m1=1、m2=1 及 m3=1，在 MouseUp 事件连接脚本中编写 m1=0、m2=0 及 m3=0。

（3）在运行环境下，按下按钮，指示灯亮，如图 7-10 所示；抬起按钮，指示灯灭，如图 7-11 所示。

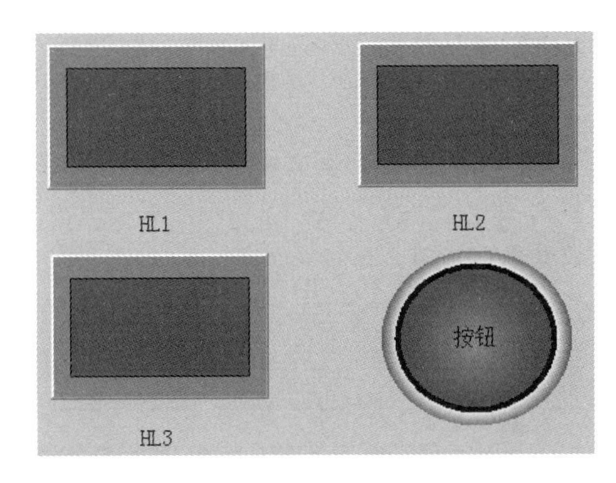

图 7-10 按下按钮效果图

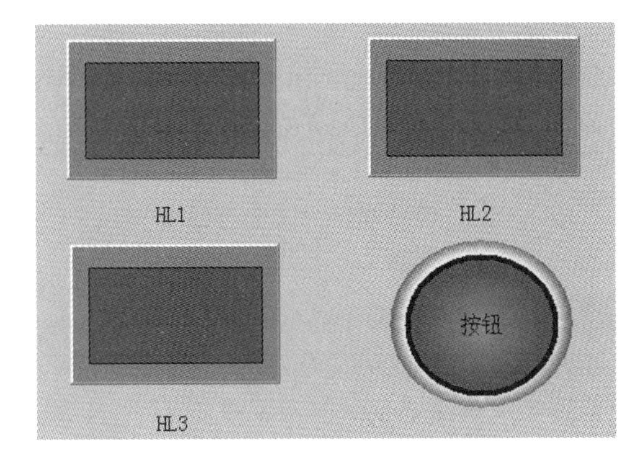

图 7-11 抬起按钮效果图

第8章 实时数据库

在 MCGS 嵌入版中，用数据对象来描述系统中的实时数据，用对象变量代替传统意义上的值变量，将数据库技术管理的所有数据对象的集合称为实时数据库。

实时数据库是 MCGS 嵌入版系统的核心，是应用系统的数据处理中心，系统各部分均以实时数据库为公用区交换数据，实现各部分协调动作。

设备窗口通过设备构件驱动外部设备，将采集的数据送入实时数据库；用户窗口的图形对象与实时数据库中的数据对象建立连接关系，以动画形式实现数据可视化；运行策略通过策略构件对数据进行操作和处理，如图 8-1 所示。

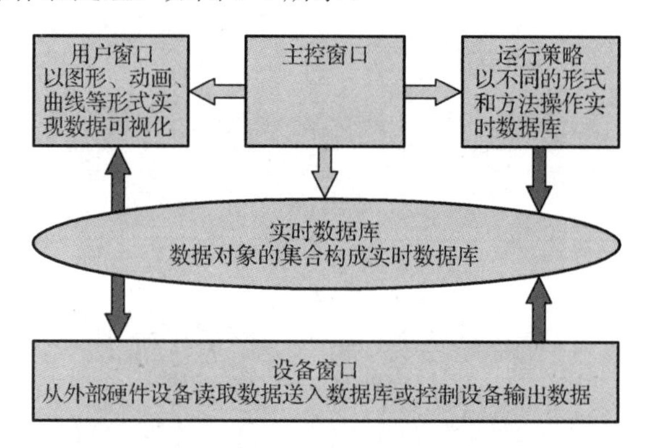

图 8-1　系统的数据处理

8.1　定义数据对象

MCGS 嵌入版中的数据不同于传统意义上的数据或变量，它以数据对象的形式来进行操作与处理。数据对象不仅包含数据的数值特征，还将与数据相关的其他属性（如数据的状态、报警值等）以及对数据的操作方法（如存盘处理、报警处理等）封装在一起，作为一个整体，以对象的形式提供服务。

在 MCGS 嵌入版中，用数据对象表示数据，可以认为数据对象是比传统变量具有更多功能的对象变量，可以像使用变量一样来使用数据对象，大多数情况下只使用数据对象的名称来直接操作数据对象。

定义数据对象的过程就是构造实时数据库的过程。定义数据对象时，在组态环境工作台窗口中，选择“实时数据库”标签，进入“实时数据库”选项卡，如图 8-2 所示。对于新建工程，窗口中显示系统内建的四个字符型数据对象，分别是 InputETime、InputSTime、InputUser1 和 InputUser2。

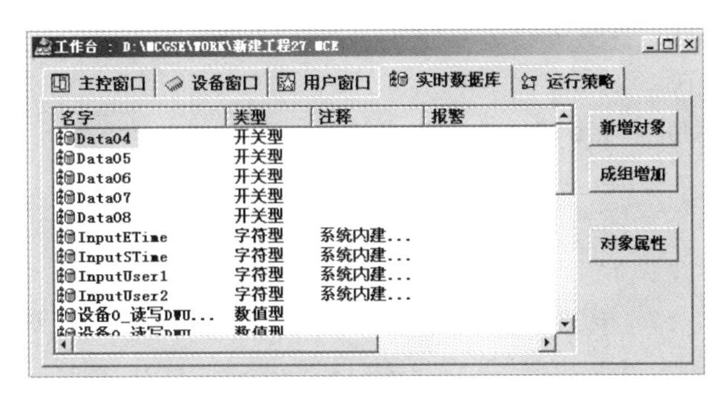

图 8-2 “实时数据库”选项卡

当需要在对象列表的某一位置增加一个新的对象时，可在该处选定数据对象，单击“新增对象”按钮，则在选中的对象之后增加一个新的数据对象；如不指定位置，则在对象列表的最后增加一个新的数据对象。新增对象的名称以选中的对象名称为基准，按字符递增的顺序由系统确定。对于新建工程，首次定义的数据对象，默认名称为 Data1。需要注意的是，数据对象的名称中不能有空格；只有新增数据对象时，或者数据对象未被使用时，才能直接修改数据对象的名称。

在“实时数据库”选项卡中，能够以大图标、小图标、列表、详细资料四种方式显示实时数据库中已定义的数据对象，可以选择按名称或类型顺序来显示数据对象，也可以剪切、复制、粘贴指定的数据对象。

为了快速生成多个相同类型的数据对象，可以单击“成组增加”按钮，弹出“成组增加数据对象”对话框，一次定义多个数据对象，如图 8-3 所示。成组增加的数据对象的名称由主体名称和索引代码两部分组成。其中，“对象名称”一栏代表该组对象名称的主体部分，而“起始索引值”则代表第一个成员的索引代码，其他数据对象的主体名称相同，索引代码依次递增。成组增加的数据对象的其他特性，如数据类型、工程单位、最大值及最小值等都是一致的。当需要批量修改相同类型的数据对象时，可选中需要修改的对象，然后单击“对象属性”按钮进行设置。

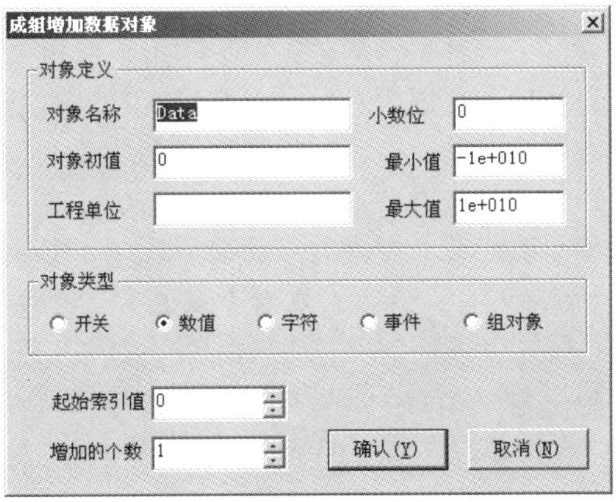

图 8-3 “成组增加数据对象”对话框

8.2 数据对象的类型

在 MCGS 嵌入版中，数据对象有开关型、数值型、字符型、事件型和数据组对象五种类型。不同类型数据对象的属性不同，用途也不同。

1. 开关型数据对象

记录开关信号（0 或非 0）的数据对象称为开关型数据对象，其通常与外部设备的数字量输入/输出通道连接，用来表示某一设备当前所处的状态。开关型数据对象也用于表示 MCGS 嵌入版中某一对象的状态，如一个图形对象的可见度状态。

开关型数据对象没有工程单位和最大值、最小值属性，没有限值报警属性，只有状态报警属性。

2. 数值型数据对象

在 MCGS 嵌入版中，数值型数据对象的数值范围是：负数从−3.402823E38 到−1.401298E−45，正数从 1.401298E−45 到 3.402823E38。

数值型数据对象可以存放数值及参与数值运算，能够与外部设备的模拟量输入/输出通道连接。数值型数据对象有最大值和最小值属性，其值不会超过设定的数值范围；当对象的值小于最小值或大于最大值时，对象的值分别取最小值或最大值。数值型数据对象有限值报警属性，可同时设置下下限、下限、上限、上上限、上偏差、下偏差六种报警限值，对象的值超过设定的限值时报警，对象的值回到所有限值之内时报警结束。

3. 字符型数据对象

字符型数据对象是存放文字信息的单元，用于描述外部对象的状态特征，其值为多个字符组成的字符串，字符串长度可达 64KB。字符型数据对象没有工程单位和最大值、最小值属性，也没有报警属性。

4. 数据组对象

数据组对象简称组对象，是一种特殊的数据对象，用于把相关的多个数据对象集合在一起，作为一个整体来定义和处理。数据组对象是多个数据对象的集合，应包含两个以上的数据对象，但不能包含其他数据组对象。一个数据对象可以是多个不同组对象的成员。例如在实际工程中，描述一个锅炉的工作状态有温度、压力、流量、液面高度等多个物理量，为便于处理，定义“锅炉”为一个组对象，用来表示“锅炉”这个实际的物理对象，其内部成员则由上述物理量对应的数据对象组成。这样，在对“锅炉”对象进行处理（如进行组态存盘、曲线显示、报警显示）时，只指定组对象的名称“锅炉”，就包括了对其所有成员的处理。

组对象只是组态时对某一类对象的整体表示方法，实际操作则是针对每一个成员进行的。如在报警显示动画构件中，指定要显示报警的数据对象为组对象“锅炉”，则该构件会显示组对象包含的各个数据对象在运行时产生的所有报警信息。

把一个对象的类型定义成组对象后，还必须定义组对象所包含的成员。在“数据对象属性设置”对话框内有“组对象成员”选项卡，用来定义组对象的成员，如图 8-4 所示。图中左边为数据对象列表，右边为组对象成员列表。单击“增加”按钮，可以把左边指定的数据对象增加到组对象成员中；单击“删除”按钮，则把右边指定的组对象成员删除。组对象没有工程单位、最大值、最小值属性，也没有报警属性。

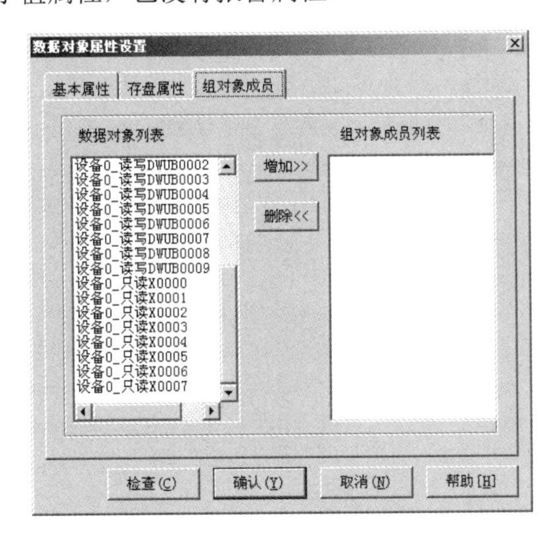

图 8-4 “组对象成员”选项卡

8.3 数据对象的属性设置

数据对象定义之后，应根据实际需要设置数据对象的属性。在组态环境工作台窗口中，选择“实时数据库”标签，从数据对象列表中选中某一数据对象，单击“对象属性”按钮，或者双击数据对象，即可弹出“数据对象属性设置”对话框。

1. 基本属性

数据对象的基本属性中包含数据对象的名称、单位、初值、取值范围和类型等基本特征信息。在“对象名称”栏内输入代表对象名称的字符串，字符个数不得超过 32 个（16 个汉字），对象名称的第一个字符不能为“!”“$”符号或数字 0～9，字符串中间不能有空格；用户不指定对象的名称时，系统默认为“DataX”，其中 X 为顺序索引代码（第一个定义的数据对象为 Data0）；在“对象内容注释”栏中，输入说明对象情况的注释性文字，如图 8-5 所示。

在 MCGS 嵌入版实时数据库中，采用了“使用计数”的机制来描述数据库中的一个数据对象是否被 MCGS 嵌入版中的其他部分使用，即该对象是否与其他对象建立了连接关系。采用这种机制可以避免因对象属性的修改而引起已组态完好的其他部分出错。一个数据对象如果已被使用，则不能随意修改名称和类型，此时可以执行“工具”菜单中的“数据对象替换”命令，对数据对象进行改名操作，同时把所有的连接部分也一次性改正过来，避免出错。执行“工具”菜单中的“检查使用计数”命令，可以查阅对象被使用的情况，或更新“使用计数”。

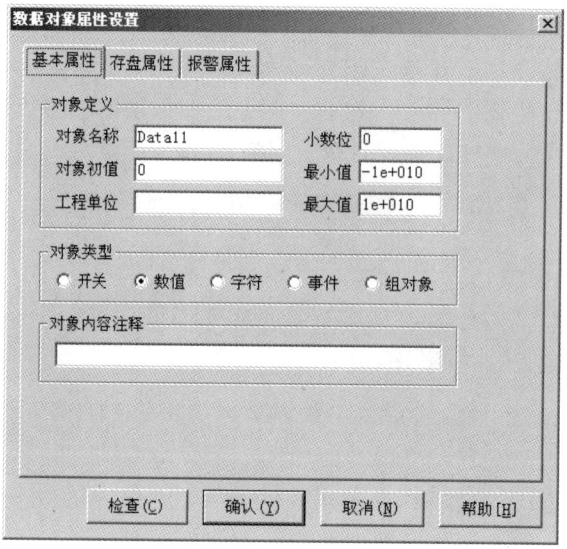

图 8-5 “基本属性”选项卡

2. 存盘属性

在 MCGS 嵌入版中，普通的数据对象没有存盘属性，只有数据组对象才有存盘属性。数据组对象只能设置为定时存盘，实时数据库按设定的时间间隔，定时存储数据组对象的所有成员在同一时刻的值，如图 8-6 所示。如果“定时存盘，存盘周期”设为 0 秒，则实时数据库不进行自动存盘处理，只能用其他方式处理数据的存盘，例如，可以通过 MCGS 嵌入版中的“数据对象操作”策略构件来控制数据对象值的带有一定条件的存盘，也可以在脚本程序内用系统函数!SaveData 来控制数据对象值的存盘。基本类型的数据对象既可以按变化量方式存盘，又可以作为数据组对象的成员定时存盘，它们互不相关，在数据库中位于不同的数据表内。

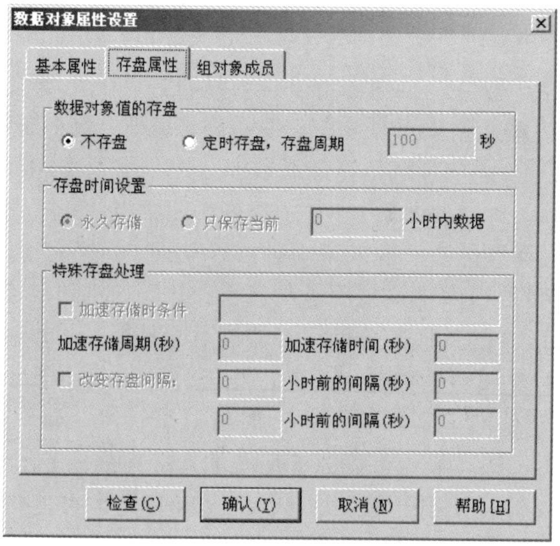

图 8-6 “存盘属性”选项卡

3. 报警属性

MCGS 嵌入版把报警处理作为数据对象的一个属性封装在数据对象内部，由实时数据库判断是否有报警产生，并自动进行报警处理。必须先选中“允许进行报警处理”选项，才能对报警参数进行设置，如图 8-7 所示。不同类型的数据对象，报警属性的设置各不相同。数值型数据对象最多可同时设置六种限值报警；开关型数据对象只有状态报警，当对象的值触发相应的状态时，将产生报警；事件型数据对象不用设置报警状态，对应的事件发生一次，就有一次报警，且报警的产生和结束是同时的；字符型数据对象和数据组对象没有报警属性。

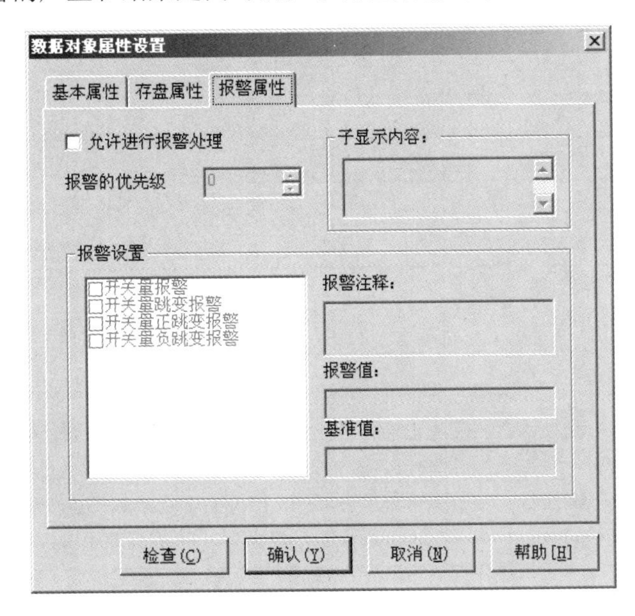

图 8-7 “报警属性”选项卡

“子显示内容”是对报警信息的详细描述，可以显示多行文本。但是，只有报警浏览构件支持该功能，报警显示构件不支持。“子显示内容”的输出需要关联一个字符型变量，通过这个变量用标签或者输入框的形式显示出来。

8.4 数据对象属性和方法

在 MCGS 嵌入版组态软件中，每个数据对象都由属性和方法构成。在脚本程序或使用表达式的地方，使用操作符“.”可以调用数据对象相应的属性和方法。例如，Data00.Min 可以获得数据对象的最小值。

8.4.1 数据对象属性

数据对象属性见表 8-1。

表 8-1　数据对象属性

属性名	类型	操作方式	意义
Value	同数据对象类型	读/写	数据对象的值
Name	数值型	只读	数据对象的名字
Min	数值型	读/写	数据对象的最小值
Max	数值型	读/写	数据对象的最大值
Unit	数值型	读/写	数据对象的工程单位
Comment	数值型	读/写	数据对象的注释
InitValue	数值型	读/写	数据对象的初值
Type	数值型	只读	数据对象的类型
AlmEnable	数值型	读/写	数据对象的启动报警标志
AlmHH	数值型	读/写	数值型报警的上上限值或开关型报警的状态值
AlmH	数值型	读/写	数值型报警的上限值
AlmL	数值型	读/写	数值型报警的下限值
AlmLL	数值型	读/写	数值型报警的下下限值
AlmV	数值型	读/写	数值型偏差报警的基准值
AlmVH	数值型	读/写	数值型偏差报警的上偏差值
AlmVL	数值型	读/写	数值型偏差报警的下偏差值
AlmFlagHH	数值型	读/写	允许上上限报警，或允许开关量报警
AlmFlagH	数值型	读/写	允许上限报警，或允许开关量跳变报警
AlmFlagL	数值型	读/写	允许下限报警，或允许开关量正跳变报警
AlmFlagLL	数值型	读/写	允许下下限报警，或允许开关量负跳变报警
AlmFlagVH	数值型	读/写	允许上偏差报警
AlmFlagVL	数值型	读/写	允许下偏差报警
AlmComment	数值型	读/写	报警信息注释
AlmDelay	数值型	读/写	报警延时次数
AlmPriority	数值型	读/写	报警优先级
AlmState	数值型	只读	报警状态
AlmType	数值型	只读	报警类型

8.4.2　数据对象方法

1. !SaveData(DataName)

函数意义：把数据对象 DataName 对应的当前值存入数据库中，本函数的操作使对应的数据对象的值存盘一次。此数据对象必须具有存盘属性，且存盘时间须设为 0 秒，否则会操作失败。

返回值：数值型，返回值为 0 表示操作成功，非 0 表示操作失败。

参数：DataName，数据对象名。

实例：!SaveData(电机 1)

实例说明：把组对象“电机 1”的所有成员对应的当前值存盘一次。

2. !SaveDataInitValue()

函数意义：把设置了“退出时自动保存数据对象的当前值作为初始值”属性的数据对象的当前值存入组态结果数据中作为初始值，防止突然断电而无法保存，以便下次启动时这些数据对象能自动恢复其值。

返回值：数值型，返回值为 0 表示调用正常，非 0 表示调用不正常。

参数：无。

实例：!SaveDataInitValue()

3. !SaveDataOnTime(Time,TimeMS,DataName)

函数意义：按照指定时间保存数据，实现与通常机制不一样的存盘方法。

返回值：数值型，返回值为 0 表示调用正常，非 0 表示调用不正常。

参数：Time，整型，使用时间函数转换出的时间量，时间精确到秒。

　　　TimeMS，整型，指定存盘时间的毫秒数。

实例：t=!TimeStr2I("2001 年 2 月 21 日 3 时 2 分 3 秒")

　　　!SaveDataOnTime (t,0,DataGroup)

4. !AnswerAlm(DataName)

函数意义：应答数据对象 DataName 产生的报警，如对应的数据对象没有报警产生或已经应答，则本函数无效。

返回值：数值型，为 0 表示操作成功，非 0 表示操作失败。

参数：DataName，数据对象名。

实例：!AnswerAlm(电机温度)

实例说明：应答数据对象“电机温度”所产生的报警。

8.5 数据对象的作用域

实时数据库中定义的数据对象都是全局性的，MCGS 嵌入版各部分都可以对数据对象进行引用或操作，通过数据对象来交换信息和协调工作。数据对象的各种属性在整个运行过程中都保持有效。

MCGS 嵌入版中直接使用数据对象的名称进行操作，在用户应用系统中，需要操作数据对象的有如下几个地方。

1. 建立设备通道连接

在设备窗口组态配置中，需要建立设备通道与实时数据库的连接，指明每个设备通道所对应的数据对象，以便通过设备构件，把采集到的外部设备的数据送入实时数据库。

2. 建立图形动画连接

在用户窗口创建图形对象并设置动画属性时，需要将图形对象指定的动画动作与数据对象建立连接，以便可视化数据。

3. 参与表达式运算

类似于传统的变量用法，对数据对象赋值，作为表达式的一部分，参与表达式的数值运算。

4. 确定运行控制条件

在运行策略的“数据对象条件”构件中，指定数据对象的值和报警限值等属性，作为策略行的条件部分，控制运行流程。

5. 作为变量编制程序

运行策略的“脚本程序”构件中，把数据对象作为一个变量使用，由用户编制脚本程序，完成特定操作与功能。

8.6 数据对象浏览及查询

1. 数据对象浏览

选择“查看”菜单中的“数据对象”命令或者单击，弹出“数据对象浏览”窗口，利用该窗口可以方便地浏览实时数据库中不同类型的数据对象，如图 8-8 所示。

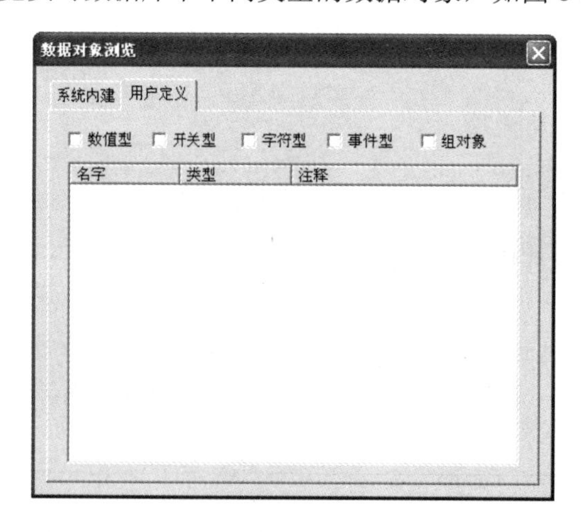

图 8-8 “数据对象浏览”窗口

该窗口包括“系统内建”和“用户定义”选项卡，“系统内建”选项卡显示系统内部数据对象及系统函数；“用户定义”选项卡显示用户定义的数据对象，通过对象类型复选框可以只显示指定类型的数据对象。

2. 数据对象查询

在 MCGS 嵌入版的组态过程中，为了能够准确地输入数据对象的名称，经常需要在已定义的数据对象列表中进行数据对象查询，同时可能会根据需要添加一些数据对象。

“变量选择”窗口如图 8-9 所示。当“变量选择方式”为“从数据中心选择|自定义”时，“从数据中心选择”部分显示所有可供选择的数据对象的列表，单击要选择的数据对象，则该数据对象的名称出现在“选择变量”栏中，表示当前选中该数据对象，然后单击“确认”按钮，该数据对象名称会自动添加到对象名称中。双击列表中的指定数据对象也可实现这种功能。自定义变量是指在“选择变量”栏中输入数据对象名称，然后单击“确认”按钮，该数据对象名称会自动添加。

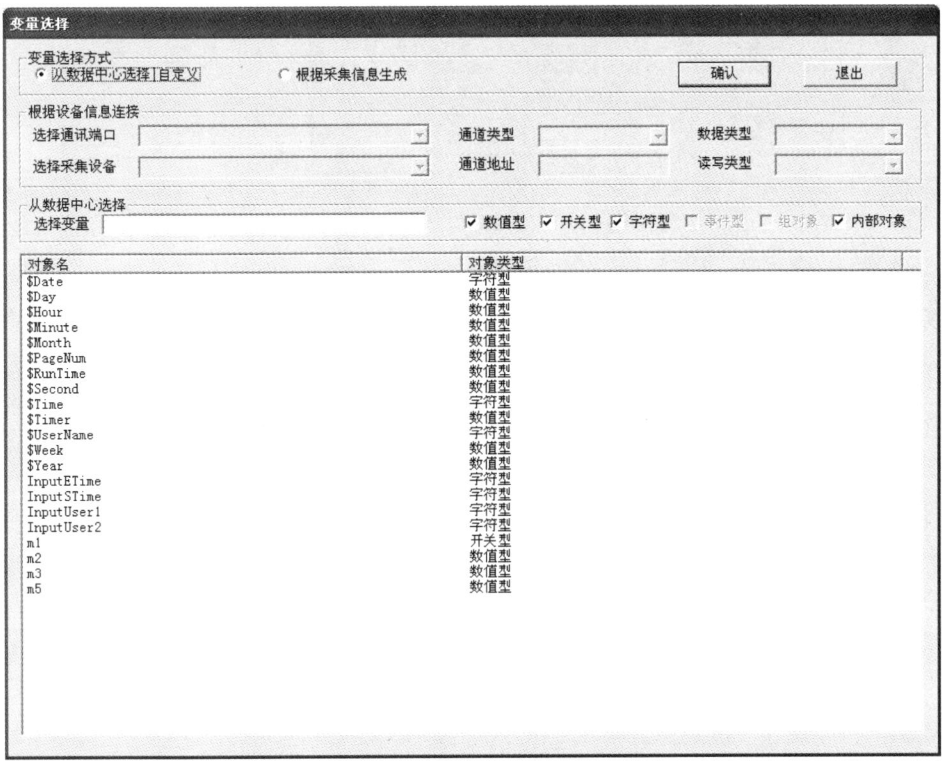

图 8-9 “变量选择”窗口

最后，单击“数据对象属性设置”对话框中的“确认”按钮，就实现了图形对象和数据对象的连接。

当“变量选择方式”为“根据采集信息生成”时，首先，要确保在设备组态窗口中使用了设备，否则该功能不可用；其次，要关闭设备组态窗口，如果没有关闭，选择该方式时会提示自动关闭，不关闭则不能使用该方式。在“根据设备信息连接”中，选择通信端口和采集设备，然后选择对应的通道类型、数据类型、通道地址、读/写类型，单击“确认”按钮，会自动按“设备名+变量名称+地址”格式生成变量并添加到对象名称内。最后，单击“数据对象属性设置”对话框中的“确认”按钮，就实现了图形对象和数据对象的连接。

8.7 计数检查

为了方便用户对数据变量的统计，MCGS 嵌入版组态软件提供了计数检查功能。通过使用计数检查，用户可清楚地掌握各种类型数据变量的数量及使用情况。选择“工具”菜单中的“使用计数检查”命令即可打开“数据对象统计”对话框，如图 8-10 所示。该命令也有组态检查的功能。

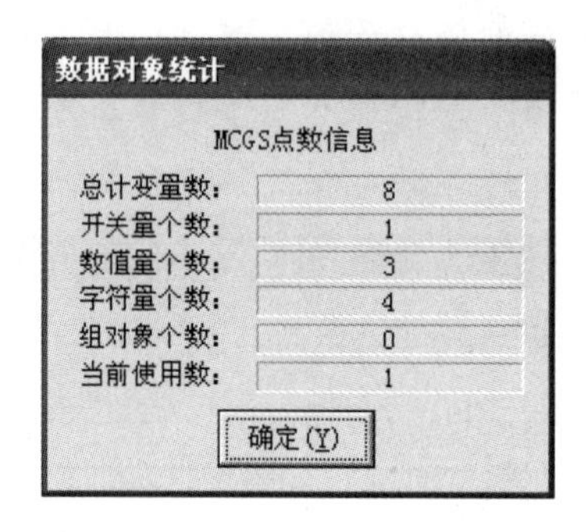

图 8-10 “数据对象统计”对话框

第9章 系统变量

MCGS 嵌入版系统内部定义了一些供用户直接使用的数据对象，用于读取系统内部设定的参数，称为内部数据对象或系统变量。内部数据对象不同于用户定义的数据对象，它只有值属性，没有工程单位、最大值、最小值和报警属性。内部数据对象的名称都以“$”符号开头，以区别于用户自定义的数据对象。

1. $Year

对象意义：读取计算机系统内部当前时间的“年”（1111～9999）。
对象类型：数值型。
读/写属性：只读。

2. $Month

对象意义：读取计算机系统内部当前时间的“月”（1～12）。
对象类型：数值型。
读/写属性：只读。

3. $Day

对象意义：读取计算机系统内部当前时间的“日”（1～31）。
对象类型：数值型。
读/写属性：只读。

4. $Hour

对象意义：读取计算机系统内部当前时间的“小时”（0～24）。
对象类型：数值型。
读/写属性：只读。

5. $Minute

对象意义：读取计算机系统内部当前时间的“分钟”（0～59）。
对象类型：数值型。
读/写属性：只读。

6. $Second

对象意义：读取当前时间的“秒”（0～59）。
对象类型：数值型。
读/写属性：只读。

7. $Week

对象意义：读取计算机系统内部当前时间的“星期”（1～7）。
对象类型：数值型。
读/写属性：只读。

8. $Date

对象意义：读取当前时间的“日期”，字符串格式为“年-月-日”，年用四位数表示，月和日用两位数表示，如1997-01-09。
对象类型：字符型。
读/写属性：只读。

9. $Time

对象意义：读取当前时间的“时刻”，字符串格式为“时:分:秒”，时、分、秒均用两位数表示，如20:12:39。
对象类型：字符型。
读/写属性：只读。

10. $Timer

对象意义：读取自午夜以来所经过的秒数。
对象类型：数值型。
读/写属性：只读。

11. $RunTime

对象意义：读取应用系统启动后所运行的秒数。
对象类型：数值型。
读/写属性：只读。

12. $PageNum

对象意义：表示打印时的页号，当系统打印完一个用户窗口后，$PageNum值自动加1。用户可在用户窗口中用此数据对象来组态打印页的页号。
对象类型：数值型。
读/写属性：读/写。

13. $UserName

对象意义：在程序运行时记录当前用户的名字。若没有用户登录或用户已退出登录，则 $ UserName 为空字符串。

对象类型：内存字符串型变量。

读/写属性：只读。

第10章

系统函数

在 MCGS 嵌入版系统内部定义了一些供用户直接使用的系统函数，可直接用于表达式和用户脚本程序中，完成特定的功能。系统函数以“!”符号开头，以区别于用户自定义的数据对象。函数中各个参数之间须用英文的“,”分隔，如果使用中文的“，”分隔，MCGS 嵌入版将提示组态错误。

10.1 运行环境操作函数

1. !ChangeLoopStgy(StgyName,n)

函数意义：改变循环策略的循环时间。

返回值：数值型。返回值为 0 表示调用正常，非 0 表示调用不正常。

参数：StgyName，策略名。

n，数值型，以毫秒数表示循环策略的循环时间。

实例：!ChangeLoopStgy(报警策略,5000)，将报警策略的循环时间改为 5 秒。

2. !CloseAllWindow(WndName)

函数意义：关闭所有窗口。如果在字符串 WndName 中指定了一个窗口，则打开这个窗口，关闭其他窗口。如果 WndName 为空串，则关闭所有窗口。

返回值：数值型。返回值为 0 表示调用正常，非 0 表示调用不正常。

参数：WndName，用户窗口名，字符型。

实例：!CloseAllWindow("工况图")，关闭除用户窗口“工况图”以外的其他窗口，若“工况图”窗口没有打开，则在关闭其他窗口的同时打开该窗口。

!CloseAllWindow(" ")，关闭所有窗口。

3. !CloseAllSubWnd()

函数意义：关闭窗口中的所有子窗口。

返回值：浮点型，为 0 表示执行操作。

实例：!CloseAllSubWnd()，关闭当前窗口的所有子窗口。

4. !CloseSubWnd(WndName)

函数意义：关闭子窗口。
返回值：浮点型，为 1 表示操作成功，非 1 表示操作失败。
参数：WndName，子窗口的名称。
实例：!CloseSubWnd(窗口 1)，关闭子窗口“窗口 1”。

5. !EnableStgy(StgyName,n)

函数意义：打开或关闭某个策略，如报警策略或循环策略等。
返回值：数值型，返回值为 0 表示调用正常，非 0 表示调用不正常。
参数：StgyName，策略名。
　　　n，数值型，为 1 表示打开此策略，为 0 表示关闭此策略。
实例：!EnableStgy(报警策略,1)，打开报警策略。
　　　!EnableStgy(报警策略,0)，关闭报警策略，使报警策略无效。

6. !GetDeviceName(Index)

函数意义：按设备顺序取得设备的名称。
返回值：字符型，调用成功则返回设备名，调用失败则返回空字符串。
参数：Index，数值型。
实例：!GetDeviceName(0)，获取 0 号设备的名称。

7. !GetDeviceState(DevName)

函数意义：按设备名查询设备的状态。
返回值：数值型。
　　　返回-1，调用不正常。
　　　返回 1，设备处于正常的工作状态。
　　　返回 2，设备正在工作，但设备不正常。
　　　返回 3，设备处于停止状态，且设备正常。
　　　返回 4，设备处于停止状态，且设备出错。
参数：DevName，设备名，字符型。
实例：!GetDeviceState(OmronPLC)，读取设备构件 OmronPLC 当前的工作状态。
注意：设备名称是在设备构件基本属性中设置的。

8. !GetLastMouseActionTime()

函数意义：获取最后一次鼠标动作发生的时间。
返回值：开关型，返回值为 time_t 类型的时间值，可以在时间操作脚本函数中使用。
参数：无。
实例：在鼠标事件中添加!GetLastMouseActionTime()，获取鼠标最后动作的时间。

9. !GetStgyName(Index)

函数意义：按运行策略的顺序获得各策略块的名称。
返回值：字符型。
参数：Index，数值型。
实例：!GetStgyName(0)，获取 0 号策略块的名称。

10. !GetWindowName(Index)

函数意义：按用户窗口的顺序获得用户窗口的名称。
返回值：字符型。
参数：Index，数值型。
实例：!GetWindowName(0)，获取 0 号用户窗口的名称。

11. !GetWindowState(WndName)

函数意义：按照名称取得用户窗口的状态。
返回值：数值型。
返回 0，用户窗口处于关闭状态。
返回 1，用户窗口处于打开状态。
返回 2，用户窗口处于隐藏状态。
参数：WndName，用户窗口名称，字符型。
实例：!GetWindowState(工况图)，获得用户窗口“工况图”的状态。

12. !OpenSubWnd(参数 1,参数 2,参数 3,参数 4,参数 5,参数 6)

函数意义：显示子窗口。
返回值：字符型，如成功就返回子窗口 n，n 表示打开的第 n 个子窗口。
参数：参数 1，要打开的子窗口名。
参数 2，整型，子窗口相对于本窗口的 X 坐标。
参数 3，整型，子窗口相对于本窗口的 Y 坐标。
参数 4，整型，子窗口的宽度。
参数 5，整型，子窗口的高度。
参数 6，整型，子窗口的类型。
0 位，打开模式，使用此功能，必须在当前窗口中使用 CloseSubWnd 来关闭子窗口，子窗口外的构件对鼠标操作不响应。
1 位，使用菜单模式，使用此功能，一旦在子窗口之外单击按钮，则子窗口关闭。
2 位，显示水平滚动条，使用此功能，可以显示水平滚动条。
3 位，显示垂直滚动条，使用此功能，可以显示垂直滚动条。
4 位，显示边框，选择此功能，可在子窗口周围显示细黑线边框。

5 位，自动跟踪显示子窗口，选择此功能，可在当前鼠标位置上显示子窗口。此功能用于鼠标打开的子窗口，选用此功能则忽略 iLeft 和 iTop 的值，如果此时鼠标位于窗口之外，则居中显示子窗口。

6 位，自动调整子窗口的宽度和高度为默认值，使用此功能则忽略 iWidth 和 iHeight 的值。

13. !SetDevice(DevName,DevOp,CmdStr)

函数意义：按照设备名称对设备进行操作。

返回值：数值型。返回值为 0 表示调用正常，非 0 表示调用不正常。

参数：DevName，设备名，字符型。

DevOp，设备操作码，数值型。

CmdStr，设备命令字符串，只有当 DevOp=6 时 CmdStr 才有意义。

DevOp 取值范围及相应含义如下。

1 表示启动设备开始工作。

2 表示停止设备的工作，使其处于停止状态。

3 表示测试设备的工作状态。

4 表示启动设备工作一次。

5 表示改变设备的工作周期，CmdStr 中新的工作周期单位为 ms。

6 表示执行指定的设备命令，CmdStr 中包含指定命令的格式。

实例：!SetDevice(OmronPLC,1," ")，启动设备构件 OmronPLC 开始工作。

14. !SetMousePace(开关型)

函数意义：设置鼠标灵敏度。

参数：开关型参数为每次按键消息需要设置的鼠标移动间隔，一般情况下应输入正整数，如果输入 0 则表示禁止该功能。

实例：!SetMousePace(1)，默认情况下该功能为关闭状态，鼠标灵敏度为 0，如果想启用该功能，则要在启动策略中调用!SetMousePace 函数并指定步长值。

15. !SetNumPanelSize(Type,Size)

函数意义：根据需要和显示屏的大小调整软键盘的大小。

返回值：开关型。

返回值为 0，修改成功。新设置将在下一次打开输入键盘时生效。

返回值为 1，修改失败，参数错误，可能是没有匹配的 Type，或者 Size 参数超出范围。

参数：Type，键盘类型，数值型。

1 代表修改数值输入键盘。

2 代表修改字符输入键盘。

3 代表修改用户登录对话框。

Size，键盘大小，数值型，数值范围为 200～1024 像素。

实例：!SetNumPanelSize(1,500)，将数值输入键盘改为 500×500，该正方形相对于屏幕居中。所有修改将在下一次打开输入键盘时生效，退出运行环境后，将自动保留上次输入键盘的大小。

注意事项：在重新下载工程时没有删除配置文件，换工程后设置仍然有效，除非重新进行了设置。如果要去掉原来的设置，则需要手工删除 panelSize.ini 文件，该文件位于\harddisk\mcgsbin 目录下。

16. !SetStgy(StgyName)

函数意义：执行 StgyName 指定的运行策略。

返回值：数值型，返回值为 0 表示调用正常，非 0 表示调用不正常。

参数：StgyName，策略名，字符型。

实例：!SetStgy(阀门关闭)，执行一次运行策略“阀门关闭”。

17. !SetWindow(WndName,Op)

函数意义：按照名称操作用户窗口，如打开、关闭、打印。

返回值：数值型，返回值为 0 表示调用正常，非 0 表示调用不正常。

参数：WndName，用户窗口名，字符型。

Op，操作用户窗口的方法，数值型。

Op=1，打开窗口并使其可见。

Op=2，打开窗口并使其不可见。

Op=3，关闭窗口。

Op=4，打印窗口。

Op=5，刷新窗口。

实例：!SetWindow(工况图,1)，打开用户窗口“工况图”，并使其可见。

18. !SysWindow()

函数意义：执行该函数后，打开用户窗口的管理窗口，在管理窗口中可以选择打开或关闭指定的用户窗口。

返回值：数值型，返回值为 0 表示调用成功，非 0 表示调用失败。

参数：无。

实例：!SysWindow()。

19. !SetStyMode(StgyName)

函数意义：通过脚本函数实现函数的策略调用。

返回值：开关型，返回值为 0。

参数：StgyName，策略名，字符型。

实例：!SetStgyMode(阀门关闭)，执行一次运行策略“阀门关闭”，“阀门关闭”策略执行完毕后，返回调用者，调用者继续执行程序。

20. !GetCurrentLanguageIndex( )

函数意义：获取当前使用语言的索引值。
返回值：开关型，返回值为语言索引值，索引值按照组态下拉框依次排序。
参数：无。
实例：N=!GetCurrentLanguageIndex()，其中 N 为开关型变量。

21. !SetCurrentLanguageIndex (开关型)

函数意义：通过索引项设定当前语言环境。
返回值：开关型。返回值为 0 表示执行成功，否则表示失败。
参数：开关型，语言索引值，如果索引值超出当前语言选择范围，则函数不生效。
实例：!SetCurrentLanguageIndex(1)，表示设置当前语言为英文。

22. !GetLocalLanguageStr(开关型)

函数意义：获得指定自定义 ID 对应的当前语言的内容。
返回值：字符型。
参数：开关型，自定义 ID 索引值，如果无当前 ID 对应的自定义文本，则返回空值。
实例：!GetLocalLanguageStr(2)，前提是有 ID 为 2 的自定义文本，如果当前语言为英文，则返回 ID 为 2 的自定义文本记录的英文内容。

23. !GetLanguageNameByIndex(开关型)

函数意义：根据语言索引值返回语言名称，返回值为字符型。
返回值：字符型，当前语言的名称。
参数：开关型，语言的索引值，如果当前索引值无对应语言，则返回空值。
实例：!GetLanguageNameByIndex(1)，假如当前语言为中文、英文，则返回值为 English。

10.2 数据对象操作函数

1. !AnswerAlm(DataName)

函数意义：应答数据对象 DataName 所产生的报警，如对应的数据对象没有报警产生或已经应答，则本函数无效。
返回值：数值型，为 0 表示操作成功，非 0 表示操作失败。
参数：DataName，数据对象名。
实例：!AnswerAlm(电机温度)，应答数据对象“电机温度”所产生的报警。

2. !ChangeDataSave(DataName,n)

函数意义：改变数据对象 DataName 存盘的周期。
返回值：数值型，为 0 表示操作成功，非 0 表示操作失败。

参数：DataName，数据对象名；n，数值型，以秒表示的存盘间隔时间。

实例：!ChangeDataSave(温度,5)，温度的存盘间隔时间为5秒。

3. !FlushDataInitValueToDisk()

函数意义：把所有数据对象的初始值写入磁盘。

返回值：数值型，返回值为0表示调用正常，非0表示调用不正常。

参数：无。

4. !DelSaveData(DataName,Num)

函数意义：删除组对象DataName对应的存盘数据中最早Num小时内的存盘数据，如果Num≤0，就删除该组对象的全部存盘数据。如果 Num＞0，就删除以当前时间为基点Num小时之前的内容。删除时是按文件删除的，如果数据不足一个存盘文件，则不会被删除。

返回值：数值型，返回值为0表示调用正常，非0表示调用不正常。

参数：DataName，组对象名。

　　Num，参数名。

实例：!DelSaveData(电机温度,12) ，删除组对象“电机温度”对应的存盘数据中以当前时间为基点倒推12小时之前的数据，从当前时间至倒推的12小时之内的内容会被保存。

注意：该函数只对组对象操作有效。

5. !DelAllSaveData(DataName)

函数意义：删除组对象DataName对应的所有存盘数据。注意，此函数不能用来删除组对象所对应的报警存盘数据。

返回值：数值型，返回值为0表示调用正常，非0表示调用不正常。

参数：DataName，组对象名。

实例：!DelAllSaveData(电机温度)，删除组对象“电机温度”对应的所有存盘数据。

注意：该函数只对组对象操作有效。

6. !EnableDataSave(name,n)

函数意义：打开/关闭数据对象的定时存盘功能。

返回值：数值型，返回值为0表示调用正常，非0表示调用不正常。

参数：name，数据对象名。

　　n，数值型，1表示打开定时存盘，0表示关闭定时存盘。

实例：!EnableDataSave(温度,1)，打开温度的定时存盘。

7. !ExportHisDataToCSV(文件名,组对象名,字段名,开始时间,结束时间,最大记录数,导出模式,导出参数,进度指示数据对象名,取消控制数据对象名)

函数意义：

（1）导出指定组对象存盘数据，导出的条件包括开始时间、结束时间、最大记录数。

（2）导出字段列表，组对象为MCGS_ALARM则表示导出报警历史数据。

（3）可指定导出文件名和路径，可以追加方式或覆盖方式导出。

（4）可显示导出过程进度。

（5）可取消和中止长时间的导出过程。

（6）导出格式为 CSV 文件，导出的第一行为字段名

返回值：开关型。

返回 1，指定组对象错误，可能是组对象没有保存历史数据或者没有该组对象。

返回 2，指定的时间格式错误。

返回 3，指定的数据对象名无效。

返回 4，无效的导出模式。

返回 5，同时只能支持一个 CSV 文件导出。

参数：

文件名，字符型，指定导出的文件绝对路径，指定的第一级目录不能创建，其子目录如果不存在可以创建，这样可以避免 U 盘不存在时创建 U 盘目录。

注意：第一级目录不能自动创建，用户必须保证其存在。

组对象名，导出的组对象名称。

字段名，字符型，用逗号分隔的要导出的字段名，不需要指定时间字段，默认前两个字段为记录时间字段，如果为空字符串则导出所有字段。

开始时间、结束时间，用“YYYY-MM-DD　HH:MM:SS”格式。

最大记录数，希望导出的最大记录数，超过该记录数就返回，停止导出。

导出模式，1 表示覆盖现有文件，2 表示追加到文件最后。

导出参数，暂时为空，以后使用。

进度指示数据对象名，指定一个开关型数据对象，导出过程中该对象值反映当前已导出记录条数，如果导出过程异常结束，则通过该对象返回错误码。

进度指示错误码：

返回 1，文件不能打开。

返回 2，没有可导出的数据。

返回 4，文件操作出现错误。

取消控制数据对象名，指定一个开关型数据对象，该对象控制导出执行，启动导出时会自动设置该对象值为 0。用户在导出过程中想取消导出，可设置该对象值为小于 0 的任何值。导出函数运行结束后会自动设置对象值为 1。

进度指示错误码：

返回 0，导出成功。

返回-1，导出路径不存在。

返回 1，指定组对象错误。

返回 2，指定的时间格式错误。

返回 3，指定的数据对象名无效。

返回 4，无效的导出模式。

返回 5，同时只能支持一个 CSV 文件导出。

实例：ret= !ExportHisDataToCSV("\usb harddisk\yang.csv","group","data1,data4","2007/1/1 0:0:0", "2009/1/1 0:0:0",20000,1,"",进度,控制)。

8. !GetAlmValue(DataName,Value,Flag)

函数意义：读取数据对象 DataName 报警限值，只有在数据对象 DataName 的“允许进行报警处理”选项被选中后，本函数的操作才有意义。对组对象、字符型数据对象、事件型数据对象，本函数无效。对数值型数据对象，用 Flag 来标识读取何种报警限值。

返回值：数值型，返回值为 0 表示调用正常，非 0 表示调用不正常。

参数：DataName，数据对象名。

Value，DataName 的当前报警限值，数值型。

Flag，数值型，表示读取何种限值，具体意义如下。

1 表示下下限报警值。

2 表示下限报警值。

3 表示上限报警值。

4 表示上上限报警值。

5 表示下偏差报警限值。

6 表示上偏差报警限值。

7 表示偏差报警基准值。

实例：!GetAlmValue(电机温度,Value,3)，读取数据对象“电机温度”的报警上限值，放入数值型数据对象 Value 中。

9. !SaveData(DataName)

函数意义：把数据对象 DataName 对应的当前值存入数据库中。本函数的操作使对应的数据对象的值存盘一次。此数据对象必须具有存盘属性，且存盘时间须设为 0 秒，否则会操作失败。

返回值：数值型，为 0 表示操作成功，非 0 表示操作失败。

参数：DataName，数据对象名。

实例：!SaveData(电机 1)，将组对象“电机 1”的所有成员对应的当前值存盘一次。

10. !SaveDataInit()

函数意义：把设置了“退出时自动保存数据对象的当前值作为初始值”属性的数据对象的当前值存入组态结果数据中作为初始值，防止突然断电而无法保存，以便 MCGS 嵌入版下次启动时这些数据对象能自动恢复其值。

返回值：数值型，返回值为 0 表示调用正常，非 0 表示调用不正常。

参数：无。

实例：!SaveDataInit()。

注意：此函数单独使用不起作用，需要和函数!FlushDataInitvalueToDisk()一起使用。

11. !SaveDataOnTime(Time,TimeMS,DataName)

函数意义：按照指定时间保存数据。本函数通常用于指定时间来保存数据，实现与通常机制不一样的存盘方法。

返回值：数值型，返回值为 0 表示调用正常，非 0 表示调用不正常。

参数：Time，数值型，使用时间函数转换出的时间量，时间精确到秒。

TimeMS，数值型，指定存盘时间的毫秒数。

实例：t =!TimeStr2I("2001 年 2 月 21 日 3 时 2 分 3 秒")，!SaveDataOnTime (t,0,DataGroup)，按照指定时间保存数据对象。

12. !SaveSingleDataInit(Name)

函数意义：把数据对象的当前值设置为初始值（不管该对象是否设置了“退出时自动保存数据对象的当前值作为初始值”属性），防止突然断电而无法保存，以便 MCGS 嵌入版下次启动时这些数据对象能自动恢复其值。

返回值：数值型，返回值为 0 表示调用正常，非 0 表示调用不正常。

参数：Name，数据对象名。

实例：!SaveSingleDataInit(温度)，把温度的当前值设置成初始值。

13. !SetAlmValue(DataName,Value,Flag)

函数意义：设置数据对象 DataName 对应的报警限值，只有在数据对象 DataName 的“允许进行报警处理”属性被选中后，本函数的操作才有意义。对组对象、字符型数据对象、事件型数据对象，本函数无效。对数值型数据对象，用 Flag 来标识改变何种报警限值。

返回值：数值型，返回值为 0 表示调用正常，非 0 表示调用不正常。

参数：DataName，数据对象名。

Value，新的报警值，数值型。

Flag，数值型，表示操作何种限值，具体意义如下。

1 表示下下限报警值。

2 表示下限报警值。

3 表示上限报警值。

4 表示上上限报警值。

5 表示下偏差报警限值。

6 表示上偏差报警限值。

7 表示偏差报警基准值。

实例：!SetAlmValue(电机温度,200,3)，把数据对象“电机温度”的报警上限值设为 200。

14. !TransToUSB(组对象名,起始时间,结束时间,导出状态,进度指示,转出模式,保留参数)

函数意义：将某组对象的存盘数据导出到 USB 设备中，保存为 CSV 文件，模拟环境中则保存到可执行文件的路径下。

返回值：开关型。

0 表示参数没有错误。

1 表示第一个参数错误，应检查组对象名称是否正确。

2 表示时间参数格式错误。

3 表示状态变量的类型错误，两个变量必须都是开关量。

5 表示同时只能支持一个 CSV 文件导出。

参数：组对象名，字符型，要导出的组对象名称。

起始时间，字符型，要导出的历史数据的开始时间，格式为“YYYY-MM-DD HH:MM:SS”。

结束时间，字符型，要导出的历史数据的结束时间，格式为“YYYY-MM-DD HH:MM:SS”。

导出状态，开关型，进度指示数据对象名（开关量），输出导出状态。

- 正常导出存盘后输出当前已经导出的记录条数。
- 当创建导出文件失败时输出-1。
- 当前没有记录可导出时输出-2。
- 导出过程中出现未知数据类型时输出-3。
- 导出过程中出现文件操作异常时输出-4。

进度指示，开关量，指定一个数字型或开关型对象，该对象控制导出执行，启动导出时会自动设置该对象值为 0。用户在导出过程中想取消导出，可设置该对象值为小于 0 的任何值。导出函数运行结束后会自动设置对象值为 1。

转出模式，开关型，保留，设置为 0。

保留参数，字符型，保留，设置为空字符串。

实例：!TransToUSB(MCGS_ALARM, 2008-12-1 00:00:00, 2008-12-31 00:00:00, Switch01, Switch02, 0, "")。

注意：该函数最多只能导出 30000 条记录。当满足导出时间条件的记录数大于 30000 时，只导出前 30000 条记录。

15. !CopyDateFileToDisk(pathName,dataType,copyState)

函数意义：复制当前运行工程的数据到指定的目录 pathName 中。

返回值：

1：在复制的过程中，数据对象 copyState 由 0 转变为非 0，表示用户不想继续复制。

0：表示复制成功。

-1：当前工程中没有组对象要存盘。

-2：创建目录 pathName 失败。

-3：创建索引文件 MCGS_DATA.ini 失败或者对此文件进行写操作失败。

-4：参数 dataType 的值不正确，目前只支持值为 0。

-5：磁盘空间不足。

-6：参数 copyState 数据对象类型不正确。

-7：参数 copyState 数据对象类型正确，但不是开关型数据对象。

-8：参数 copyState 在一开始调用此脚本时就非 0。

参数：

pathName：字符型，要复制数据的路径名，例如，在模拟环境中可以写"d:\test"，在运行环境中可写"harddisk\test"。

dataType：开关型，复制数据的类型，0 表示历史数据，1 表示报警数据。目前只支持复制历史数据，报警数据还没有处理。

copyState：数据对象型，是否复制的标志，为 0 表示可以复制，非 0 表示取消当前的复制。

实例：!CopyDateFileToDisk("harddisk\test",0,copyState)，把当前工程中的历史数据复制到目录 harddisk\test 中。

说明：一般此脚本要配合组态环境中的一个小程序 DataTrans.exe 一起操作，把复制的数据目录通过 U 盘或其他方式导入上位机，通过 DataTrans.exe 来进行数据的转换。

10.3　用户登录操作函数

1. !ChangePassword()

函数意义：弹出密码修改窗口，供当前登录的用户修改密码。

返回值：数值型，返回值为 0 表示调用成功，非 0 表示调用失败。

参数：无。

实例：!ChangePassword()。

2. !CheckUserGroup(strUserGroup)

函数意义：检查当前登录的用户是不是 strUserGroup 用户组的成员。

返回值：数值型，返回值为 0 表示调用成功，非 0 表示调用失败。

参数：strUserGroup，字符型，用户组的名称。

实例：!CheckUserGroup("管理员组")。

3. !Editusers()

函数意义：弹出用户管理窗口，供管理员组的操作者配置用户。

返回值：数值型，返回值为 0 表示调用成功，非 0 表示调用失败。

参数：无。

实例：!Editusers()。

4. !EnableExitLogon(n)

函数意义：打开/关闭退出时的权限检查。

返回值：数值型，返回值为 1 表示操作成功，返回值为 0 表示操作失败。

参数：n，数值型，为 1 表示在退出时进行权限检查，当权限不足时，会进行提示；为 0 表示退出时不进行权限检查。

实例：!EnableExitLogon(1)，在退出时进行权限检查。

5. !EnableExitPrompt(n)

函数意义：打开/关闭退出时的提示信息对话框。

返回值：数值型，返回值为 0 表示调用成功，非 0 表示调用失败。

参数：n，数值型，为 1 表示在退出时弹出提示信息对话框，为 0 表示退出时不出现提示信息对话框。

实例：!EnableExitPrompt(1)，在退出时弹出提示信息对话框。

6. !GetCurrentGroup()

函数意义：读取当前登录用户所在用户组名。

返回值：字符型，当前登录用户组名，如没有登录则返回空值。

参数：无。

实例：!GetCurrentGroup()。

7. !GetCurrentUser()

函数意义：读取当前登录用户的用户名。

返回值：字符型，当前登录用户的用户名，如没有登录则返回空值。

参数：无。

实例：!GetCurrentUser()。

8. !LogOff()

函数意义：注销当前用户。

返回值：数值型，返回值为 0 表示调用成功，非 0 表示调用失败。

参数：无。

实例：!LogOff()。

9. !LogOn()

函数意义：弹出登录对话框。

返回值：数值型，返回值为 0 表示调用成功，非 0 表示调用失败。

参数：无。

实例：!LogOn()。

10.4 字符串操作函数

1. !Ascii2I(s)

函数意义：返回字符串 s 的首字母的 ASCII 码。

返回值：开关型。

参数：s，字符型。

实例：!Ascii2I("Afd")=65。

2. !Bin2I(s)

函数意义：把二进制字符串转换为数值。
返回值：开关型。
参数：s，字符型。
实例：!Bin2I("101")=5。

3. !Format(n,str)

函数意义：格式化数值型数据对象。
返回值：字符型。
参数：n，数值型，要格式化的数值。
　　str，字符型，格式化数值的格式。表示为 0.00 形式。小数点后 0 的个数表示需要格式化的小数位数。小数点前的 0 为一个时，表示小数点前根据实际数值显示。当小数点前没有 0 时，表示为.xx 形式；当小数点前的 0 不止一个时，使用 0 来填充不够的位数。
实例：!Format(1.236,"0.00") = "1.24"；
　　!Format(1.236,".00")= ".24"；
　　!Format(1.236,"00.00") = "01.24"。

4. !Hex2I(s)

函数意义：把十六进制字符串转换为数值。
返回值：开关型。
参数：s，字符型。
实例：!Hex2I("11") =17。

5. !I2Ascii(s)

函数意义：返回指定 ASCII 码的字符。
返回值：字符型。
参数：s，开关型。
实例：!I2Ascii(65) ="A"。

6. !I2Bin(s)

函数意义：把数值转换为二进制字符串。
返回值：字符型。
参数：s，开关型。
实例：!I2Bin(5) ="101"。

7. !I2Hex(s)

函数意义：把数值转换为十六进制字符串。

返回值：字符型。
参数：s，开关型。
实例：!I2Hex(17) ="11"。

8. !I2Oct(s)

函数意义：把数值转换为八进制字符串。
返回值：字符型。
参数：s，开关型。
实例：!I2Oct(9) ="11"。

9. !InStr(n,str1,str2)

函数意义：查找一字符串在另一字符串中最先出现的位置。
返回值：数值型。
参数：n，数值型，开始搜索的位置；
　　　str1，字符串，被搜索的字符串；
　　　str2，字符串，要搜索的字符串。
实例：!InStr(3,"sdlkfjwe","we") = 7。

10. !Lcase(str)

函数意义：把字符型数据对象 str 的所有字符转换成小写。
返回值：字符型。
参数：str，字符型。
实例：!Lcase("sedERT")= "sedert"。

11. !Left(str,n)

函数意义：从字符型数据对象 str 左边起取 n 个字符。
返回值：字符型。
参数：str，字符型，源字符串；
　　　n，数值型，取字符个数。
实例：!Left("ABCDEFG",2)="AB"。

12. !Len(str)

函数意义：求字符型数据对象 str 的字符串长度（字符个数）。
返回值：数值型。
参数：str，字符型。
实例：!Len("ABCDEFG")= 7。

13. !Ltrim(str)

函数意义：把字符型数据对象 str 中最左边的空格删除。

返回值：字符型。
参数：str，字符型。
实例：!LTrim("   dsfk   ") = "dsfk   "。

14. !lVal(str)

函数意义：将字符串转化为长整型数值。
返回值：开关型，转换出的数值。
参数：str，字符型，待转换的字符串。
实例：!lVal("12345678")=12345678。

15. !Mid(str,n,k)

函数意义：从字符型数据对象 str 左边第 n 个字符起，取 k 个字符。如果是数字字符，则从 0 开始算起。
返回值：字符型。
参数：str，字符型，源字符串；
n，数值型，起始位置；
k，数值型，取字符个数。
实例：!Mid("ABCDEFG",3,2) = "DE"。

16. !Oct2I(s)

函数意义：把八进制字符串转换为数值。
返回值：开关型。
参数：s，字符型。
实例：!Oct2I("11") =9。

17. !Right(str,n)

函数意义：从字符型数据对象 str 右边起，取 n 个字符。
返回值：字符型。
参数：str，字符型，源字符串；
n，数值型，取字符个数。
实例：!Right("ABCDEFG",2)="FG"。

18. !Rtrim(str)

函数意义：把字符型数据对象 str 中最右边的空格删除。
返回值：字符型。
参数：str，字符型。
实例：!Rtrim("   dsfk   ") ="   dsfk"。

19. !Str(x)

函数意义：将数值型数据对象 x 的值转换成字符串。

返回值：字符型。
参数：x，数值型。
实例：!Str(0.712) ="0.712"。

20. !StrComp(str1,str2)

函数意义：比较字符型数据对象 str1 和 str2 是否相等，返回值为 0 表示相等，否则不相等。不区分大小写字母。
返回值：数值型。
参数：str1，字符型；
　　　str2，字符型。
实例：!StrComp("ABC","abc") = 0。

21. !StrFormat(FormatStr,任意个数变量)

函数意义：格式化字符串。使用方法为!StrFormat("%d",23)或!StrFormat ("%g-%g-%g", 2.3,2.1,2.2)等，类似 C 语言中 Printf 函数的语法。
返回值：字符型。
参数：FormatStr，字符型，格式化字符串。后面的参数可以有任意多个。
实例：!StrFormat("%g--%g",12,12.34)= "12--12.34"。

22. !Trim(str)

函数意义：把字符型数据对象 str 中左右两端的空格删除。
返回值：字符型。
参数：str，字符型。
实例：!Trim("   dsfk   ") ="dsfk"。

23. !Ucase(str)

函数意义：把字符型数据对象 str 的所有字符转换成大写。
返回值：字符型。
参数：str，字符型。
实例：!Ucase("sedERT") ="SEDERT"。

24. !Val(str)

函数意义：把字符型数据对象 str 的值转换成数值。
返回值：数值型。
参数：str，字符型。
实例：!Val("0.712") = 0.712。

10.5 定时器操作函数

系统定时器范围为 1～127，即内嵌 127 个系统定时器。用户可以使用任意一个。定时器返回时间值为数值型，单位为秒、分、时，小数位最多可以表示到毫秒。由于采用浮点数表示，随着数值增大会略有误差。

1. !TimerClearOutput(定时器号)

函数意义：清除定时器的数据输出连接。
返回值：数值型，返回值为 0 表示调用成功，非 0 表示调用失败。
参数：定时器号。
实例：!TimerClearOutput(1)，清除 1 号定时器的数据输出连接。

2. !TimerRun(定时器号)

函数意义：启动定时器。
返回值：数值型，返回值为 0 表示调用成功，非 0 表示调用失败。
参数：定时器号。
实例：!TimerRun(1)，启动 1 号定时器。

3. !TimerStop(定时器号)

函数意义：停止定时器。
返回值：数值型，返回值为 0 表示调用成功，非 0 表示调用失败。
参数：定时器号。
实例：!TimerStop(1)，停止 1 号定时器。

4. !TimerSkip(定时器号,步长值)

函数意义：在定时器当前值上加/减指定值。
返回值：数值型，返回值为 0 表示调用成功，非 0 表示调用失败。
参数：定时器号，步长值。
实例：!TimerSkip(1,3)，1 号定时器当前值加 3。

5. !TimerReset(定时器号,数值)

函数意义：设置定时器的当前值，由第二个参数设定，第二个参数可以是 MCGS 嵌入版变量。
返回值：数值型，返回值为 0 表示调用成功，非 0 表示调用失败。
参数：定时器号，数值。
实例：!TimerReset(1,12)，设置 1 号定时器的值为 12。

6. !TimerValue(定时器号,0)

函数意义：取定时器的当前值。
返回值：将定时器的值以数值型的方式输出（数值格式）。
参数：定时器号。
实例：Data3=!TimerValue(1,0)，取 1 号定时器的值给 Data3。

7. !TimerStr(定时器号,1)

函数意义：以字符串的形式返回当前定时器的值。
返回值：字符型变量，将定时器的值以字符型的方式输出（时间格式）。
参数：定时器号。
实例：Time=!TimerStr(1,1)，取 1 号定时器的值以“00:00:00”形式输出给 Time。

8. !TimerState(定时器号)

函数意义：取定时器的工作状态。
返回值：数值型变量，0 表示定时器停止，1 表示定时器运行。
参数：定时器号。
实例：data1=!TimerState(1)，取 1 号定时器的工作状态给 data1。

9. !TimerSetLimit(定时器号,上限值,参数 3)

函数意义：设置定时器的最大值，即设置定时器的上限。
返回值：数值型，返回值为 0 表示调用成功，非 0 表示调用失败。
参数：定时器号（1～255）；上限值；第三个参数为 1 表示运行到 60 后停止，为 0 表示运行到 60 后重新循环运行。
实例：!TimerSetLimit(1,60,1)，设置 1 号定时器的上限为 60，运行到 60 后停止。

10. !TimerSetOutput(定时器号,变量)

函数意义：设置定时器的值输出连接的变量。
返回值：数值型，返回值为 0 表示调用成功，非 0 表示调用失败。
参数：定时器号；变量，定时器的值输出连接的变量。
实例：!TimerSetOutput(1,Data0)，将定时器数据连接到 Data0。

11. !TimerWaitFor(定时器号,数值)

函数意义：等待定时器工作到指定的数值后，脚本程序才向下执行。
返回值：数值型。返回值为 0 表示调用成功，非 0 表示调用失败。
参数：定时器号（1～255）；数值，等待定时器工作到指定的值。
实例：!TimerWaitFor(1,55)，等定时器工作到 55 秒后再执行其他操作。

10.6 系统操作函数

1. !Beep()

函数意义：发出蜂鸣声。
返回值：数值型，返回值为 0 表示调用成功，非 0 表示调用失败。
参数：无。

实例：!Beep()。

2. !SendKeys(string)

函数意义：将一个或多个按键消息发送到活动窗口，如同在键盘上进行输入。

返回值：数值型，返回值为 0 表示调用成功，非 0 表示调用失败。

参数：string，字符串表达式，指定要发送的按键消息。

实例：!SendKeys("%{TAB}")，切换窗口。

说明：每个按键由一个或多个字符表示。为了指定单一键盘字符，必须按字符本身的键。例如，为了表示字母 A，可以用"A"作为 string。为了表示多个字符，就必须在一个字符后面直接加上另一个字符。例如，要表示 A、B 及 C，可用"ABC"作为 string。对!SendKeys(string)来说，加号（+）、插入符（^）、百分比符号（%）、上波浪线（~）及圆括号都具有特殊意义。为了指定上述任何一个字符，要将它放在大括号当中。例如，要指定加号，可用{+}表示。为了指定大括号字符，要使用{{}及{}}。为了在按下按键时指定那些不显示的字符，可使用表 10-1 中的代码。

表 10-1　按键对应的代码

按　键	代　码
Backspace	{BACKSPACE}, {BS}或{BKSP}
Break	{BREAK}
Caps Lock	{CAPSLOCK}
Del 或 Delete	{DELETE}或{DEL}
↓	{DOWN}
End	{END}
Enter	{ENTER}或~
Esc	{ESC}
Home	{HOME}
Insert	{INSERT}或{INS}
←	{LEFT}
Num	{NUMLOCK}
Page Down	{PGDN}
Page Up	{PGUP}
→	{RIGHT}
Scroll Lock	{SCROLLLOCK}
Tab	{TAB}
↑	{UP}
F1	{F1}
F2	{F2}
F3	{F3}

续表

按　　键	代　　码
F4	{F4}
F5	{F5}
F6	{F6}
F7	{F7}
F8	{F8}
F9	{F9}
F10	{F10}
F11	{F11}
F12	{F12}
F13	{F13}
F14	{F14}
F15	{F15}
F16	{F16}

为了指定那些与 Shift、Ctrl 及 Alt 等按键结合的组合键，可在这些按键代码的前面放置一个或多个代码，列举如下：

Shift 键的代码是+。

Ctrl 键的代码是^。

Alt 键的代码是%。

为了说明在按下其他按键时应同时按下 Shift、Ctrl 及 Alt 键的任意组合键，可把按键代码放在括号中。例如，为了说明在按下 E 与 C 键的同时按下 Shift 键，可使用"+(EC)"。为了说明在按下 E 键的同时按下 Shift 键，但接着按 C 键而不按 Shift 键，则使用"+EC"。

注意：不能用!SendKeys(string)将按键消息发送到没有被设计成在 Microsoft Windows 中运行的应用程序，也无法将 Print Screen 键的代码{PRTSC}发送到任何应用程序。

3. !SetLinePrinter(n)

函数意义：打开/关闭行式打印输出。

返回值：数值型，返回值为 0 表示调用成功，非 0 表示调用失败。

参数：n，数值型，1 表示打开行式打印输出，0 表示关闭行式打印输出。

实例：!SetLinePrinter(1)，打开行式打印输出。

4. !SetTime(n1,n2,n3,n4,n5,n6)

函数意义：设置当前系统时间。

返回值：数值型，返回值为 0 表示调用成功，非 0 表示调用失败。

参数：n1，数值型，设定年数，小于 1000 和大于 9999 时不变。

　　　n2，数值型，设定月数，大于 12 和小于 1 时不变。

　　　n3，数值型，设定天数，大于 31 和小于 1 时不变。

n4，数值型，设定小时数，大于 23 和小于 0 时不变。

n5，数值型，设定分钟数，大于 59 和小于 0 时不变。

n6，数值型，设定秒数，大于 59 和小于 0 时不变。

实例：!SetTime(2000,1,1,1,1,1)，设置当前系统时间为 2000 年 1 月 1 日 1 时 1 分 1 秒。

5. !Sleep(mTime)

函数意义：在程序中等待 mTime 毫秒，然后执行下一条语句。只能在策略中使用，否则会造成系统响应缓慢。

返回值：数值型，返回值为 0 表示调用成功，非 0 表示调用失败。

参数：mTime，数值型，要等待的毫秒数。

实例：!Sleep(10)。

6. !WaitFor (Dat1,Dat2)

函数意义：等待设置的条件满足，程序再向下执行。只能在策略中使用，否则会造成系统响应缓慢。

返回值：数值型，返回值为 0 表示调用成功，非 0 表示调用失败。

参数：Dat1，数值型，条件表达式，如 D=15。

Dat2，数值型，等待条件满足的超时时间，单位为 ms，为 0 则无限等待。

实例：!WaitFor(D=15,12000)，变量 D 的值等于 15 时，程序继续执行；如果在 12 秒后条件仍然没有得到满足，也自动继续执行。此函数通常用于实验，等待某个条件满足，然后继续实验流程。它与!Sleep()函数以及 While 循环语句、其他循环策略配合，能够实现复杂的流程调度。

注意：!WaitFor()只能用于策略，而不能直接在窗口控件的程序中使用。

10.7 数学函数

1. !Atn(x)

函数意义：反正切函数。

返回值：数值型，用弧度表示。

参数：x，数值型。

实例：!Atn(1)=0.785398。

2. !Cos(x)

函数意义：余弦函数。

返回值：数值型。

参数：x，数值型，用弧度表示。

实例：!Cos(3.14159)=-1.0。

3. !Sin(x)

函数意义：正弦函数。
返回值：数值型。
参数：x，数值型，用弧度表示。
实例：!Sin(3.14159)=0.0。

4. !Tan(x)

函数意义：正切函数。
返回值：数值型。
参数：x，数值型，用弧度表示。
实例：!Tan(3.14159)=0.0。

5. !Exp(x)

函数意义：指数函数。
返回值：数值型。
参数：x，数值型。
实例：!Exp(2.3020585093)=10.0。

6. !Log(x)

函数意义：对数函数。
返回值：数值型。
参数：x，数值型。
实例：!Log(10)=2.302。

7. !Sqr(x)

函数意义：平方根函数。
返回值：数值型。
参数：x，数值型。
实例：!Sqr(4.0)=2.0。

8. !Abs(x)

函数意义：绝对值函数。
返回值：数值型。
参数：x，数值型。
实例：!Abs(−3.14159)=3.14159。

9. !Sgn(x)

函数意义：符号函数。

返回值：数值型。
参数：x，数值型。
实例：!Sgn(-10)=-1，!Sgn(10)=1，!Sgn(0)=0。

10. !BitAnd(x,y)

函数意义：按位与。
返回值：开关型。
参数：x，开关型；y，开关型。
实例：!BitAnd(3,4)=0。

11. !BitOr(x,y)

函数意义：按位或。
返回值：开关型。
参数：x，开关型；y，开关型。
实例：!BitOr(3,4)=7。

12. !BitXor(x,y)

函数意义：按位异或。
返回值：开关型。
参数：x，开关型；y，开关型。
实例：!BitXor(3,4)=7。

13. !BitClear(x,y)

函数意义：清除指定位，位置从 0 开始计算。
返回值：开关型。
参数：x，开关型；y，开关型。
实例：!BitClear(3,1)=1，把第 2 位清空。

14. !BitSet(x,y)

函数意义：设置指定位，位置从 0 开始计算。
返回值：开关型。
参数：x，开关型；y，开关型。
实例：!BitSet (3,2)=7。

15. !BitNot(x)

函数意义：按位取反。
返回值：开关型。
参数：x，开关型。
实例：!BitNot(0)=0xffffffff。

16. !BitTest(x,y)

函数意义：检测指定位是否为1，位置从0开始计算。
返回值：开关型。
参数：x，开关型；y，开关型。
实例：!BitTest(3,2)=0。

17. !BitLShift(x,y)

函数意义：左移。
返回值：开关型。
参数：x，开关型；y，开关型。
实例：!BitLShift(3,1)=6。

18. !BitRShift(x,y)

函数意义：右移。
返回值：开关型。
参数：x，开关型；y，开关型。
实例：!BitRShift(3,1)=1。

19. !Rand(x,y)

函数意义：生成随机数，随机数的值在x和y之间。
返回值：数值型。
参数：x，数值型；y，数值型。
实例：!Rand(3,4)=3.1。

10.8 文件操作函数

文件操作函数中涉及的文件路径均为绝对路径。

1. !FileAppend(strTarget,strSource)

函数意义：将文件strSource中的内容添加到文件strTarget后面，使两个文件合并为一个文件。
返回值：开关型。
参数：strTarget，字符型，目标文件，需要写绝对路径；
　　　strSource，字符型，源文件，需要写绝对路径。
实例：!FileAppend("D:\a.txt","D:\b.txt")。
实例说明：将D盘下文件b.txt合并到文件a.txt的后面。若a.txt不存在，则会自动新建一个文件。

2. !FileCopy(strSource,strTarget)

函数意义：将源文件 strSource 复制到目标文件 strTarget 中，若目标文件已存在，则将目标文件覆盖。

返回值：开关型，返回 0 表示操作不成功，返回非 0 值表示操作成功。

参数：strSource，字符型，源文件；

　　strTarget，字符型，目标文件。

实例：!FileCopy("D:\a.txt","D:\b.txt")。

实例说明：将 D 盘下文件 a.txt 复制到 b.txt 中。

3. !FileDelete(strFilename)

函数意义：将 strFilename 指定的文件删除。

返回值：开关型，返回 0 表示操作不成功，返回非 0 值表示操作成功。

参数：strFilename，字符型，将被删除的文件。

实例：!FileDelete("D:\a.txt")。

实例说明：删除 D 盘下文件 a.txt。

4. !FileFindFirst(strFilename,objName,objSize,objAttrib)

函数意义：查找第一个名称为 strFilename 的文件或目录。

返回值：开关型，返回-1 表示操作不成功，返回其他值表示操作成功，返回值为一个句柄，该值为以后的查找提供依据。

参数：strFilename，字符型，要查找的文件或目录名（文件名中可以包含文件通配符*和?）。

　　objName，字符型对象名，函数调用成功后，保存查找结果的名称。

　　objSize，数值型对象名，函数调用成功后，保存查找结果的大小。

　　objAttrib，数值型对象名，函数调用成功后，保存查找结果的属性。

　　若 objAttrib=0，则查找结果为一个文件；

　　若 objAttrib=1，则查找结果为一个目录。

实例：!FileFindFirst("D:\a*.txt",Name,Size,Attrib)。

实例说明：查找 D 盘下第一个名字为 a*.txt 的文件或目录，将查找结果的属性存入 Attrib 中，大小存入 Size 中，名字存入 Name 中。

5. !FileFindNext(FindHandle,objAttrib,objSize,objName)

函数意义：根据 FindHandle 提供的句柄，继续查找下一个文件或目录。

返回值：开关型，返回 0 表示查找不成功，返回非 0 值表示查找成功。

参数：FindHandle，开关型，由函数!FileFindFirst()返回。

　　objAttrib，数值型对象名，函数调用成功后，保存查找结果的属性。

　　若 objAttrib=0，则查找结果为一个文件；

　　若 objAttrib=1，则查找结果为一个目录。

　　objSize，数值型对象名，函数调用成功后，保存查找结果的大小。

objName，字符型对象名，函数调用成功后，保存查找结果的名称。

实例：!FileFindNext(aa,Attrib,Size,Name)。

实例说明：根据句柄 aa，继续查找下一个文件或目录。其中，aa 由函数!FileFindFirst()的返回值提供。

注意：!FileFindFirst()必须与!FileFindNext()在同一个脚本块中才有效。

6. !FileIniReadValue(strIniFilename,strSection,strItem,objResult)

函数意义：从配置文件（.ini 文件）中读取一个值。

返回值：开关型。

参数：strIniFilename，字符型，配置文件的文件名；

strSection，字符型，要读取的数据所在节的名称；

strItem，字符型，要读取的数据的项名；

objResult，数值型、字符型对象名，用于保存读到的数据。

实例：!FileIniReadValue("D:\a.ini","system","memory",result)。

实例说明：从配置文件 a.ini 中的 system 节中读取 memory 项的值，并将该值放入 result 中。

7. !FileIniWriteValue(strIniFilename,strSection,strItem,objResult)

函数意义：向配置文件（.ini 文件）中写入一个值。

返回值：开关型。

参数：strIniFilename，字符型，配置文件的文件名；

strSection，字符型，要写入的数据所在节的名称；

strItem，字符型，要写入的数据的项名；

objResult，数值型、字符型对象名，用于保存写入的数据。

实例：!FileIniWriteValue("D:\a.ini","system","memory",result)。

实例说明：将数据对象 result 的值写入配置文件 a.ini 的 system 节的 memory 项中。

8. !FileIniWriteNoFlush(strIniFilename,strSection,strItem,objResult)

函数意义：函数!FileIniWriteNoFlush(strIniFilename,strSection,strItem,objResult)和!FileIniWriteValue()的接口和功能基本一致，只是写完后不刷新磁盘。

返回值：开关型。

参数：strIniFilename，字符型，配置文件的文件名；

strSection，字符型，要写入的数据所在节的名称；

strItem，字符型，要写入的数据的项名；

objResult，数值型、字符型对象名，用于保存写入的数据。

实例：!FileIniWriteNoFlush("D:\a.ini","system","memory",result)。

实例说明：将数据对象 result 的值写入配置文件 a.ini 的 system 节的 memory 项中。此时值被写入内存，磁盘未被刷新，磁盘文件不保存。

9. !FileIniFlush(strIniFilename)

函数意义：!FileIniWriteFlush(strIniFilename) 函数将内存中的.ini 文件更新到磁盘上，与!FileIniWriteNoFlush(strIniFilename,strSection,strItem,objResult)函数配合使用。

返回值：开关型，成功返回 0，否则返回 1。

参数：strIniFilename，字符型，配置文件的文件名。

实例：!FileIniFlush("D:\a.ini")。

10. !FileMove(strSource,strTarget)

函数意义：将文件 strSource 移动并改名为 strTarget。

返回值：开关型，返回 0 表示操作失败，返回非 0 值表示操作成功。

参数：strSource，字符型，源文件；

　　strTarget，字符型，目标文件。

实例：!FileMove("D:\a.txt","D:\b.txt")。

实例说明：将 D 盘下文件 a.txt 移至同一目录下，并改名为 b.txt。

注意：如果目标文件已存在，则直接返回 0，操作失败。

11. !FileReadFields(strFilename,lPosition,任意个数变量)

函数意义：从 strFilename 指定的文件中读出 CSV（逗号分隔变量）记录。

返回值：开关型。

参数：strFilename，字符型，文件名；

　　lPosition，数值型，数据开始位置。

实例：!FileReadFields("D:\a.csv",200,var1,var2,var3,var4)。

实例说明：从文件 a.csv 中的第 200 字节开始，读取 4 个数据，分别存入变量 var1、var2、var3、var4 中。

12. !FileReadStr(strFilename,lPosition,lLength,objResult)

函数意义：从 strFilename 指定文件（.dat 文件）中的 lPosition 位置开始，读取 lLength 字节或一整行，将结果保存到 objResult 数据对象中。

返回值：开关型。

参数：strFilename，字符型，文件名；

　　lPosition，开关型，数据开始位置；

　　lLength，开关型，要读取数据的字节数，若小于或等于 0，则读取整行；

　　objResult，字符型，用于存放结果的数据对象。

实例：!FileReadStr("D:\a.dat",100,20,abc)。

实例说明：从 D 盘下文件 a.dat 中的第 100 字节开始，读取 20 字节的数据，存入变量 abc 中。

13. !FileSplit(strSourceFile,strTargetFile,FileSize)

函数意义：此函数用于把一个文件切分为几个文件。

返回值：开关型。

参数：strSourceFile，字符型，准备切分的文件名；

　　strTargetFile，字符型，切分后的文件名；

　　FileSize，数值型，切分的文件的最大尺寸，单位是MB。

实例：!FileSplit("D:\1.txt","Spl",1.0)。

实例说明：把文件1.txt切分为大小1MB的文件，并存放在组态软件Work目录下，名称分别为Spl000.spl、Spl001.spl、Spl002.spl等。

14. !FileWriteFields(strFilename,lPosition,任意个数变量)

函数意义：向strFilename指定的文件中写入CSV（逗号分隔变量）记录。

返回值：开关型。

参数：strFilename，字符型，文件名；

　　lPosition，开关型，数据开始位置，为0表示在文件开头，非0表示在文件结尾。

实例：!FileWriteFields ("D:\a.csv",200,var1,var2,var3,var4)。

实例说明：向D盘文件a.csv的结尾写入4个数据，分别为变量var1、var2、var3、var4的值。

注意：在文件开头写入数据时，将覆盖原有内容；在文件结尾写入数据时，将在原有基础上添加，并不覆盖原来的内容。

15. !FileWriteStr(strFilename,lPosition,str,Rn)

函数意义：从指定文件strFilename的lPosition位置开始，写入一个字符串或一整行。

返回值：开关型。

参数：strFilename，字符型，文件名；

　　lPosition，开关型，数据开始位置，为0表示在文件开头，非0表示在文件结尾；

　　str，字符型，要写入的字符串；

　　Rn，开关型，表示是否换行，0表示不换行，1表示换行。

实例：!FileWriteStr ("D:\a.txt",a,"abcdefg",input)。

实例说明：在D盘a.txt文件的开头（当a为0时）或结尾（当a为1时）写入一个字符串"abcdefg"，如果input为1，则在此字符串后面添加回车换行，否则不添加。

注意：在文件开头写入字符串时，将覆盖原有内容；在文件结尾写入字符串时，将在原有基础上添加，并不覆盖原来的内容。

16. !FileReadStrLimit(str,int,int,int,str)

函数意义：把数据格式化成给定的长度，并且读出文件。

返回值：数值型，返回值如下。

　　0：打开文件成功，读取数据成功。

1：打开文件成功，没有读到数据（EoF）。

-1：文件不存在。

-2：文件存在，但无法打开。

-3：组态错误。

-4：未定义的文件打开错误。

参数：str，字符串，需要操作的文件名称，包含绝对路径和文件名，如果不包含路径，则表示在当前工程路径下；如果不包含扩展名，则扩展名为 dat；如果字符串为空，则表示路径为当前路径，文件名为当前工程名称+File，扩展名为 dat。

int，开关型，读数据的起始位置，该数据的单位是字节，从 1 开始，如果小于 1，则程序应该有出错处理功能。

int，开关型，读数据的长度，此长度的数据可能包含若干填充符。

int，数值型，格式化方式，如果读取的数据中包含填充符，写入 MCGS 变量中时，0 表示不保留，1 表示保留。

str，字符型，存放读取的数据的 MCGS 字符型变量。

实例：!FileReadStrLimit("D:\a.txt",1,6,1,a)。

实例说明：a.txt 文件从第 1 字节开始读取数据，按 6 字节长度格式化，读取的数据中若包含填充符，写入 MCGS 变量中时保留这些填充符。

17. !FileWriteStrLimit(str,int,int,int,str,int,int)

函数意义：把数据格式化成给定的长度，并且写入文件。

返回值：数值型，返回值如下。

0：打开文件成功，写入数据成功。

1：打开文件成功，无法写入（硬盘空间不够等）。

-1：文件不存在且无法创建。

-2：文件存在，但无法打开。

-3：组态错误。

-4：未定义的文件打开错误。

参数：str，字符串，需要操作的文件名称，包含绝对路径和文件名，如果不包含路径，则表示在当前工程路径下；如果不包含扩展名，则扩展名为 dat；如果字符串为空，则表示路径为当前路径，文件命为当前工程名称+File，扩展名为 dat。

int，开关型，写数据的起始位置，该数据的单位是字节；任意正数表示从该字节位置开始写数据，插入方式为在该字节后插入，覆盖方式为直接覆盖该部分数据；0 表示从文件头开始写记录，-1 表示从文件尾开始写记录，无论采用插入或覆盖方式，最后的结果都是插入数据，即不会修改原有的任何数据。

int，开关型，数据写入文件后的长度，此数据可能包含若干填充符。

int，格式化方式，如果被写的数据长度大于指定的长度，则剪裁该数据的左边或右边，即斩头或去尾，0 表示左边（斩头），1 表示右边（去尾）；如果被写的数据长度小于指定的长度，则固定在数据的右边（后边）添加填充符。

str，字符型，存放被写数据的 MCGS 字符型变量。

int，数值型，写记录的方式，0 表示插入，1 表示覆盖。

int，数值型，0 表示本条记录结束，1 表示本条记录未写完。

实例：!FileWriteStrLimit("D:\a.txt",1,6,1,a,0,0)。

实例说明：a.txt 文件从第 1 字节开始写数据，按 6 字节长度，右边（去尾）格式化，被写数据的 MCGS 字符型变量存放在变量 a 中，记录方式为插入记录，本次操作结束记录。

10.9 时间运算函数

1. !TimeStr2I(strTime)

函数意义：将表示时间的字符串（YYYY/MM/DD HH:MM:SS）转换为时间值。

返回值：开关型，转换后的时间值。

参数：strTime，字符型，表示时间（YYYY/MM/DD HH:MM:SS）。

实例：!TimeStr2I("2001/1/1 3:15:28")。

实例说明：将表示时间的字符串"2001/1/1 3:15:28"转换为开关型的时间值。

2. !TimeI2Str(iTime,strFormat)

函数意义：将时间值转换为字符串表示的时间。

返回值：字符型，转换后的时间字符串。

参数：iTime，开关型，时间值（注意，这里只能用!TimeStr2I(strTime)转换出的时间值，否则不能正确转换）；

strFormat，字符型，转换后的时间字符串。

实例：!TimeI2Str(Time,"%A, %B %d,%Y")。

实例说明：将时间值转换为字符串。

该函数的格式化标准如下。

%a

星期的简写，如 Fri 是 Friday 的简写，表示星期五。

%A

星期的全称，如 Sunday 表示星期日。

%b

月份的简写，如 Jan 是 January 的简写，表示一月。

%B

月份的全称，如 June 表示六月。

%c

符合当地习惯的时间表示，如 05/07/01 09:47:12，表示 2001 年 5 月 7 日 9 时 47 分 12 秒。

%d

月份中日期的十进制表示，如 07 表示 7 日。

%H

24 小时制的小时表示，如 17 表示下午 5 时。

%I

12 小时制的小时表示。

%j

一年中天数的十进制表示，如 2001-06-07 是一年中第 158 天。

%m

月份的十进制表示，如 06 表示 6 月。

%M

分钟的十进制表示，如 28 表示 28 分。

%p

以 AM/PM 方式表示上下午，AM 表示上午，PM 表示下午。

%S

秒的十进制表示。

%U

一年中周数的十进制表示，星期日为第一天，如 2001-06-07 是第 22 周。

%w

星期的十进制表示，0 表示星期日，1 表示星期一，依此类推。

%W

一年中周数的十进制表示，星期一为第一天，如 2001-06-07 是第 23 周。

%x

适合当地的日期表示，如 2001-06-07 表示为 06/07/01。

%X

适合当地的时间表示，如 9 时 47 分 12 秒表示为 09:47:12。

%y

不显示世纪的年的十进制表示，如 01 表示 2001 年。

%Y

显示世纪的年的十进制表示，如 2001 表示 2001 年。

%z 或者%Z

时区名称的简写，如果时区不可知，则没有字符。

%%

百分号表示。

注意：目前在此版本中有些显示参数还没有实现其功能，具体有%p、%U、%w、%W、%x、%z、%a、%A、%b、%B、%c、%I、%j。

3. !TimeGetYear(iTime)

函数意义：获取时间值 iTime 中的年份。

返回值：开关型，时间值 iTime 中的年份。

参数：iTime，开关型，时间值。

实例：!TimeGetYear(iTime)。

实例说明：获取时间值 iTime 中的年份。

4. !TimeGetMonth(iTime)

函数意义：获取时间值 iTime 中的月份。
返回值：开关型，时间值 iTime 中的月份（1～12）。
参数：iTime，开关型，时间值。
实例：!TimeGetMonth(iTime)。
实例说明：获取时间值 iTime 中的月份。

5. !TimeGetSecond(iTime)

函数意义：获取时间值 iTime 中的秒数。
返回值：开关型，时间值 iTime 中的秒数（0～59）。
参数：iTime，开关型，时间值。
实例：!TimeGetSecond(iTime)。
实例说明：获取时间值 iTime 中的秒数。

6. !TimeGetSpan(iTime1,iTime2)

函数意义：计算两个时间 iTime1 和 iTime2 的差。
返回值：开关型，两时间之差。
参数：iTime1，开关型，时间值；
　　　iTime2，开关型，时间值。
实例：!TimeGetSpan(iTime1,iTime2)
实例说明：计算两个时间 iTime1 和 iTime2 的差。

7. !TimeGetDayOfWeek(iTime)

函数意义：获取时间值 iTime 中的星期。
返回值：开关型，时间值 iTime 中的星期（1 表示星期日，2 表示星期一，依此类推）。
参数：iTime，开关型，时间值。
实例：!TimeGetDayOfWeek(iTime)。
实例说明：获取时间值 iTime 中的星期。

8. !TimeGetHour(iTime)

函数意义：获取时间值 iTime 中的小时。
返回值：开关型，时间值 iTime 中的小时（0～23）。
参数：iTime，开关型，时间值。
实例：!TimeGetHour(iTime)。
实例说明：获取时间值 iTime 中的小时。

9. !TimeGetMinute(iTime)

函数意义：获取时间值 iTime 中的分钟。
返回值：开关型，时间值 iTime 中的分钟（0～59）。
参数：iTime，开关型，时间值。
实例：!TimeGetMinute(iTime)。
实例说明：获取时间值 iTime 中的分钟。

10. !TimeGetDay(iTime)

函数意义：获取时间值 iTime 中的日期。
返回值：开关型，时间值 iTime 中的日期（1～31）。
参数：iTime，开关型，时间值。
实例：!TimeGetDay(iTime)。
实例说明：获取时间值 iTime 中的日期。

11. !TimeGetCurrentTime()

函数意义：获取当前时间值。
返回值：开关型，当前时间值。
参数：无。
实例：!TimeGetCurrentTime()。
实例说明：获取当前时间值。
注意：
（1）保存时间值应该使用数值型数，使用浮点数会损失精度，典型的问题是时间添加。
（2）显示时间值，应该转换为字符串表示，使用浮点数会损失精度，典型问题是当前时间不刷新，其实已经刷新了，但用浮点数表达不出来。

12. !TimeSpanGetDays(iTimeSpan)

函数意义：获取时间差中的天数（时间差由!TimeGetSpan()函数计算得来）。
返回值：开关型，时间差中的天数（1～31）。
参数：iTimeSpan，开关型，时间差。
实例：!TimeSpanGetDays(TimeSpan)。
实例说明：获取时间差 TimeSpan 中的天数。

13. !TimeSpanGetHours(iTimeSpan)

函数意义：获取时间差中的小时数（时间差由!TimeGetSpan()函数计算得来）。
返回值：开关型，时间差中的小时数（0～23）。
参数：iTimeSpan，开关型，时间差。
实例：!TimeSpanGetHours(TimeSpan)。
实例说明：获取时间差 TimeSpan 中的小时数。

14. !TimeSpanGetMinutes(iTimeSpan)

函数意义：获取时间差中的分钟数（时间差由!TimeGetSpan()函数计算得来）。
返回值：开关型，时间差中的分钟数（0～59）。
参数：iTimeSpan，开关型，时间差。
实例：!TimeSpanGetMinutes(TimeSpan)。
实例说明：获取时间差 TimeSpan 中的分钟数。

15. !TimeSpanGetSeconds(iTimeSpan)

函数意义：获取时间差中的秒数（时间差由!TimeGetSpan()函数计算得来）。
返回值：开关型，时间差中的秒数（0～59）。
参数：iTimeSpan，开关型，时间差。
实例：!TimeSpanGetSeconds(TimeSpan)。
实例说明：获取时间差 TimeSpan 中的秒数。

16. !TimeSpanGetTotalHours(iTimeSpan)

函数意义：获取时间差中的总小时数（时间差由!TimeGetSpan()函数计算得来）。
返回值：开关型，时间差中的总小时数。
参数：iTimeSpan，开关型，时间差。
实例：!TimeSpanGetTotalHours(TimeSpan)。
实例说明：获取时间差 TimeSpan 中的总小时数。

17. !TimeSpanGetTotalMinutes(iTimeSpan)

函数意义：获取时间差中的总分钟数（时间差由!TimeGetSpan()函数计算得来）。
返回值：开关型，时间差中的总分钟数。
参数：iTimeSpan，开关型，时间差。
实例：!TimeSpanGetTotalMinutes(TimeSpan)。
实例说明：获取时间差 TimeSpan 中的总分钟数。

18. !TimeSpanGetTotalSeconds(iTimeSpan)

函数意义：获取时间差中的总秒数（时间差由!TimeGetSpan()函数计算得来）。
返回值：开关型，时间差中的总秒数。
参数：iTimeSpan，开关型，时间差。
实例：!TimeSpanGetTotalSeconds(TimeSpan)。
实例说明：获取时间差 TimeSpan 中的总秒数。

19. !TimeAdd(iTime,iTimeSpan)

函数意义：向时间 iTime 中加入由 iTimeSpan 指定的秒数。
返回值：开关型，相加后的时间值。

参数：iTime，开关型，初始时间值。
　　　iTimeSpan，开关型，要加的秒数。
实例：!TimeAdd(Time,500)。
实例说明：向时间 Time 中加入 500 秒。

10.10 嵌入式系统函数

1. !Outp(参数 1,参数 2)

函数意义：向端口输出一字节。
返回值：开关型，返回值为 0 表示调用正常，非 0 表示调用不正常。
参数：参数 1，开关型，端口号；
　　　参数 2，开关型，输出的字节。
实例：!Outp(320,255)。
实例说明：向端口 320 输出字节 255。

2. !OutpW(参数 1,参数 2)

函数意义：向端口输出两字节。
返回值：开关型，返回值为 0 表示调用正常，非 0 表示调用不正常。
参数：参数 1，开关型，端口号；
　　　参数 2，开关型，输出的字节。
实例：!OutpW(320,256)。
实例说明：向端口 320 输出字节 256。

3. !OutpD(参数 1,参数 2)

函数意义：向端口输出四字节。
返回值：开关型，返回值为 0 表示调用正常，非 0 表示调用不正常。
参数：参数 1，开关型，端口号；
　　　参数 2，开关型，输出的字节。
实例：!OutpD(320,65537)。
实例说明：向端口 320 输出字节 65537。

4. !Inp(参数 1)

函数意义：返回从端口输入的一字节。
返回值：开关型，输入的字节。
参数：参数 1，开关型，端口号。
实例：!Inp(320)。
实例说明：返回从端口 320 输入的一字节。

5. !InpW(参数 1)

函数意义：返回从端口输入的两字节。
返回值：开关型，输入的字节。
参数：参数 1，开关型，端口号。
实例：!InpW(320)。
实例说明：返回从端口 320 输入的两字节。

6. !InpD(参数 1)

函数意义：返回从端口输入的四字节。
返回值：开关型，输入的字节。
参数：参数 1，开关型，端口号。
实例：!InpD(320)。
实例说明：返回从端口 320 输入的四字节。

7. !WriteMemory(参数 1,参数 2)

函数意义：向内存写入一字节。
返回值：开关型，返回值为 0 表示调用正常，非 0 表示调用不正常。
参数：参数 1，开关型，内存地址，如 0xa0000，要转换为十进制；
　　　参数 2，开关型，写入的字节。
实例：!WriteMemory(320,255)。
实例说明：向地址 320 写入 255。

8. !WriteMemoryW(参数 1,参数 2)

函数意义：向内存写入两字节。
返回值：开关型，返回值为 0 表示调用正常，非 0 表示调用不正常。
参数：参数 1，开关型，内存地址，如 0xa0000，要转换为十进制；
　　　参数 2，开关型，写入的字节。
实例：!WriteMemoryW(320,256)。
实例说明：向地址 320 写入 256。

9. !WriteMemoryD(参数 1,参数 2)

函数意义：向内存写入四字节。
返回值：开关型。返回值为 0 表示调用正常，非 0 表示调用不正常。
参数：参数 1，开关型，内存地址，如 0xa0000，要转换为十进制；
　　　参数 2，开关型，写入的字节。
实例：!WriteMemoryD(320,65537)。
实例说明：向地址 320 写入 65537。

10. !ReadMemory(参数 1)

函数意义：从内存读出一字节。
返回值：开关型，读出的字节。
参数：参数 1，开关型，内存地址，如 0xa0000，要转换为十进制。
实例：!ReadMemory(320)。
实例说明：从地址 320 读出一字节。

11. !ReadMemoryW(参数 1)

函数意义：从内存读出两字节。
返回值：开关型，读出的字节。
参数：参数 1，开关型，内存地址，如 0xa0000，要转换为十进制。
实例：!ReadMemoryW(320)。
实例说明：从地址 320 读出两字节。

12. !ReadMemoryD(参数 1)

函数意义：从内存读出四字节。
返回值：开关型，读出的字节。
参数：参数 1，开关型，内存地址，如 0xa0000，要转换为十进制。
实例：!RcadMcmoryD(320)。
实例说明：从地址 320 读出四字节。

13. !SetSerialBaud(参数 1,参数 2)

函数意义：设置串口的波特率。
返回值：开关型，返回值为 0 表示调用正常，非 0 表示调用不正常。
参数：参数 1，开关型，串口号，从 1 开始，串口 1 对应 1；
参数 2，开关型，波特率，可选值包括 50,75,110,134.5,150,300,600,1200,1800,2400,4800,7200,9600,19200,38400,57600,115200,230400,460800,921600。
实例：!SetSerialBaud(1,57600)。
实例说明：设置串口 1 的波特率为 57600。

14. !SetSerialDataBit(参数 1,参数 2)

函数意义：设置串口的数据位。
返回值：开关型，返回值为 0 表示调用正常，非 0 表示调用不正常。
参数：参数 1，开关型，串口号，从 1 开始，串口 1 对应 1；
参数 2，开关型，数据位，0x00 = bit_5，0x01 = bit_6，0x02 = bit_7，0x03 = bit_8。
实例：!SetSerialDataBit(1,8)。
实例说明：设置串口 1 的数据位为 8 位。

15. !SetSerialStopBit(参数 1,参数 2)

函数意义：设置串口的停止位。
返回值：开关型，返回值为 0 表示调用正常，非 0 表示调用不正常。
参数：参数 1，开关型，串口号，从 1 开始，串口 1 对应 1；
　　参数 2，开关型，停止位，0x00 = stop_1，0x04 = stop_2。
实例：!SetSerialStopBit(1,2)。
实例说明：设置串口 1 的停止位为 2 位。

16. !SetSerialParityBit(参数 1,参数 2)

函数意义：设置串口的校验位。
返回值：开关型，返回值为 0 表示调用正常，非 0 表示调用不正常。
参数：参数 1，开关型，串口号，从 1 开始，串口 1 对应 1；
　　参数 2，开关型，校验位，0x00 = none，0x08 = odd，0x18 = even，0x28 = mark，0x38 = space。
实例：!SetSerialParityBit(1,56)。
实例说明：设置串口 1 无校验。

17. !GetSerialBaud(参数 1)

函数意义：读取串口的波特率。
返回值：开关型，串口的波特率。
参数：参数 1，开关型，串口号，从 1 开始，串口 1 对应 1。
实例：!GetSerialBaud(1)。
实例说明：读取串口 1 的波特率。

18. !GetSerialDataBit(参数 1)

函数意义：读取串口的数据位。
返回值：开关型，串口的数据位。
参数：参数 1，开关型，串口号，从 1 开始，串口 1 对应 1。
实例：!GetSerialDataBit(1)。
实例说明：读取串口 1 的数据位。

19. !GetSerialStopBit(参数 1)

函数意义：读取串口的停止位。
返回值：开关型，串口的停止位。
参数：参数 1，开关型，串口号，从 1 开始，串口 1 对应 1。
实例：!GetSerialStopBit(1)。
实例说明：读取串口 1 的停止位。

20. !GetSerialParityBit(参数 1)

函数意义：读取串口的校验位。
返回值：开关型，串口的校验位。
参数：参数 1，开关型，串口号，从 1 开始，串口 1 对应 1。
实例：!GetSerialParityBit(1)。
实例说明：读取串口 1 的校验位。

21. !WriteSerial(参数 1,参数 2)

函数意义：向串口写入一字节。
返回值：开关型，返回值为 0 表示调用正常，非 0 表示调用不正常。
参数：参数 1，开关型，串口号，从 1 开始，串口 1 对应 1；
参数 2，开关型，写入的字节。
实例：!WriteSerial(1,255)。
实例说明：向串口 1 写入 255。

22. !ReadSerial(参数 1)

函数意义：从串口读取一字节。
返回值：开关型，读取的字节。
参数：参数 1，开关型，串口号，从 1 开始，串口 1 对应 1。
实例：!ReadSerial(1)。
实例说明：从串口 1 读取一字节。

23. !WriteSerialStr(参数 1,参数 2)

函数意义：向串口写一个字符串。
返回值：开关型，返回值为 0 表示调用正常，非 0 表示调用不正常。
参数：参数 1，开关型，串口号，从 1 开始，串口 1 对应 1；
参数 2，开关型，写入的字符串。
实例：!WriteSerialStr(1,String)。
实例说明：向串口 1 写入 String。

24. !ReadSerialStr(参数 1)

函数意义：从串口读取一个字符串。
返回值：字符型，读取的字符串。
参数：参数 1，开关型，串口号，从 1 开始，串口 1 对应 1。
实例：!ReadSerialStr(1)。
实例说明：从串口 1 读取一个字符串。

25. !GetSerialReadBufferSize(参数 1)

函数意义：检查串口缓冲区中有多少个字符。
返回值：开关型，串口缓冲区中有多少个字符。
参数：参数 1，开关型，串口号，从 1 开始，串口 1 对应 1。
实例：!GetSerialReadBufferSize(1)。
实例说明：检查串口 1 的缓冲区中有多少个字符。

26. !GetFreeMemorySpace()

函数意义：读取空余内存空间。
返回值：数值型，空余内存空间。
参数：无。
实例：!GetFreeMemorySpace()。
实例说明：读取空余内存空间。

27. !GetFreeDiskSpace( )

函数意义：读取空余磁盘空间。
返回值：数值型，空余磁盘空间。
参数：无。
实例：!GetFreeDiskSpace()。
实例说明：读取空余磁盘空间。

28. !SetRealTimeStgy(策略号)

函数意义：设置指定的策略为实时策略。
返回值：数值型，大于或等于 0 表示设置成功。
参数：策略号。

29. !BufferCreate(参数 1,参数 2)

函数意义：创建一个指定代号和指定长度的缓冲区，用户可以操作这个缓冲区。
返回值：数值型，大于或等于 0 表示创建成功。
参数：参数 1，数值型，缓冲区代号，从 0 开始；
参数 2，数值型，缓冲区长度。
实例：!BufferCreate(0,1024)。
实例说明：创建一个 1024 字节长度的缓冲区，代号为 0。

30. !BufferGetAt(参数 1,参数 2)

函数意义：获取指定缓冲区指定位置的数据。
返回值：数值型，获取到的数据。
参数：参数 1，数值型，缓冲区代号，从 0 开始，是用户自己创建的；
参数 2，数值型，数据在缓冲区中的位置。

实例：!BufferGetAt(0,8)。
实例说明：获取缓冲区 0 的第 8 个数据。

31. !BufferSetAt (参数 1,参数 2,参数 3)

函数意义：设置指定缓冲区指定位置的数据。
返回值：数值型，大于或等于 0 表示操作成功。
参数：参数 1，数值型，缓冲区代号，从 0 开始，是用户自己创建的；
　　　参数 2，数值型，数据在缓冲区中的位置；
　　　参数 3，数值型，数据的值。
实例：!BufferSetAt(0,8,100)。
实例说明：设置缓冲区 0 的第 8 个数据的值为 100。

32. !BufferStoreToFile(参数 1,参数 2)

函数意义：将指定缓冲区的数据写入指定的文件中。
返回值：数值型，为 0 表示成功。
参数：参数 1，数值型，缓冲区代号，从 0 开始，是用户自己创建的；
　　　参数 2，字符型，用户指定的文件名。
实例：!BufferStoreToFile (0,"/harddisk/mcgsbin/myData/data.buf")。
实例说明：将缓冲区 0 的数据写入文件/harddisk/mcgsbin/myData/data.buf 中。

33. !BufferLoadFromFile(参数 1,参数 2)

函数意义：从文件中将数据读入缓冲区，如果缓冲区不存在，系统会自动创建。
返回值：数值型，为 0 表示成功。
参数：参数 1，数值型，缓冲区代号，从 0 开始，是用户自己创建的；
　　　参数 2，字符型，用户指定的文件名。
实例：!BufferLoadFromFile (0,"/harddisk/mcgsbin/myData/data.buf")。
实例说明：将文件/harddisk/mcgsbin/myData/data.buf 中的数据读入缓冲区。

34. !PrinterSetup()

函数意义：调用打印设置。
返回值：数值型，为 0 表示成功。
参数：无。
注意：在模拟环境下不起作用。

10.11　用户窗口的方法与属性

1. 用户窗口方法

1）Open
方法作用：打开窗口。

返回值：浮点型，为 0 表示操作成功，非 0 表示操作失败。

2）Close

方法作用：关闭窗口。

返回值：浮点型，为 0 表示操作成功，非 0 表示操作失败。

3）Hide

方法作用：隐藏窗口。

返回值：浮点型，为 0 表示操作成功，非 0 表示操作失败。

4）Print

方法作用：打印窗口。

返回值：浮点型，为 0 表示操作成功，非 0 表示操作失败。

5）Refresh

方法作用：刷新窗口。

返回值：浮点型，为 0 表示操作成功，非 0 表示操作失败。

6）BringToTop

方法作用：把窗口显示在最前面。

返回值：浮点型，为 0 表示操作成功，非 0 表示操作失败。

7）OpenSubWnd

方法作用：显示子窗口。

返回值：字符型，如成功就返回子窗口 n，n 表示打开的第 n 个子窗口。

参数：参数 1：用户窗口名。

参数 2：整型，打开子窗口相对于本窗口的 X 坐标。

参数 3：整型，打开子窗口相对于本窗口的 Y 坐标。

参数 4：整型，打开子窗口的宽度。

参数 5：整型，打开子窗口的高度。

参数 6：整型，打开子窗口的类型。

0 位：是否打开模式，使用此功能，必须在当前窗口中使用 CloseSubWnd 来关闭子窗口，子窗口外的构件对鼠标操作不响应。

1 位：是否采用菜单模式，使用此功能，一旦在子窗口之外单击，则子窗口关闭。

2 位：是否显示水平滚动条，使用此功能，可以显示水平滚动条。

3 位：是否显示垂直滚动条，使用此功能，可以显示垂直滚动条。

4 位：是否显示边框，选择此功能，可在子窗口周围显示细黑线边框。

5 位：是否自动跟踪显示子窗口，选择此功能，可在当前鼠标位置上显示子窗口。此功能用于鼠标打开的子窗口，选用此功能则忽略 iLeft 和 iTop 的值，如果此时鼠标位于窗口之外，则在窗口中居中显示子窗口。

6 位：是否自动调整子窗口的宽度和高度为默认值，使用此功能则忽略 iWidth 和 iHeight 的值。

子窗口的关闭方法：

使用关闭窗口方法直接关闭，则把整个系统中使用的此子窗口全部关闭；使用指定窗口的 CloseSubWnd 关闭，可以使用 OpenSubWnd 返回的控件名，也可以直接指定子窗口关闭，此时只能关闭当前窗口下的子窗口。

8）CloseSubWnd

方法作用：关闭子窗口。

返回值：浮点型，为 1 表示操作成功，非 1 表示操作失败。

参数：参数 1，子窗口的名称。

9）CloseAllSubWnd

方法作用：关闭窗口中的所有子窗口。

返回值：浮点型，为 0 表示操作成功。

2. 用户窗口属性

1）Name

属性意义：窗口的名称。

属性类型：字符型。

2）Left

属性意义：窗口的 X 坐标。

属性类型：整型。

3）Top

属性意义：窗口的 Y 坐标。

属性类型：整型。

4）Width

属性意义：窗口的宽度。

属性类型：整型。

5）Height

属性意义：窗口的高度。

属性类型：整型。

6）Visible

属性意义：窗口的可见度。

属性类型：整型。

7）Caption

属性意义：窗口标题。

属性类型：字符型。

10.12　数据对象的属性

1. Value

属性意义：数据对象中的值。

属性类型：类型与数据对象的类型相同。

2. Name

属性意义：数据对象的名称。
属性类型：字符型，只读。

3. Min

属性意义：数据对象的最小值。
属性类型：浮点型。

4. Max

属性意义：数据对象的最大值。
属性类型：浮点型。

5. Unit

属性意义：数据对象的工程单位。
属性类型：字符型。

6. Comment

属性意义：数据对象的注释。
属性类型：字符型。

7. InitValue

属性意义：数据对象的初值。
属性类型：字符型。

8. Type

属性意义：数据对象的类型。
属性类型：浮点型，只读。

9. AlmEnable

属性意义：数据对象的启动报警标志。
属性类型：浮点型。

10. AlmHH

属性意义：数值型报警的上上限值或开关型报警的状态值。
属性类型：浮点型。

11. AlmH

属性意义：数值型报警的上限值。

属性类型：浮点型。

12. AlmL

属性意义：数值型报警的下限值。
属性类型：浮点型。

13. AlmLL

属性意义：数值型报警的下下限值。
属性类型：浮点型。

14. AlmV

属性意义：数值型偏差报警的基准值。
属性类型：浮点型。

15. AlmVH

属性意义：数值型偏差报警的上偏差值。
属性类型：浮点型。

16. AlmVL

属性意义：数值型偏差报警的下偏差值。
属性类型：浮点型。

17. AlmFlagHH

属性意义：允许上上限报警或允许开关量报警标志。
属性类型：浮点型。

18. AlmFlagH

属性意义：允许上限报警或允许开关量跳变报警标志。
属性类型：浮点型。

19. AlmFlagL

属性意义：允许下限报警或允许开关量正跳变报警标志。
属性类型：浮点型。

20. AlmFlagLL

属性意义：允许下下限报警或允许开关量负跳变报警标志。
属性类型：浮点型。

21. AlmFlagVH

属性意义：允许上偏差报警。
属性类型：浮点型。

22. AlmFlagVL

属性意义：允许下偏差报警。
属性类型：浮点型。

23. AlmComment

属性意义：报警信息注释。
属性类型：字符型。

24. AlmDelay

属性意义：报警延时次数。
属性类型：浮点型。

25. AlmPriority

属性意义：报警优先级。
属性类型：浮点型。

26. AlmState

属性意义：报警状态。
属性类型：浮点型，只读。

27. AlmType

属性意义：报警类型。
属性类型：浮点型，只读。

10.13 配方操作函数

1. !RecipeLoad(strFilename,strRecipeName)

函数意义：装载配方文件，用来新建配方或打开原有的配方，新建配方时必须与!RecipeSave()函数一起使用，否则配方不自动保存。

返回值：开关型，返回值为0表示操作成功，返回值非0表示操作不成功。

参数：strFilename，字符型，配方文件名；
　　　strRecipeName，字符型，配方表名。

实例：!RecipeLoad("D:\MCGSE\Work\1.csv","rec"):!RecipeBind("rec",t1,t2,t3,t4)。

实例说明：装载一个配方文件，文件名为 D:\MCGSE\Work\1.csv，装载后的配方表名为 rec，并将它绑定到变量 t1、t2、t3、t4 上。

2. !RecipeMoveFirst(strRecipeName)

函数意义：移动到第一个配方记录。
返回值：开关型，返回值为 0 表示操作成功，返回值非 0 表示操作不成功。
参数：strRecipeName，字符型，配方表名。
实例：!RecipeMoveFirst("rec")。
实例说明：移动到配方表 rec 的第一个配方记录。

3. !RecipeMoveLast(strRecipeName)

函数意义：移动到最后一个配方记录。
返回值：开关型，返回值为 0 表示操作成功，返回值非 0 表示操作不成功。
参数：strRecipeName，字符型，配方表名。
实例：!RecipeMoveLast("rec")。
实例说明：移动到配方表 rec 的最后一个配方记录。

4. !RecipeMoveNext(strRecipeName)

函数意义：移动到下一个配方记录。
返回值：开关型。
参数：strRecipeName，字符型，配方表名。
实例：!RecipeMoveNext("rec")。
实例说明：移动到配方表 Rec 的下一个配方记录。

5. !RecipeMovePrev(strRecipeName)

函数意义：移动到上一个配方记录。
返回值：开关型，返回值为 0 表示操作成功，返回值非 0 表示操作不成功。
参数：strRecipeName，字符型，配方表名。
实例：!RecipeMovePrev("rec")。
实例说明：移动到配方表 Rec 的上一个配方记录。

6. !RecipeSave(strRecipeName,strFilename)

函数意义：保存配方文件。
返回值：开关型，返回值为 0 表示操作成功，返回值非 0 表示操作不成功。
参数：strRecipeName，字符型，配方表名；
　　　strFilename，字符型，配方文件名。
实例：!RecipeSave("rec","D:\1.csv")。
实例说明：保存一个配方文件，文件名为 D:\1.csv，要保存的配方表名为 rec。
注意：进行配方的编辑、添加、修改、删除、排序等操作后，都要保存配方。

7. !RecipeSeekTo(strRecipeName,DataName,str)

函数意义：查找配方。
返回值：开关型，返回值为 0 表示操作成功，返回值非 0 表示操作不成功。
参数：strRecipeName，字符型，配方表名；
DataName，数据对象名；
str，字符型，数据对象对应的值。
实例：!RecipeSeekTo("rec",t1,"111")
实例说明：跳转到配方表 rec 中 t1 对应的值为 111 处，若有多处匹配，则跳转到第一个匹配的配方记录。

8. !RecipeSeekToPosition(strRecipeName,rPosition)

函数意义：跳转到配方表 strRecipeName 的指定记录 rPosition。
返回值：开关型，返回值为 0 表示操作成功，返回值非 0 表示操作不成功。
参数：strRecipeName，字符型，配方表名；
rPosition，开关型，指定跳转的记录行。
实例：!RecipeSeekToPosition("rec",5)。
实例说明：跳转到配方表 rec 的记录 5。
注意：记录是从 0 开始计算的。

9. !RecipeSort(strRecipeName,DataName,Num)

函数意义：配方表排序。
返回值：开关型，返回值为 0 表示操作成功，返回值非 0 表示操作不成功。
参数：strRecipeName，字符型，配方表名；
DataName，数据对象名；
Num，开关型，0 表示按升序排列，1 表示按降序排列。
实例：!RecipeSort("rec",t1,0)。
实例说明：对配方表 rec 按 t1 的升序排列。
注意：排序后，需要保存配方表。

10. !RecipeClose(strRecipeName)

函数意义：关闭配方表。
返回值：开关型，返回值为 0 表示操作成功，返回值非 0 表示操作不成功。
参数：strRecipeName，字符型，配方表名。
实例：!RecipeClose("rec")。
实例说明：关闭名为 rec 的配方表。

11. !RecipeDelete(strRecipeName)

函数意义：删除配方表 strRecipeName 的当前配方。

返回值：开关型，返回值为0表示操作成功，返回值非0表示操作不成功。
参数：strRecipeName，字符型，配方表名。
实例：!RecipeDelete("rec")。
实例说明：删除配方表rec的当前配方。

12. !RecipeGetCount(strRecipeName)

函数意义：获取配方表strRecipeName中配方的个数。
返回值：开关型，返回值为0表示操作成功，返回值非0表示操作不成功。
参数：strRecipeName，字符型，配方表名。
实例：!RecipeGetCount("rec")。
实例说明：获取配方表rec中配方的个数。

13. !RecipeGetCurrentPosition(strRecipeName)

函数意义：获取配方表strRecipeName中的当前位置。
返回值：开关型，返回值为0表示操作成功，返回值非0表示操作不成功。
参数：strRecipeName，字符型，配方表名。
实例：x=!RecipeGetCurrentPosition("rec")。
实例说明：获取配方表rec中的当前位置，并存储在变量x中。

14. !RecipeGetCurrentValue(strRecipeName)

函数意义：将配方表strRecipeName中的值装载到与其绑定的数据对象中，起到刷新的作用。
返回值：开关型，返回值为0表示操作成功，返回值非0表示操作不成功。
参数：strRecipeName，字符型，配方表名。
实例：!RecipeGetCurrentValue("rec")。
实例说明：将配方表rec中的值装载到与其绑定的数据对象中。

15. !RecipeBind(strRecipeName,任意个数变量)

函数意义：把若干数据对象绑定到配方表strRecipeName上。
返回值：开关型，返回值为0表示操作成功，返回值非0表示操作不成功。
参数：strRecipeName，字符型，配方表名。
实例：!RecipeBind("rec",t1,t2,t3,t4)。
实例说明：把数据对象t1、t2、t3、t4绑定到配方表rec上。

16. !RecipeAddNew(strRecipeName)

函数意义：在配方表中，用当前连接的数据对象的值添加一行。
返回值：开关型，返回值为0表示操作成功，返回值非0表示操作不成功。
参数：strRecipeName，字符型，配方表名。

实例：!RecipeAddNew("rec")。

实例说明：在配方表 rec 中，用当前连接的数据对象的值添加一行。

10.14　配方功能脚本函数

1. !RecipeLoadByDialog(strRecipeGroupName,strDialogTitle)

函数意义：弹出装载配方对话框，让用户选择要装载的配方，选择后配方变量的值会输出到对应数据对象中。

参数：strRecipeGroupName，配方组名称，字符型；

　　　strDialogTitle，对话框标题，字符型。

实例：!RecipeLoadByDialog ("面包配方组","装载配方")。

界面：实例界面如图 10-1 所示。

2. !RecipeModifyByDialog(strRecipeGroupName)

函数意义：通过配方编辑对话框，让用户在运行环境中编辑配方。

参数：strRecipeGroupName，配方组名称，字符型。

实例：!RecipeModifyByDialog("面包配方组")。

界面：实例界面如图 10-2 所示。

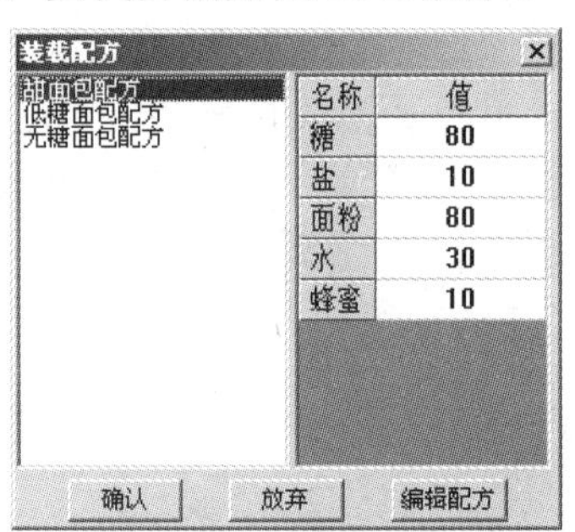

图 10-1　实例界面

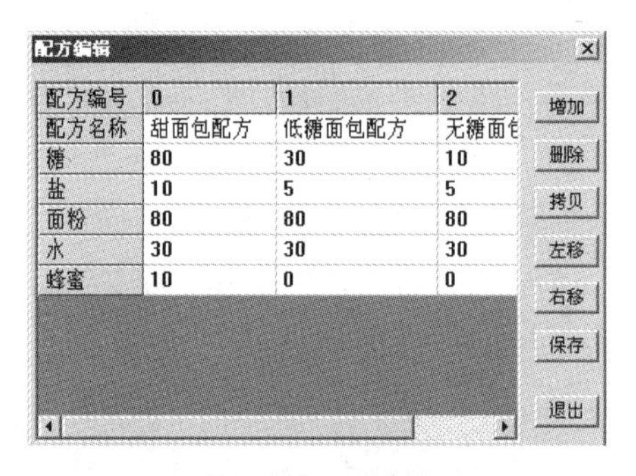

图 10-2　实例界面

3. !RecipeLoadByName (strRecipeGroupName,strRecipeName)

函数意义：装载指定配方组中的指定配方，配方的参数值将被复制到对应的数据对象中。

参数：strRecipeGroupName，配方组名称，字符型；

　　　strRecipeName，配方名称，字符型。

返回值：0 表示成功，-1 表示失败。

实例：!RecipeLoadByName("面包配方组","甜面包配方")。

4. !RecipeLoadByNum(strRecipeGroupName,nRecipeNum)

函数意义：装载指定配方组中指定编号的配方，配方的参数值将被复制到对应的数据对象中。

参数：strRecipeGroupName，配方组名称，字符型；
nRecipeNum，配方编号，数值型。
返回值：0 表示成功，-1 表示失败。
实例：!RecipeLoadByNum("面包配方组", 2)。

5. !RecipeMoveFirst(strRecipeGroupName)

函数意义：设置指定配方组的当前配方为配方组中的第一个配方。
参数：strRecipeGroupName，配方组名称，字符型。
返回值：0 表示成功，-1 表示失败。
实例：!RecipeMoveFirst("面包配方组")。

6. !RecipeMoveLast(strRecipeGroupName)

函数意义：设置指定配方组的当前配方为配方组中的最后一个配方。
参数：strRecipeGroupName，配方组名称，字符型。
返回值：0 表示成功，-1 表示失败。
实例：!RecipeMoveLast("面包配方组")。

7. !RecipeMoveNext(strRecipeGroupName)

函数意义：设置指定配方组的当前配方为配方组当前配方的下一个配方。
参数：strRecipeGroupName，配方组名称，字符型。
返回值：0 表示成功，-1 表示失败。
实例：!RecipeMoveNext("面包配方组")。

8. !RecipeMovePrev(strRecipeGroupName)

函数意义：设置指定配方组的当前配方为配方组当前配方的上一个配方。
参数：strRecipeGroupName，配方组名称，字符型。
返回值：0 表示成功，-1 表示失败。
实例：!RecipeMovePrev("面包配方组")。

9. !RecipeSeekTo(strRecipeGroupName,strRecipeName)

函数意义：设置指定配方组的当前配方为配方组中指定名称的配方。
参数：strRecipeGroupName，配方组名称，字符型；
strRecipeName，配方名称，字符型。
返回值：0 表示成功，-1 表示失败。
实例：!RecipeSeekTo("面包配方组","甜面包配方")。

10. !RecipeSeekToPosition(strRecipeGroupName,nPosition)

函数意义：设置指定配方组的当前配方为配方组中指定编号的配方。
参数：strRecipeGroupName，配方组名称，字符型；

nPosition，配方编号，数值型。

返回值：0 表示成功，-1 表示失败

实例：!RecipeSeekToPosition("面包配方组",2)。

11. !RecipeGetCurrentPosition(strRecipeGroupName)

函数意义：返回指定配方组当前配方的编号。

参数：strRecipeGroupName，配方组名称，字符型。

返回值：-1 表示不成功，其他值表示当前配方的编号。

实例：!RecipeGetCurrentPosition("面包配方组")。

12. !RecipeDelete(strRecipeGroupName)

函数意义：删除指定配方组的当前配方，删除成功后当前配方会重新定位到被删除配方的下一个配方。

参数：strRecipeGroupName，配方组名称，字符型。

返回值：-1 表示不成功，其他值表示当前配方的编号。

实例：!RecipeDelete("面包配方组")。

13. !RecipeSetValueTo(strRecipeGroupName,GroupObject)

函数意义：将指定配方组当前配方的参数值复制到组对象的成员中。

参数：strRecipeGroupName，配方组名称，字符型；

GroupObject，组对象。

返回值：0 表示成功，-1 表示失败，-2 表示组对象不存在，-3 表示组对象成员类型或者数量不匹配。

实例：!RecipeSetValueTo("面包配方组",面包配方组对象)。

注意：这个脚本函数复制参数值时不会受到配方组成员变量输出延时参数的影响。

14. !RecipeGetValueFrom(strRecipeGroupName,GroupObject)

函数意义：将组对象成员中的值复制到指定配方组的当前配方中。

参数：strRecipeGroupName，配方组名称，字符型；

GroupObject，组对象。

返回值：0 表示成功，-1 表示失败，-2 表示组对象不存在，-3 表示组对象成员类型或者数量不匹配。

实例：!RecipeGetValueFrom("面包配方组",面包配方组对象)。

15. !RecipeAddNew(strRecipeGroupName,strRecipeName,GroupObject)

函数意义：在指定配方组中追加一个新配方，并将组对象成员的值复制到新配方中。

参数：strRecipeGroupName，配方组名称，字符型；

strRecipeName，配方名称，字符型；

GroupObject，组对象。

返回值：0 表示成功，-1 表示失败，-2 表示组对象不存在，-3 表示组对象成员类型或者数量不匹配。

实例：!RecipeAddNew("面包配方组","新配方",面包配方组对象)。

16. !RecipeAddAt(strRecipeGroupName,strRecipeName,GroupObject)

函数意义：在指定配方组当前配方的前面插入一个新配方，并将组对象成员的值复制到新配方中。

参数：strRecipeGroupName，配方组名称，字符型；
strRecipeName，配方名称，字符型；
GroupObject，组对象。

返回值：0 表示成功，-1 表示失败，-2 表示组对象不存在，-3 表示组对象成员类型或者数量不匹配。

实例：!RecipeAddAt("面包配方组","新配方",面包配方组对象)。

17. !RecipeGetName(strRecipeGroupName)

函数意义：得到指定配方组当前配方的名称。

参数：strRecipeGroupName，配方组名称，字符型。

返回值：配方组名称，如果当前配方无效，则返回空字符串。

18. !RecipeSetName(strRecipeGroupName,strRecipeName)

函数意义：设置指定配方组当前配方的名称。

参数：strRecipeGroupName，配方组名称，字符型；
strRecipeName，配方名称，字符型。

返回值：0 表示成功，-1 表示失败。

第11章

运行策略

经各部分组态配置生成的组态工程，只是一个顺序执行的监控系统，不能对系统的运行流程进行自由控制，这只能满足简单工程项目的需要。对于复杂的工程，监控系统必须设计成多分支、多层循环嵌套式结构，按照预定的条件，对系统的运行流程及设备的运行状态进行有针对性的选择和精确的控制。为此，MCGS 嵌入版引入了运行策略的概念，以解决上述问题。

所谓“运行策略”，是指用户为实现对系统运行流程的自由控制所组态生成的一系列功能模块。运行策略的建立，使系统能够按照设定的顺序和条件，操作实时数据库，控制用户窗口的打开、关闭及设备构件的工作状态，从而实现对系统工作过程精确控制及有序调度管理的目的。用户可以自行组态完成大多数复杂工程项目的监控软件，而不需要烦琐的编程工作。

11.1　运行策略的类型

根据运行策略的作用和功能，MCGS 嵌入版把运行策略分为启动策略、退出策略、循环策略、用户策略、报警策略、事件策略、热键策略及中断策略八种，每种策略都由一系列功能模块组成。在 MCGS 嵌入版运行策略窗口中，“启动策略”“退出策略”“循环策略”为系统固有的三个策略块，名称是专用的，不能修改，也不能被系统其他部分调用，只能在运行策略中使用；其余的则由用户根据需要自定义，每个策略都有自己的名称，MCGS 嵌入版系统的各部分通过策略的名称来对策略进行调用和处理。

1. 启动策略

启动策略为系统固有策略，在 MCGS 嵌入版系统开始运行时自动被调用一次。启动策略属性设置如图 11-1 所示，在“策略名称”栏中输入启动策略的名称，由于系统必须有一个启动策略，所以此名称不能改变。“策略内容注释”栏用于对策略加以注释。

2. 退出策略

退出策略为系统固有策略，在退出 MCGS 嵌入版系统时自动被调用一次。退出策略属性设置如图 11-2 所示，在“策略名称”栏中输入退出策略的名称，由于系统必须有一个退出策略，所以此名称不能改变。“策略内容注释”栏用于对策略加以注释。

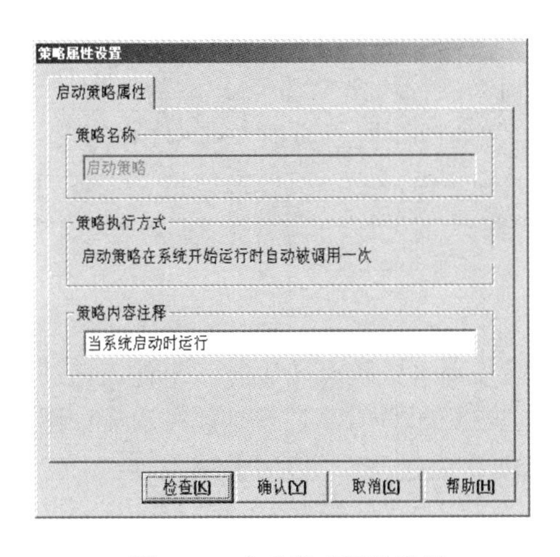

图 11-1 启动策略属性设置

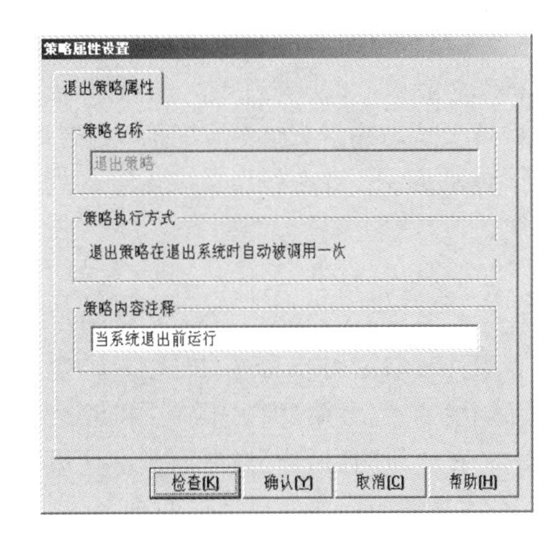

图 11-2 退出策略属性设置

3. 循环策略

循环策略为系统固有策略，也可以由用户在组态时创建，在 MCGS 嵌入版系统运行时按照设定的时间循环运行。在一个应用系统中，用户可以定义多个循环策略。循环策略属性设置如图 11-3 所示，在“策略名称”栏中输入循环策略的名称，一个应用系统必须有一个循环策略；“策略内容注释”栏用于对策略加以注释。

循环策略执行方式分为定时循环和固定时刻两种。定时循环按设定的时间间隔循环执行，直接用 ms 来设置循环时间，系统最小时间片为 50～200ms（默认为 50ms），动画刷新周期为 50～1000ms（默认为 50ms），闪烁周期的最小值为 200ms。固定时刻方式是指设定循环策略执行的时刻。

4. 报警策略

报警策略由用户在组态时创建，当指定数据对象的某种报警状态产生时，报警策略被系统自动调用一次。报警策略属性设置如图 11-4 所示，在“策略名称”栏中输入报警策略的名称，“策略内容注释”栏用于对策略加以注释。

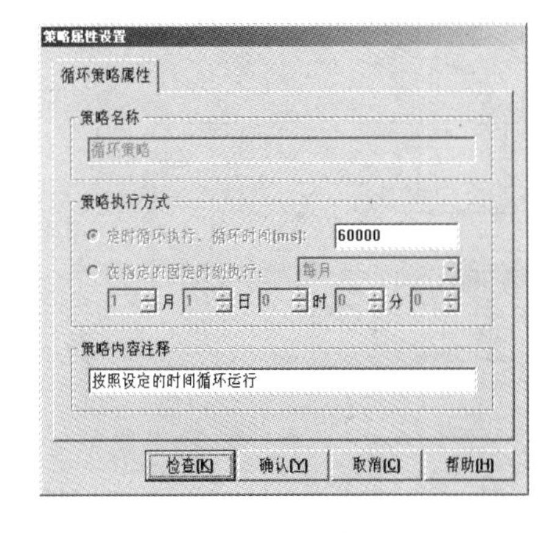

图 11-3 循环策略属性设置

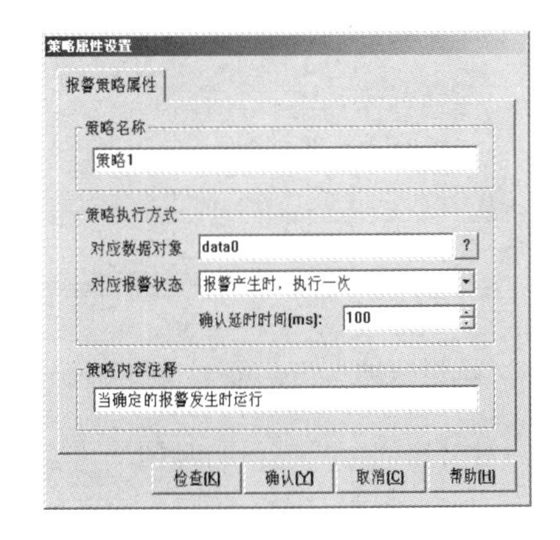

图 11-4 报警策略属性设置

“策略执行方式”设置：“对应数据对象”用于与实时数据库的数据对象连接；“对应报警状态”要从“报警产生时，执行一次”“报警结束时，执行一次”“报警应答时，执行一次”三种报警状态中进行选择；“确认延时时间”用于当报警产生时，延时一定时间后，再检查数据对象是否还处在报警状态，若还处在报警状态，则条件成立，报警策略被系统自动调用一次。

5. 事件策略

事件策略由用户在组态时创建，当对应表达式的某种事件状态产生时，事件策略被系统自动调用一次，事件策略中限制同时执行的策略数量在20个以内。事件策略属性设置如图11-5所示，在“策略名称”栏中输入事件策略的名称，“对应表达式” 栏用于输入事件对应的表达式，“事件的内容”可选择四种表达式对应的事件内容，“确认延时时间”用于输入延时时间，“策略内容注释”用于对策略加以注释。

确认延时时间是为了排除偶然因素引起的误操作，确认延时时间为 0 时，表示不进行延时处理。表达式的值为 0 作为一种状态，表达式的值为 1 作为另一种状态，其他还有：表达式的值正跳变（从 0 变为 1）、表达式的值负跳变（从 1 变为 0）、表达式的值正负跳变（从 0 变为 1 再变为 0）、表达式的值负正跳变（从 1 变为 0 再变为 1）。如果表达式的值正跳变，并且确认延时时间内（跳变开始时进行计时）表达式的值一直为 1，则条件成立，事件策略被系统自动调用一次，否则本次跳变无效。在确认延时时间内，如表达式的值为 0，则本次跳变无效，同时准备记录下次跳变。如果表达式的值负跳变，并且确认延时时间内（跳变开始时进行计时）表达式的值一直为 0，则条件成立，事件策略被系统自动调用一次，否则本次跳变无效。负正跳变和正负跳变如图 11-6 所示，当跳变的脉冲宽度大于或等于确认延时时间时，条件成立，事件策略被系统自动调用一次，否则本次跳变无效。

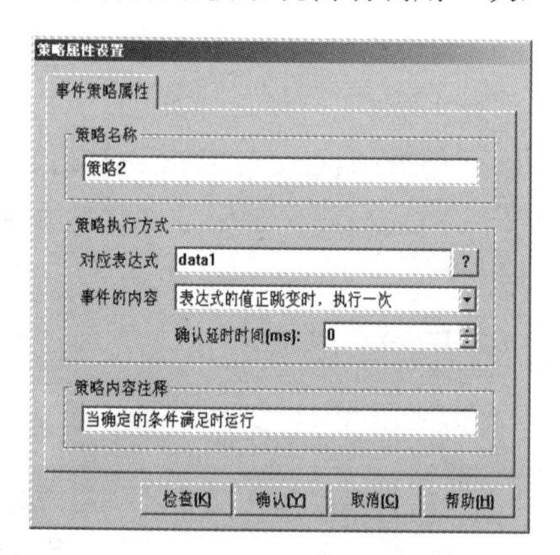

图 11-5　事件策略属性设置

图 11-6　负正跳变和正负跳变

6. 热键策略

热键策略由用户在组态时创建，当用户按下对应的热键时执行一次。热键策略属性设置如图 11-7 所示，在“策略名称”栏中输入热键策略的名称，在“热键”栏中输入对应的热键，“策略内容注释”栏用于对策略加以注释。

热键策略权限用于设置热键权限属于哪个用户组，单击“权限”按钮将弹出权限设置对话框，选择列表框中的工作组，即设置了该工作组的成员拥有操作热键的权限。

7. 用户策略

用户策略由用户在组态时创建，在 MCGS 嵌入版系统运行时供系统其他部分调用。用户策略属性设置如图 11-8 所示，在“策略名称”栏中输入用户策略的名称，“策略内容注释”栏用于对策略加以注释。

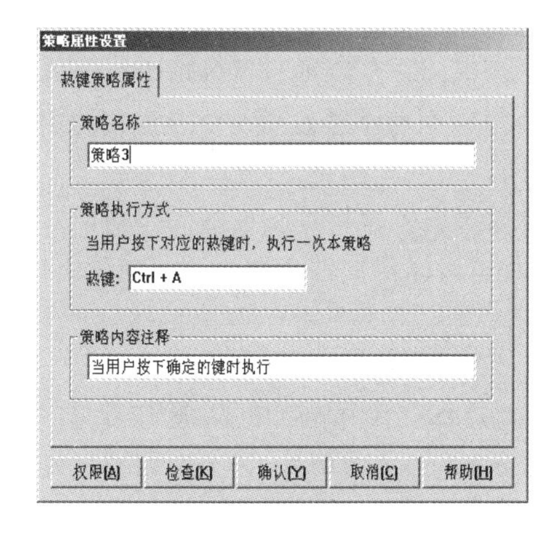

图 11-7　热键策略属性设置

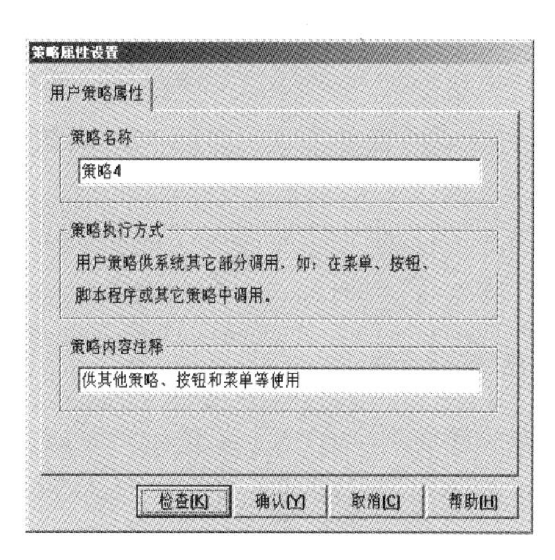

图 11-8　用户策略属性设置

8. 中断策略

中断策略是 MCGS 嵌入版中特有的运行策略，其主要功能是在用户设定的中断发生时，调用该策略以实现相应的操作。中断策略属性设置如图 11-9 所示，在“策略名称”栏中输入中断策略的名称，在“策略挂接中断号”栏中选择相应的中断号（1～15），“策略内容注释”栏用于对策略加以注释。

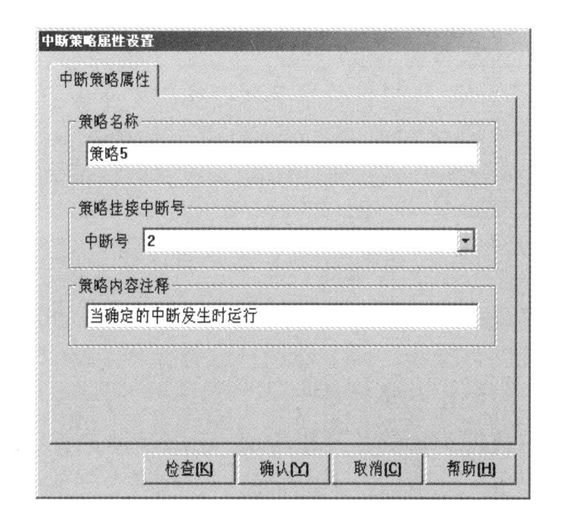

图 11-9　中断策略属性设置

11.2 策略构件

MCGS 嵌入版中的策略构件以功能模块的形式来完成对实时数据库的操作、用户窗口的控制等功能，它充分利用面向对象技术，把大量的复杂操作和处理封装在构件的内部，而提供给用户的只是构件的属性和方法，用户在策略构件的属性页中正确设置属性值和操作方法，就可满足大多数工程项目的需要。

在 MCGS 嵌入版运行策略组态环境中，一个策略构件就是一个完整的功能实体，用户要做的不是“搭制”，而是真正的组态，在构件属性对话框内，正确地设置各项内容（像填表一样），就可完成所需的工作。随着 MCGS 嵌入版的广泛应用和不断发展，功能强大的构件会不断地加入系统。

MCGS 嵌入版为用户提供了策略调用构件、数据对象操作构件、设备操作构件、退出策略构件、脚本程序构件、定时器构件、计数器构件及窗口操作构件 8 种最基本的策略构件。

1. 策略调用构件

策略调用构件用于调用其他用户策略，可以在执行第一个策略的同时调用第二个用户策略。它不能调用系统固有的策略（启动策略、退出策略、循环策略），也不能调用自己，或构成死循环，如策略 A 调用策略 B，策略 B 调用策略 C，而策略 C 又调用策略 A。

组态时，在策略工具箱中选中策略调用构件，将其放在策略行上，策略调用构件属性设置如图 11-10 所示，在“调用策略”栏中选择要调用策略的名称，“内容注释”栏用于对构件加以注释。

组态时，单击“检查”按钮，检查组态结果是否正确；单击“帮助”按钮，打开构件连接的帮助信息；单击“确认”按钮，保存组态结果后退出。如果组态结果不正确，将不会保存。单击“取消”按钮退出，不会保存组态结果。

2. 数据对象操作构件

数据对象操作构件在系统运行时能实时地对数据对象进行存盘、报警应答、报警限值的设定等操作。数据对象操作构件属性设置包括基本操作、扩充操作及报警限值操作。

基本操作主要进行数据值的读/写操作，在“对应数据对象的名称”栏中输入用户将要操作的数据对象；在“值操作”中选择值操作的方法，将数据输出或输入；“内容注释”是对该构件的描述，如图 11-11 所示。

扩充操作可以选择存盘操作和应答操作，其中，存盘操作需要先在实时数据库中设置对应数据对象的存盘属性，应答操作对应的数据对象必须具有允许报警处理的属性，如图 11-12 所示。对于组对象只能选择存盘操作，而不能选择应答操作。MCGS 嵌入版中，普通的数据对象没有存盘属性，只有组对象才有存盘属性。

报警限值操作可以获得数据对象的各项报警值，还可以设定各项报警值，如图 11-13 所示。界限值包括下下限值、下限值、上限值、上上限值、上偏差、下偏差、基准值。

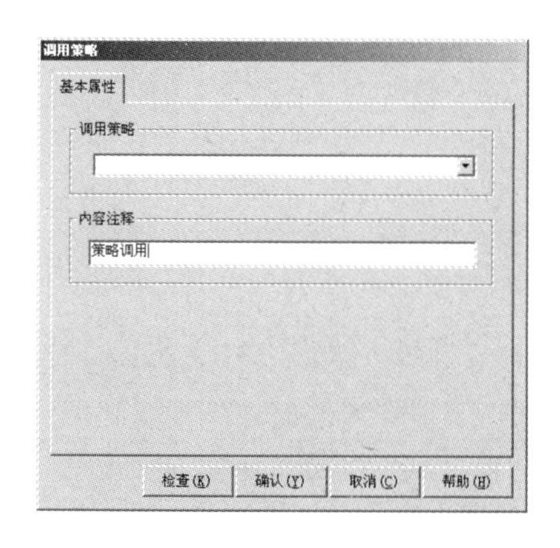

图 11-10 策略调用构件属性设置

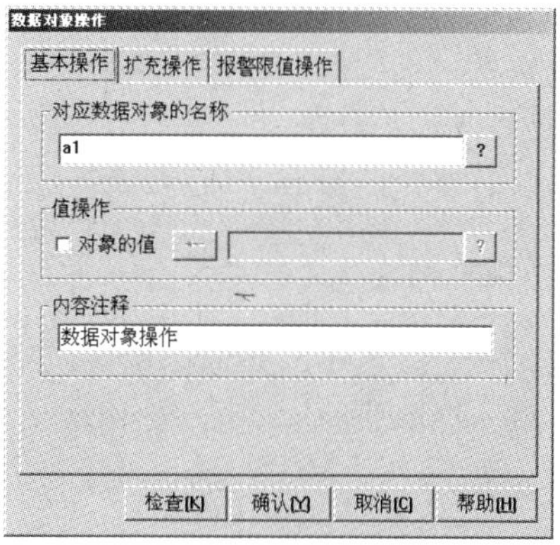

图 11-11 “基本操作”选项卡

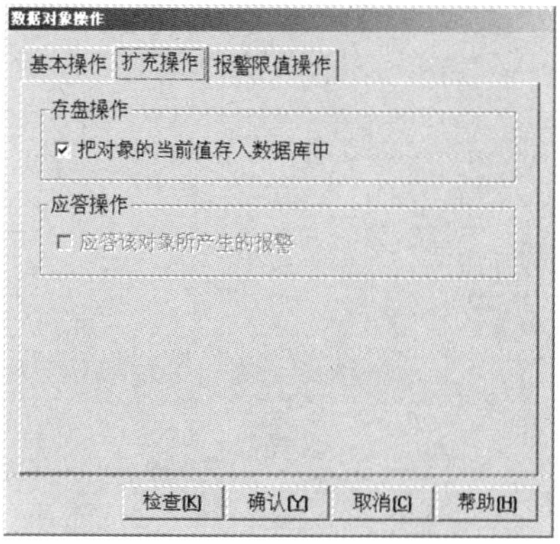

图 11-12 “扩充操作”选项卡

图 11-13 “报警限值操作”选项卡

3. 设备操作构件

设备操作构件用于对外部设备按一定的条件和顺序进行操作。

组态时，在“对应设备构件的名称”栏中输入所操作的设备名称，或从设备构件列表中选择；“内容注释”栏用于对构件进行描述，如图 11-14 所示。

操作方法包括以下几种。

1）启动设备工作

启动指定的设备开始工作，对输入设备来说即开始采集数据，对输出设备来说即开始输出数据。此操作只用来启动设备，实现实时数据库中数据的实时交换。

2）停止设备工作

停止设备的工作。

3）设置设备内部属性

设置设备的内部属性，此操作仅对有内部属性的设备有效，对模拟设备无效。

4）启动设备工作一次

启动设备采集数据一次，常用于根据某种条件进行数据采集的工业场合。

5）设置设备工作周期

设置设备的采集周期，以使设备按照采集周期来采集数据。

6）执行指定设备命令

使设备执行指定的命令，以完成特定的操作。

4. 退出策略构件

退出策略构件用来中断并退出所在策略当前的一次运行，如图 11-15 所示。注意，对于循环策略，它并不影响策略本身的多次循环。

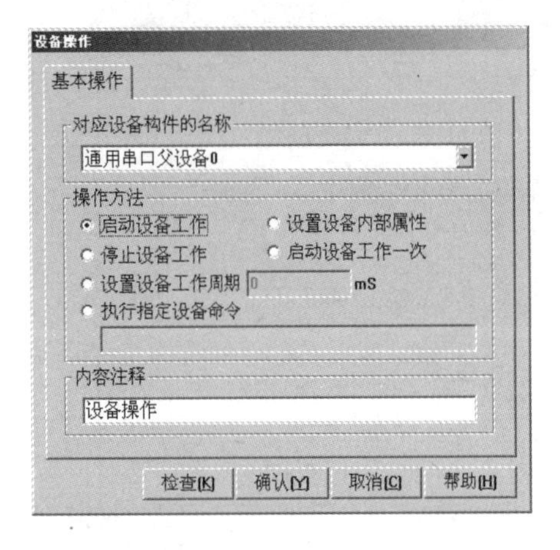

图 11-14 设备操作构件属性设置

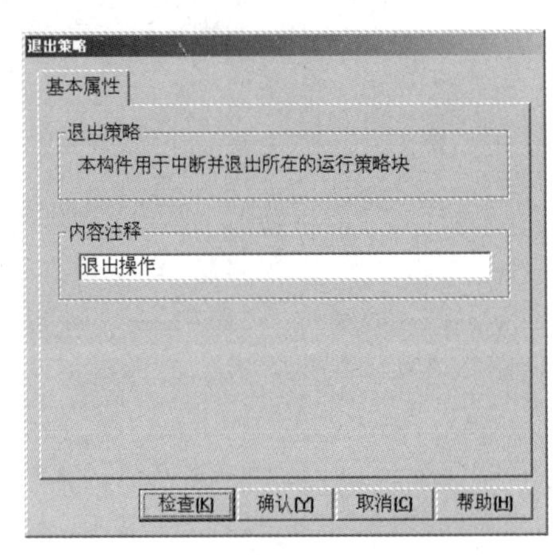

图 11-15 退出策略构件属性设置

5. 脚本程序构件

为了完成多种复杂的流程控制和操作，MCGS 嵌入版提供了一种类似于普通 BASIC 语言的编程环境，允许用户用语言的形式来编制用户流程和特殊的操作程序。MCGS 嵌入版把用户编制的程序作为脚本封装在构件内，作为运行策略的一部分。这样，即使脚本程序有误，也只是不能实现脚本程序本身所表述的功能，而不会对系统的其他部分产生影响，导致整个系统的可靠性下降。

6. 定时器构件

定时器构件以时间作为条件，当到达设定的时间时，构件的条件成立一次，否则不成立。定时器构件通常用于循环策略块的策略行中，作为循环执行功能构件的定时启动条件。定时器构件一般用于需要进行时间控制的功能部件，如定时存盘、定期打印报表、定时给操作员显示提示信息等。

定时器构件的属性设置如图 11-16 所示。

图 11-16 定时器构件的属性设置

1）设定值

设定值对应一个表达式，用表达式的值作为设定值。当前值大于或等于设定值时，本构件的条件一直满足。时间单位为秒（s），但可以设置成小数，以处理 ms 级的时间。如果设定值没有和数据对象建立连接或把设定值设为 0，则构件的条件永远不成立。

2）当前值

当前值和一个数值型的数据对象建立连接，每次运行到本构件时，把当前值赋给对应的数据对象，如果没有建立连接则不处理。

3）计时条件

计时条件对应一个表达式，当表达式的值非 0 时进行计时，为 0 时停止计时，如没有建立连接则认为计时条件永远成立。

4）复位条件

复位条件对应一个表达式，当表达式的值非 0 时，进行复位，使其从 0 开始计时；当表达式的值为 0 时，一直累计计时，到达最大值 65535 后，当前值一直保持该数，直到复位。如复位条件没有建立连接则计时到设定值、构件条件满足一次后，自动复位，重新开始计时。

5）计时状态

计时状态和开关型数据对象建立连接，把计时状态赋给数据对象。当前值小于设定值时，计时状态为 0；当前值大于或等于设定值时，计时状态为 1。

7. 计数器构件

计数器构件通常用于对指定的事件进行计数，当计数值达到设定值时，构件的条件成立一次，调用一次策略行中的策略功能构件，然后计数器清零，重新开始计数，直到下次到达设定值，再次满足条件，循环调用策略功能构件。

计数器构件的属性设置如图 11-17 所示。

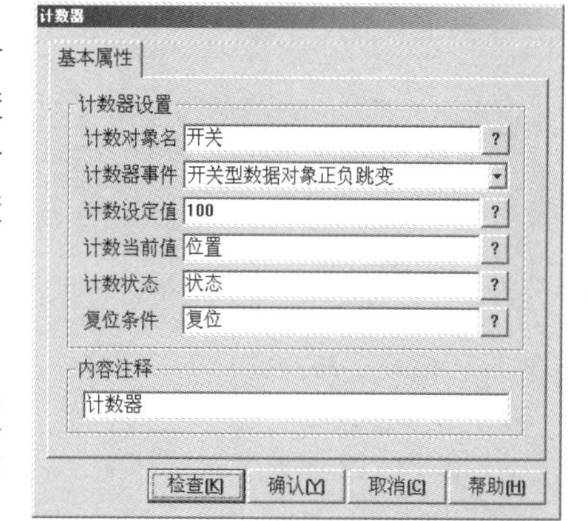

图 11-17 计数器构件的属性设置

1）计数对象名

它指定计数器作用的数据对象，数据对象为数值型、事件型或开关型，字符型数据对象和组对象不能作为计数对象。

2）计数器事件

它指定使计数器计数的事件，包括：数值型数据对象报警产生、事件型数据对象事件产生、开关型数据对象正跳变（从 0 变为 1 时产生）、开关型数据对象负跳变（从 1 变为 0 时产生）、开关型数据对象负正跳变（从 1 变为 0，再变为 1 时产生）、开关型数据对象正负跳变（从 0 变为 1，再变为 0 时产生）。

3）计数设定值

计数设定值对应一个表达式，用表达式的值作为计数器的设定值。计数器的当前值大于或等于设定值时，本构件的条件一直满足。设定值没有建立连接或把设定值设为 0，则构件的条件永远不成立。

4）计数当前值

计数当前值和一个数值型数据对象建立连接，每次运行到本构件时，把计数器的当前值赋给对应的数据对象。如没有建立连接则不处理。

5）复位条件

复位条件对应一个表达式，当表达式的值非 0 时，对计数器进行复位，使其从 0 开始重新计数；当表达式的值为 0 时，则计数器计数到设定值、构件条件满足一次后，自动复位，重新开始计数。如复位条件没有建立连接，则计数器一直累计计数，到达最大值 65535 后，计数器的当前值一直保持该数，直到复位。

6）计数状态

计数状态和开关型数据对象建立连接，把计数器的计数状态赋给数据对象。当前值小于设定值时，计数状态为 0；当前值大于或等于设定值时，计数状态为 1。

8. 窗口操作构件

窗口操作构件用于在运行策略中操作用户窗口，用户窗口的操作方法有五种，如图 11-18 所示。

图 11-18　用户窗口的操作方法

1）打开窗口

把指定的用户窗口，按指定的要求显示出来。如该用户窗口已处于显示状态，则该操作把窗口激活，使其处于同类窗口的最前面。

2）关闭窗口

关闭指定窗口，如果该窗口已经关闭，则操作无效。

3）隐藏窗口

隐藏指定的用户窗口。

4）打印窗口

打印指定的用户窗口。

5）退出

退出 MCGS 嵌入版运行环境，关闭操作系统或者重新启动操作系统。

11.3　组态运行策略

MCGS 嵌入版的运行策略在实现上充分利用了 Windows 95、Windows 98 和 Windows NT 的多任务能力，在系统的后台处理和实现所有的运行策略。运行策略中的每个策略块都是一个独立的实体，一个策略块对应一个线程，用相互独立的线程来管理和实现所有的策略块。

MCGS 嵌入版的策略块由若干策略行组成，策略行由条件部分和功能部分组成，策略行的条件部分设置策略构件的执行条件，策略行的功能部分为策略构件，每一策略行的策略构件只能有一个，当执行多个功能时，必须使用多个策略行。系统运行时，首先判断策略行的条件部分是否成立，如果成立，则对策略行的策略构件进行处理，否则不进行任何工作。策略块按照策略行的顺序，从上到下依次执行，类似于梯形图。

组态运行策略的步骤：

（1）创建策略块（搭建结构框架）；

（2）设置策略块属性（定义名称）；

（3）建立策略行（搭建构件框架）；

（4）配置策略构件（组态策略内容）；

（5）配置策略属性（设定条件和功能）。

11.3.1　创建策略块

在工作台的“运行策略”选项卡中，单击“新建策略”按钮，即可新建一个用户策略块（窗口中增加一个策略块图标），默认名称为“策略×”（×为区别各策略块的数字代码），在没有做任何组态配置之前，“运行策略”选项卡包括三个系统固有的策略块，新建的策略块只是一个空的结构框架，具体内容须由用户设置，如图 11-19 所示。

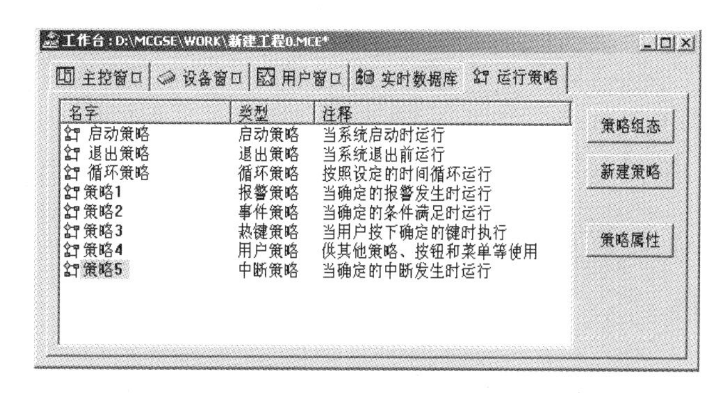

图 11-19　创建策略块

11.3.2　设置策略块属性

在工作台的“运行策略”选项卡中，选中指定的策略块，单击工具栏中的“属性”按钮，或执行“编辑”菜单中的“属性”命令，或右击并在弹出的快捷菜单中选择“属性”命令，或按快捷键 Alt+Enter，即可弹出策略块属性设置对话框。

11.3.3　建立策略行

在工作台的“运行策略”选项卡中，选中指定的策略块，单击“策略组态”按钮或双击选中的策略块图标，即可打开策略组态窗口。

在策略组态窗口中，单击工具栏中的“新增策略行”按钮，或执行“插入”菜单中的“策略行”命令，或右击并在弹出的快捷菜单中选择“新增策略行”命令，或按快捷键 Ctrl+I，即可在当前行（蓝色光标所在行）之前增加一个空的策略行，作为配置策略构件的框架。未建立策略行，不能进行构件的组态操作。

11.3.4　配置策略构件

在策略组态窗口中，单击工具栏中的“工具箱”按钮，或右击并在弹出的快捷菜单中选择“策略工具箱”命令，或者选择“查看”菜单中的“策略工具箱”命令，即可打开系统提供的策略工具箱。单击某一策略行右端的框图，该框图出现蓝色激活标志，双击策略工具箱对应的构件，则把该构件配置到策略行中；或者单击策略工具箱中的对应构件，把鼠标移到策略行右端的框图处，再单击，则把对应构件配置到策略行中的指定位置。

11.3.5 配置策略属性

配置策略属性包括设置策略条件属性和设置策略构件属性。

1. 设置策略条件属性

策略条件部分是运行策略用来控制运行流程的主要部件。在每一策略行内，只有当策略条件部分设定的条件成立时，系统才能对策略行中的策略构件进行操作。通过对策略条件部分的组态，用户可以控制在什么时候、什么条件下、什么状态下，对实时数据库进行操作，对报警事件进行实时处理，打开或关闭指定的用户窗口，完成对系统运行流程的精确控制。

用户在使用策略行时可以对策略行的条件进行设置（默认表达式的条件为真），如图 11-20 所示。在“表达式”栏中输入策略行条件表达式；“条件设置”栏用于设置策略行条件成立的方式，有“表达式的值非 0 时条件成立”“表达式的值为 0 时条件成立”“表达式的值产生正跳变时条件成立一次”及“表达式的值产生负跳变时条件成立一次”四种方式。

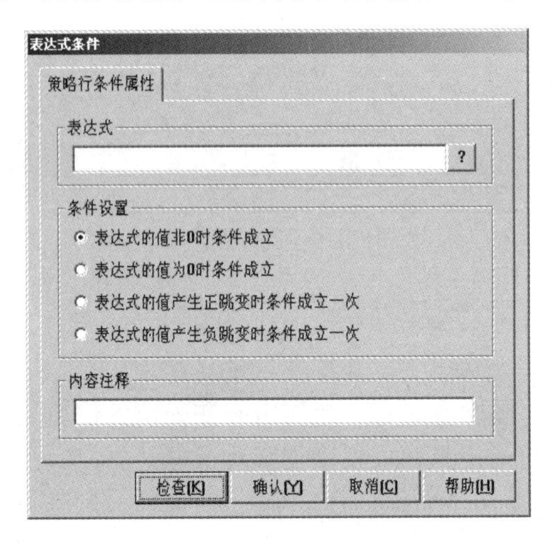

图 11-20 策略行条件属性设置

2. 设置策略构件属性

双击策略行中的策略构件，或者选中策略构件，单击工具栏中的“属性”按钮，或执行“编辑”菜单中的“属性”命令，或按快捷键 Alt+Enter，打开指定策略构件的属性对话框进行策略构件属性设置。

11.4 运行策略的应用

制作如图 11-21 所示策略应用画面，单击“启动”按钮，HL1 指示灯亮，延时 5 秒后 HL2

指示灯亮，这时单击两次“停止”按钮，指示灯 HL1 及 HL2 灭。

（1）新建一个窗口，制作两个指示灯，分别连接开关量 Y1 及 Y2，添加两个标签，文本内容分别为“HL1”及“HL2”。

（2）绘制两个标准按钮，文本分别为“启动”及“停止”，操作属性中“数据对象值操作”栏选择“按 1 松 0”，分别连接开关量 M1 及 M2。

（3）创建运行策略，如图 11-22 所示。

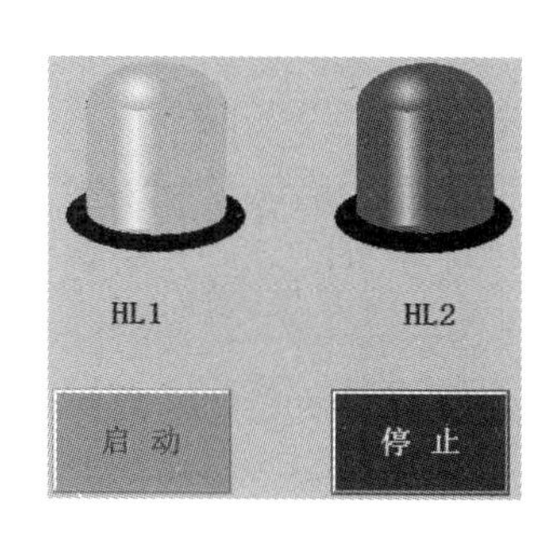

图 11-21 策略应用画面

按照设定的时间循环运行

脚本程序

定时器

脚本程序

脚本程序

计数器

脚本程序

图 11-22 创建运行策略

（4）在第一行运行策略的脚本程序构件中编写程序：

```
IF m1=1 THEN
y1=1
a1=5
m11=1
ENDIF
```

（5）定时器设置如图 11-23 所示。

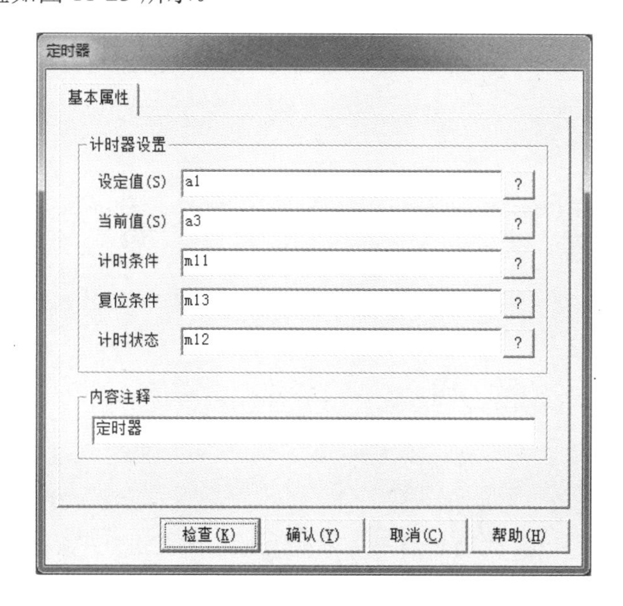

图 11-23 定时器设置

（6）在第三行运行策略的脚本程序构件中编写程序：

```
IF m12=1 THEN
y2=1
m3=1
m11=0
m13=1
ELSE
m13=0
ENDIF
```

（7）在第四行运行策略的脚本程序构件中编写程序：

```
IF m3=1 THEN
a2=2
m3=0
ENDIF
```

（8）计数器设置如图 11-24 所示。

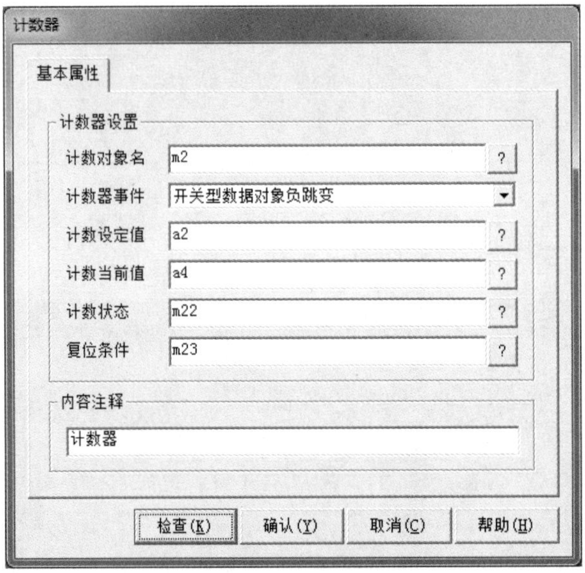

图 11-24　计数器设置

（9）在第六行运行策略的脚本程序构件中编写程序：

```
IF m22=1 THEN
y1=0
y2=0
ENDIF
IF y1 AND y2 THEN
```

```
m23=0
ELSE
m23=1
ENDIF
```

策略行的策略条件对定时器及计数器构件无效，尽可能将定时器及计数器构件放置在同一策略块中。

第12章 脚本程序

脚本程序是组态软件中的一种内置编程语言引擎。当某些控制和计算任务通过常规组态方法难以实现时，可通过使用脚本程序，增强整个系统的灵活性，解决其常规组态方法难以解决的问题。

MCGS 嵌入版脚本程序为有效地编制各种特定的流程控制程序和操作处理程序提供了方便的途径。它被封装在一个功能构件里（称为脚本程序功能构件），在后台由独立的线程来运行和处理，能够避免由于单个脚本程序的错误而导致整个系统瘫痪。

在 MCGS 嵌入版中，脚本程序是一种语法上类似 BASIC 的编程语言。可以应用在运行策略中，把整个脚本程序作为一个策略块执行，也可以在动画界面的事件中执行。

12.1 脚本程序的编辑环境

脚本程序编辑环境是用户书写脚本程序的地方。脚本程序编辑环境主要由脚本程序编辑框、功能按钮、操作对象及函数列表、脚本语句和表达式构成，如图 12-1 所示。

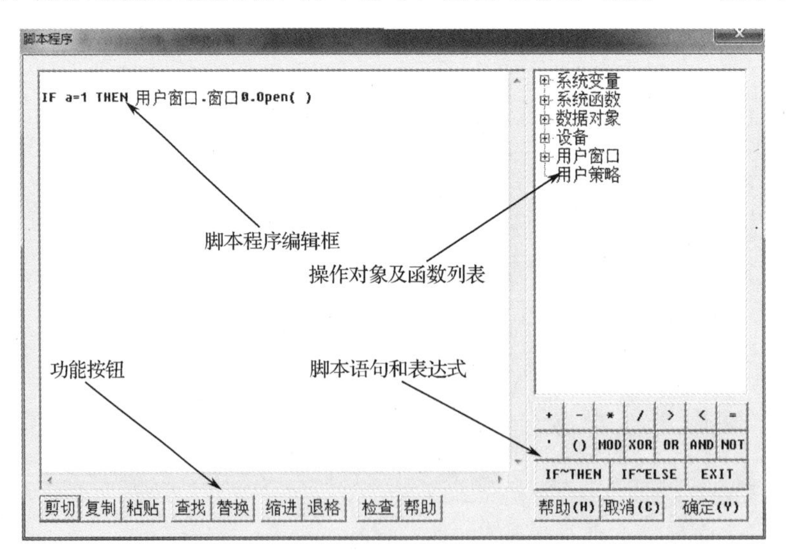

图 12-1　脚本程序编辑环境

脚本程序编辑框用于书写脚本程序和脚本注释，用户必须遵照 MCGS 嵌入版规定的语法结构和书写规范来书写脚本程序，否则语法检查不能通过。

功能按钮提供了文本编辑的基本操作，用户使用这些按钮可以提高编辑速度。比如，在脚本程序编辑框中选定一个函数，然后单击“帮助”按钮，MCGS 嵌入版将自动打开关于这个函数的在线帮助；如果函数名称拼写错误，MCGS 嵌入版将列出与所提供的名称最接近函数的在线帮助。

脚本语句和表达式列出了 MCGS 嵌入版使用的三种语句的书写形式和 MCGS 嵌入版允许的表达式类型。单击要选用的语句和表达式符号按钮，可在光标所在的位置填上语句或表达式的标准格式。比如，单击“IF～THEN”按钮，MCGS 嵌入版将自动提供一个 If-Then 结构，并把输入光标停到合适的位置上。

操作对象及函数列表以树结构的形式列出了工程中所有的窗口、策略、设备、变量、系统支持的各种方法、属性及各种函数，以供用户快速查找和使用。比如，在用户窗口树中，选定一个窗口“窗口 0”，打开窗口 0 下的“方法”，双击 Open 函数，则 MCGS 嵌入版自动在脚本程序编辑框中添加一行语句“用户窗口.窗口 0.Open()”，通过这行语句，就可以完成窗口打开的工作。

12.2 脚本程序的语言要素

12.2.1 数据类型

在 MCGS 嵌入版中，脚本程序使用的语言非常类似普通的 BASIC 语言，脚本程序使用的数据类型有三种。

1. 开关型

表示开或者关的数据类型，通常 0 表示关，非 0 表示开，也可以作为整数使用。

2. 数值型

其值在 3.4E±38 范围内。

3. 字符型

最多由 512 个字符组成的字符串。

12.2.2 变量、常量及系统函数

1. 变量

脚本程序中，用户不能定义子程序和子函数，其中数据对象可以看成脚本程序中的全局变量，在所有的程序段共用。可以用数据对象的名称来读/写数据对象的值，也可以对数据对象的属性进行操作。

开关型、数值型、字符型数据对象分别对应脚本程序中的三种数据类型。在脚本程序中不能对组对象和事件型数据对象进行读/写操作，但可以对组对象进行存盘处理。

2. 常量

1）开关型常量
0或非0的整数，通常0表示关，非0表示开。
2）数值型常量
带小数点或不带小数点的数值，如12.45, 100。
3）字符型常量
双引号内的字符串，如"OK"和"正常"。

3. 系统变量

MCGS 嵌入版系统定义的内部数据对象作为系统内部变量，在脚本程序中可自由使用。在使用系统变量时，变量的前面必须加“$”符号，如$Date。

4. 系统函数

它是MCGS嵌入版系统定义的内部函数，在脚本程序中可自由使用。在使用系统函数时，函数的前面必须加“!”符号，如!abs()。

12.2.3 MCGS嵌入版对象

MCGS 嵌入版的对象形成一个对象树，MCGS 嵌入版对象的属性就是系统变量，MCGS 嵌入版对象的方法就是系统函数。MCGS嵌入版对象下面有“用户窗口”“设备”“数据对象”等子对象。“用户窗口”以各个用户窗口作为子对象，每个用户窗口对象以这个窗口里的构件作为子对象。

使用对象的方法和属性，必须先引用对象，然后使用点操作来调用这个对象的方法或属性。为了引用一个对象，需要从对象根部开始引用，这里的对象根部是指可以公开使用的对象，用户窗口、设备和数据对象都是公开对象。因此，语句InputETime=$Time是正确的，而语句InputETime=MCGS.$Time也是正确的；调用函数!Beep()时，也可以采用MCGS.!Beep()的形式；可以使用窗口0.Open()，也可以使用MCGS.用户窗口.窗口0.Open()，还可以使用用户窗口.窗口0.Open()。如果要使用控件，就不能只写控件0.Left，必须写窗口0.控件0.Left，或者用户窗口.窗口0.控件0.Left。在对象列表框中，双击需要的方法和属性，MCGS将自动生成最小可能的表达式。

12.2.4 事件

MCGS嵌入版引入的事件驱动机制，与VB或VC中的事件驱动机制类似，比如对用户窗口，有装载、卸载事件；对窗口中的控件，有鼠标单击事件、键盘按键事件等。这些事件发生时，就会触发一个脚本程序，执行脚本程序中的操作。

12.2.5 表达式

由数据对象（包括实时数据库中定义的数据对象、系统内部数据对象和系统函数）、括号和各种运算符组成的运算式称为表达式，表达式的计算结果称为表达式的值。

当表达式中包含逻辑运算符或比较运算符时，表达式的值只可能为0（条件不成立，假）或非0（条件成立，真），这类表达式称为逻辑表达式；当表达式中只包含算术运算符，表达式的运算结果为具体的数值时，这类表达式称为算术表达式；常量或数据对象是狭义的表达式，这些单个量的值即表达式的值。表达式值的类型即表达式的类型，必须是开关型、数值型、字符型三种类型中的一种。

表达式是构成脚本程序的最基本元素，在MCGS嵌入版的组态过程中，也常常需要通过表达式来建立实时数据库对象与其他对象的连接关系，正确输入和构造表达式是使用MCGS嵌入版的一项重要工作。

12.2.6 运算符

1. 算术运算符

∧　乘方
*　乘法
/　除法
\　整除
+　加法
-　减法
Mod　取模运算

2. 逻辑运算符

AND　逻辑与
NOT　逻辑非
OR　逻辑或
XOR　逻辑异或

3. 比较运算符

>　大于
>=　大于或等于
=　等于（字符串比较需要使用字符串函数!StrCmp，不能直接使用等于运算符）
<=　小于或等于
<　小于
<>　不等于

4. 运算符优先级

各个运算符按照优先级从高到低的顺序排列如下。

（1）( )
（2）∧
（3）*，/，\，Mod

（4）+，-

（5）<，>，<=，>=，=，<>

（6）NOT

（7）AND，OR，XOR

12.2.7　基本辅助函数

作为脚本程序的一部分，MCGS 嵌入版提供了几组基本辅助函数，这些函数不是作为组态软件的功能提供的，而是为了完成脚本程序的功能提供的。这些函数包括位操作函数、数学函数、字符串函数及时间函数。

位操作函数提供了对数值型数据中的位进行操作的功能，可以用开关型变量来提供这里的数值型数据。在脚本程序编辑器里，位操作函数都列在数学函数中，包括按位与（!BitAnd）、按位或（!BitOr）、按位异或（!BitXor）、按位取反（!BitNot）、清除数据中的某一位或把某一位置 0（!BitClear）、设置数据中的某一位或把某一位置 1（!BitSet）、检查数据中的某一位是否为 1（!BitTest）、左移和右移（!BitLShift 和!BitRShift）。

数学函数提供了常见的数学操作，包括开方、随机数生成及三角函数等。

字符串函数提供了与字符串相关的操作，包括字符串比较、截取、搜索及格式化等。

时间函数提供了和时间计算相关的函数。时间可以以一个字符串的形式表示，但是，为了方便进行时间计算，在 MCGS 嵌入版中，使用了一种内部格式来保存时间的值，这种内部格式的时间值可以保存在一个开关型变量中。同时，可以使用函数!TimeStr2I 和!TimeI2Str 来完成字符串形式时间量和内部格式时间量的转换，如 A1=!TimeStr2I("2001-3-2 12:23:23")，这里 A1 是一个开关型数据对象，获得了一个内部格式的时间量，而用 InputETime=!TimeI2Str(A1,"%Y-%m-%d　%H:%M:%S")又可以把保存在 A1 中的内部格式的时间量转换为字符串形式。当时间量转换为内部格式后，就可以进行时间量的运算了。运算完毕，再转换为字符串形式的时间量，以便输出和使用。

12.2.8　功能函数

为了提供辅助的系统功能，MCGS 嵌入版提供了功能函数。功能函数主要包括运行环境函数、数据对象函数、系统函数、用户登录函数、定时器操作函数、文件操作函数及配方操作函数等。

12.3　脚本程序的基本语句

MCGS 嵌入版脚本程序为了实现某些多分支流程的控制及操作处理，提供了赋值语句、条件语句、退出语句和注释语句；同时，为了提供一些高级的循环和遍历功能，还提供了循环语句。所有的脚本程序都可由这五种语句组成，当需要在一个程序行中包含多条语句时，各条语句之间须用“:”分开，程序行也可以是没有任何语句的空行。大多数情况下，一个程序行只包含一条语句，赋值程序行中根据需要可在一行上放置多条语句。

1. 赋值语句

赋值语句的形式为：数据对象=表达式。赋值号用“=”表示，它的具体含义是：把“=”右边表达式的运算值赋给左边的数据对象。赋值号左边必须是能够读/写的数据对象（开关型数据对象、数值型数据对象及能进行写操作的内部数据对象，而组对象、事件型数据对象、只读的内部数据对象、系统函数及常量均不能出现在赋值号的左边，因为不能对这些对象进行写操作）。赋值号的右边为一表达式，表达式的类型必须与左边数据对象值的类型相匹配，否则系统会提示“赋值语句类型不匹配”的错误信息。

2. 条件语句

条件语句有如下三种形式：

```
If 〖表达式〗 Then 〖赋值语句或退出语句〗

If 〖表达式〗 Then
〖语句〗
EndIf

If 〖表达式〗Then
〖语句〗
Else
〖语句〗
EndIf
```

条件语句中的四个关键字“If”“Then”“Else”“EndIf”不分大小写。如拼写不正确，检查程序会提示出错信息。

条件语句允许多级嵌套，即条件语句中可以包含新的条件语句，MCGS 脚本程序的条件语句最多可以有 8 级嵌套，这为编制多分支流程的控制程序提供了方便。

If 语句的表达式一般为逻辑表达式，也可以是值为数值型的表达式，但不可以是值为字符型的表达式，当表达式的值非 0 时，条件成立，执行 Then 后的语句；否则，条件不成立，将不执行该条件块中包含的语句，而是开始执行该条件块后面的语句。

3. 循环语句

循环语句为 While 和 EndWhile，其结构如下：

```
While 〖条件表达式〗
…
EndWhile
```

循环语句是自循环，和设置的循环时间无关，当条件表达式成立时（非 0），循环执行 While 和 EndWhile 之间的语句，直到条件表达式不成立（为 0）而退出。

4. 退出语句

退出语句为Exit，用于中断脚本程序的运行，停止执行其后面的语句。一般在条件语句中使用退出语句，以便在某种条件下，停止并退出脚本程序的执行。

5. 注释语句

以单引号“'”开头的语句称为注释语句，注释语句在脚本程序中只起到注释说明的作用，实际运行时，系统不对注释语句做任何处理。

12.4 脚本程序的查错和运行

脚本程序编制完成后，系统首先对程序代码进行检查，以确认脚本程序的编写是否正确。在检查过程中，如果发现脚本程序有错误，则会返回相应的信息，以提示可能的出错原因，帮助用户查找和排除错误。用户根据系统提供的错误信息，做出相应的改正，通过系统检查，就可以在运行环境中运行程序，达到简化组态过程、优化控制流程的目的。

12.5 脚本程序的应用

PID（比例-积分-微分）控制器简单易懂，使用中不需要精确的系统模型等先决条件，因而成为应用最广泛的控制器，可以通过 MCGS 嵌入版的脚本程序构件实现 PID 控制算法。

（1）在循环策略块中创建一个策略行，设置循环策略的定时时间为 1 秒，策略行的条件部分控制该算法是否启动，策略行的功能部分用于放置脚本程序构件。

（2）定义数据对象，见表 12-1。

表 12-1　PID 控制算法定义的数据对象

对象名称	类　型	初始值	注　释
ADdat0	数值型	0	和模拟量输入通道建立连接
DAdat0	数值型	0	和模拟量输出通道建立连接
SetV	数值型	100	控制设定值
Tempdx	数值型	0	用于存储临时数据
Tempdx1	数值型	0	用于存储临时数据
Tempdx2	数值型	0	用于存储临时数据
Pdat	数值型	100	PID 算法中的参数 P
Idat	数值型	20	PID 算法中的参数 I
Ddat	数值型	20	PID 算法中的参数 D

在设备窗口中加入相应的设备构件，将 ADdat0 数据对象和设备的模拟量输入通道建立连接，将 DAdat0 数据对象和设备的模拟量输出通道建立连接。

（3）在策略行的脚本程序构件中编制脚本程序：

```
Tempdx = SetV - ADdat0
Tempdx2 = Tempdx2 + Tempdx
IF Idat <> 0 THEN
   DAdat0 = Pdat * (Tempdx + Tempdx2 / Idat + Ddat * (Tempdx - Tempdx1))
ELSE
   DAdat0 = Pdat * (Tempdx + Ddat * (Tempdx - Tempdx1))
END IF
Tempdx1 = Tempdx
```

应用系统运行时，每隔 1 秒，执行一次上面的脚本程序，从而进行一次 PID 调节。在脚本程序中，由设定值和采集进来的实际值计算输出值，而采集和输出的操作，由系统指挥设备构件来完成。

第13章

数据处理

在现代化的工业生产现场，由于大量使用各种类型的监控设备，通常会产生大量的生产数据。这就要求构成监控系统核心的组态软件具备强大的数据处理能力，从而有效、合理地将这些生产数据加以处理，一方面，为现场操作员提供实时、可靠的图像、曲线等，以反映现场运行状况，并方便其进行相应的控制操作；另一方面，为企业的管理人员提供各种类型的数据报表，从而为企业管理提供切实可靠的第一手资料。

MCGS 嵌入版组态软件提供了强大的数据处理功能。按照数据处理的时间先后顺序，MCGS 嵌入版组态软件将数据处理过程分为数据前处理、实时数据处理及数据后处理三个阶段，以满足各种类型的需要，如图 13-1 所示。

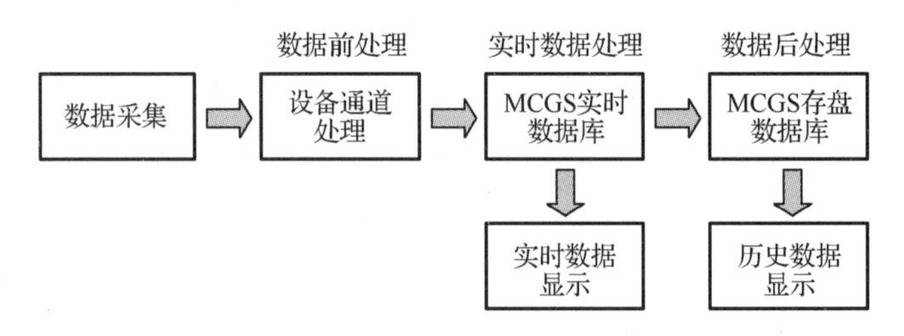

图 13-1　数据处理过程

数据前处理是指数据由硬件设备采集到计算机中，但还没有被送入实时数据库的数据处理，数据前处理集中体现为各种类型的设备通道处理。实时数据处理是指在 MCGS 嵌入版组态软件中对实时数据库中变量的值进行的操作，主要在用户脚本程序和运行策略中完成。数据后处理则是对历史存盘数据进行处理，MCGS 嵌入版组态软件的存盘数据库是原始数据的集合，数据后处理就是对这些原始数据进行查询等操作，以便从中提炼出对用户有用的数据和信息，然后，利用 MCGS 嵌入版组态软件提供的曲线、报表等机制将数据形象地显示出来。

13.1　实时数据存储

1. 数据存储方式

在工程应用中，常常需要把采集的数据存储到历史数据库中，以便日后查询和生成报表。MCGS 嵌入版把实时数据的存储作为数据对象的属性，封装在数据对象内部，由实时数据库完成存储操作。

实时数据的存储有定时存储和在脚本程序中按特定条件控制存储两种形式。组对象采用定时存储方式，按照设定的时间周期，定时存储所有成员在同一时刻的值。在脚本程序中利用数据对象操作函数的存盘操作功能，可在运行过程中向实时数据库发出信息，通知实时数据库对指定组对象的值进行存储处理。用户可通过脚本程序的组态配置来实现各种自动、手动或由条件控制的存盘功能。

当磁盘空间达到最小预留空间时，系统会依据只删除运行工程的存盘数据及按照各组对象存盘文件 10%大小比例删除数据两个原则自动删除存盘数据。

2. 存盘数据库类型

MCGS 嵌入版使用了灵活的文件系统来存储和管理数据。其中，组态配置数据和报警数据存储在 MCGSE.DAT 这一大小固定的文件中，运行过程中，组态配置数据不会改变，只有当报警存盘数据达到上限后，MCGS 嵌入版才会自动覆盖前面的数据。组对象存盘数据由多个二进制文件组成，文件的大小可以在组态的系统存盘参数中定义，以方便用户维护（包括复制、转移、查询等）。

13.2 数据后处理

MCGS 嵌入版组态软件中的数据后处理，其本质上是对 MCGS 历史存盘数据库的处理，MCGS 嵌入版组态软件提供的历史曲线、历史表格、存盘数据浏览等构件，可用来提炼和形象地显示或打印历史数据。

1. 历史曲线

MCGS 嵌入版历史曲线构件（工具箱中图标）用于实现历史数据的曲线浏览功能。运行时，历史曲线构件可以根据指定的历史数据源，将一段时间内的数据以曲线的形式显示或打印出来，还可以自由地向前、向后翻页或者对曲线进行缩放等。

2. 历史表格

MCGS 嵌入版历史表格构件（工具箱中图标）为用户提供了强大的数据报表功能。使用 MCGS 历史表格，可以显示静态数据、实时数据库中的动态数据、历史数据库中的历史记录以及它们的统计结果，可以方便、快捷地完成各种报表的显示和打印功能；在历史表格构件中内建了数据库查询功能和数据统计功能，可以很轻松地完成各种数据查询和统计任务；同时，历史表格具有数据修改功能，可以使报表制作得更加完美。

3. 存盘数据浏览

MCGS 嵌入版存盘数据浏览构件（工具箱中图标）可以按照指定的时间和数值条件，将满足条件的数据显示在报表中，从而快速地实现简单报表的功能。

13.3 数据前处理的应用

1. 多项式应用

要求通过数据前处理使连接数据对象 D2 的通道输出值为 5D2+D1。

（1）定义数值型数据对象 D1 及 D2。

（2）在设备编辑窗口中单击“增加设备通道”按钮，弹出“添加设备通道”对话框，选择通道类型“D 数据寄存器”，通道地址设置为“0”，通道个数设置为“2”，读/写方式选择“读写”，最后单击“确认”按钮。

（3）选中新增加的两个数据寄存器通道，单击“快速连接变量”按钮，弹出“快速连接”窗口，数据对象设置为“D1”，通道个数设置为“2”，最后单击“确认”按钮。

（4）选中连接数据对象 D2 的通道，单击“通道处理设置”按钮，弹出“设置多项式处理参数”对话框，如图 13-2 所示，选择多项式处理方法，最后单击“确认”按钮。

设置多项式处理参数

参数项	参数值	乘除关系
K0	! 1	*
K1	5	*
K2	0	*
K3	0	*
K4	0	*
K5	0	*

确认 取消

用“!”开头来表示指定通道的值

图 13-2 “设置多项式处理参数”对话框

2. 工程转换应用

数据对象 D1 的数值范围为 0～1，要求通过数据前处理，能够以百分数形式进行显示。

（1）定义数值型数据对象 D1。

（2）在设备编辑窗口中单击“增加设备通道”按钮，弹出“添加设备通道”对话框，选择通道类型“D 数据寄存器”，通道地址设置为“0”，通道个数设置为“1”，读/写方式选择“读写”，最后单击“确认”按钮。

（3）选中新增加的数据寄存器通道并右击，弹出“变量选择”窗口，双击数据对象 D1。

（4）选中连接数据对象 D1 的通道，单击“通道处理设置”按钮，弹出“工程量转换”对话框，如图 13-3 所示，选择工程量转换处理方法，最后单击“确认”按钮。

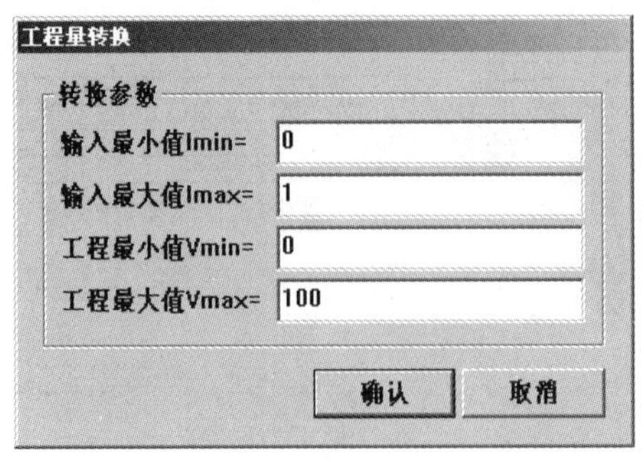

图 13-3 “工程量转换”对话框

（5）新建一个窗口，添加一个标签，双击标签构件，弹出“标签动画组态属性设置”对话框，选择“显示输出”选项卡，设置如图 13-4 所示，最后单击“确认”按钮。

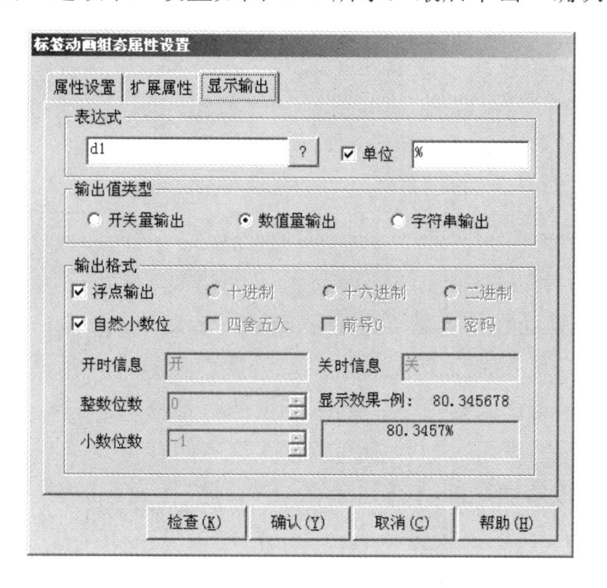

图 13-4 “显示输出”选项卡

第14章

报警处理

MCGS 嵌入版把报警处理作为数据对象的属性封装在数据对象内，由实时数据库在运行时自动处理。当数据对象的值或状态发生改变时，实时数据库判断对应的数据对象是否发生了报警或已产生的报警是否已经结束，并把所产生的报警信息通知给系统的其他部分；同时，实时数据库根据用户的组态设定，把报警信息存入指定的存盘数据库文件中。

实时数据库只负责报警的判断、通知和存储三项工作，而报警产生后所要进行的其他处理（即对报警动作的响应），则需要设计者在组态时制定方案，如希望在报警产生时，打开一个指定的用户窗口，或者显示和该报警相关的信息等。

14.1 定义报警

在处理报警之前必须先定义报警，报警的定义在数据对象的报警属性中设置。首先要选中“允许进行报警处理”复选框，使实时数据库能对该对象进行报警处理；其次要正确设置报警限值或报警状态。数值型数据对象有下下限、下限、上限、上上限、上偏差、下偏差六种报警类型。组对象不能设置报警属性，但对组对象所包含的成员可以单独设置报警属性，组对象一般可用来对报警进行分类，以方便系统其他部分对同类报警进行处理。

开关型数据对象有四种报警方式：开关量报警、开关量跳变报警、开关量正跳变报警和开关量负跳变报警。采用开关量报警时可以选择是开（值为 1）报警，还是关（值为 0）报警，当一种状态为报警状态时，另一种状态就为正常状态，当保持报警状态不变时，只产生一次报警；开关量跳变报警是指在开关量跳变（值从 0 变为 1 和值从 1 变为 0）时报警，开关量跳变报警也叫开关量变位报警，即在正跳变和负跳变时都产生报警；开关量正跳变报警只在开关量正跳变时发生；开关量负跳变报警只在开关量负跳变时发生。这四种报警方式可满足不同的应用需求，用户在使用时可以根据不同的需求选择一种或多种报警方式。

报警属性设置中，可以设置报警优先级，当多个报警同时产生时，系统优先处理优先级高的报警。当报警信息产生时，还可以设置报警信息是否自动存盘，如图 14-1 所示，这种设置需要在数据对象的存盘属性中完成。

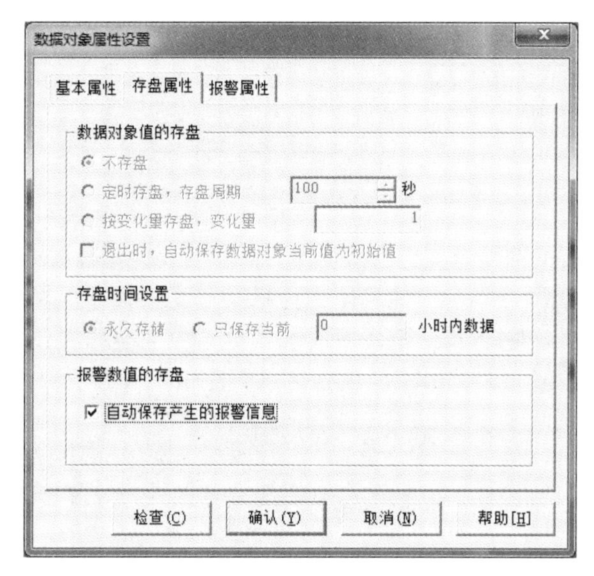

图 14-1 报警信息存盘的设置

14.2 报警响应

报警的产生、通知和存储由实时数据库自动完成，对报警动作的响应由设计者根据需要在报警策略中组态完成。

14.3 报警应答

报警应答的作用是告诉系统，操作员已经知道对应数据对象的报警产生，并做了相应的处理；同时，MCGS 嵌入版将自动记录应答的时间（要选中数据对象的“自动保存产生的报警信息”复选框才有效）。报警应答可在数据对象策略构件中实现，也可以在脚本程序中使用系统内部函数!AnswerAlm()来实现。在实际应用中，对重要的报警事件都要由操作员进行应急处理，报警应答机制能记录报警产生的时间和应答报警的时间，为事后进行事故分析提供实际数据。

14.4 显示报警信息

在用户窗口中放置报警相关动画构件，并对其进行组态配置，运行时可实现对指定数据对象报警信息的显示。

1. 报警显示构件

报警显示构件可实现对指定数据对象报警信息的实时显示，报警显示构件显示的信息如图 14-2 所示。组态时，在用户窗口中双击报警显示构件可将其激活，进入该构件的编辑状态。在编辑状态下，用户可以用鼠标自由改变各显示列的宽度，对不需要显示的信息，将其列宽设置为 0 即可。

时间	对象名	报警类型	报警事件	当前值	界限值
05-09 15:18:56	Data0	上限报警	报警产生	120.0	100.0
05-09 15:18:56	Data0	上限报警	报警结束	120.0	100.0
05-09 15:18:56	Data0	上限报警	报警应答	120.0	100.0

图 14-2　报警显示构件显示的信息

在编辑状态下，双击报警显示构件，将弹出“报警显示构件属性设置”对话框，如图 14-3 所示。一般情况下，一个报警显示构件只用来显示某一类报警产生时的信息。定义一个组对象，其成员为所有相关的数据对象，把“对应的数据对象的名称”设置成该组对象的名称，则运行时，组对象包括的所有数据对象的报警信息都在该报警显示构件中显示。

图 14-3　“报警显示构件属性设置”对话框

2. 报警浏览构件

日期	时间	对象名	当前值	报警描述

图 14-4　报警浏览构件显示的信息

报警浏览构件可实现对指定数据对象报警信息的实时显示或者历史记录显示，报警浏览构件显示的信息如图 14-4 所示。组态时，在用户窗口中双击报警浏览构件进入“报警浏览构件属性设置”对话框。

1）基本属性

“显示模式”中可以选择“实时报警数据”，也可以选择“历史报警数据”。选择“实时报警数据”，可以设置关联单个数据对象或组对象，下面的文本框为空时，表示关联所有数据对象的报警信息，运行时，设置关联的数据对象的报警信息会显示在此构件中。选择“历史报警数据”，可选择“最近一天”“最近一周”“最近一月”“全部”及“自定义”，如图 14-5 所示。

2）显示格式

“显示格式”选项卡用来设置显示的列内容，以及各列外观和格式，如图 14-6 所示。

3）字体和颜色

“字体和颜色”选项卡用于设置标题和报警内容的字体和颜色，还可设置报警内容输出及错误信息输出，如图 14-7 所示。在运行环境下，当焦点移动到报警浏览构件的某一行报警信息的任意位置时，该报警信息的报警变量名及报警注释内容会自动赋值到所关联的变量中，可以在组态下利用标签等显示构件显示该变量内容。如果设置有误，其错误提示信息会自动赋值到所关联的变量，可以在组态下利用标签等显示构件显示该变量内容。

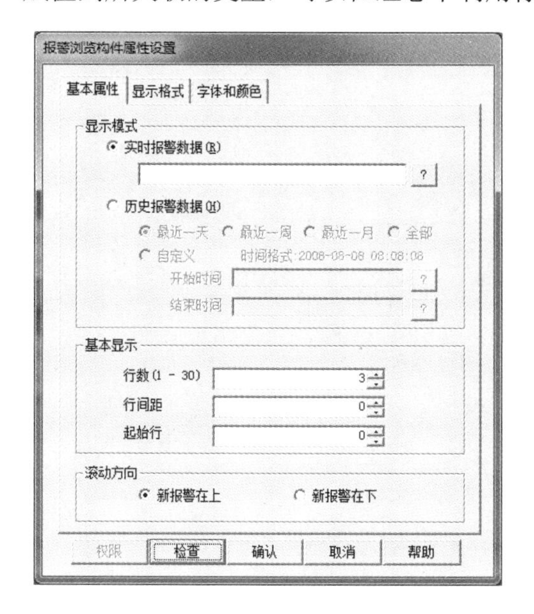

图 14-5 “基本属性”选项卡

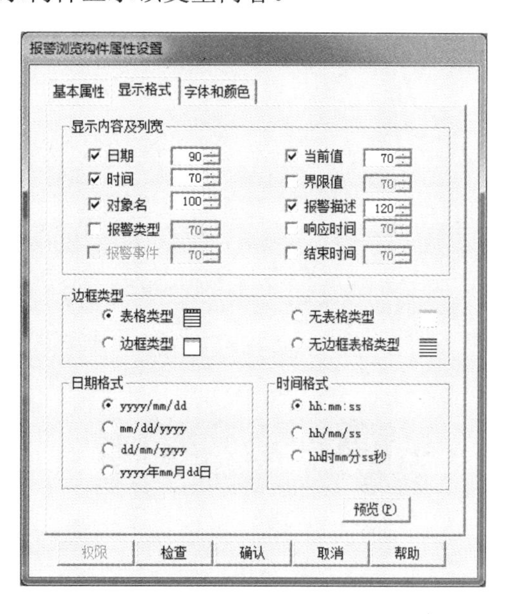

图 14-6 “显示格式”选项卡

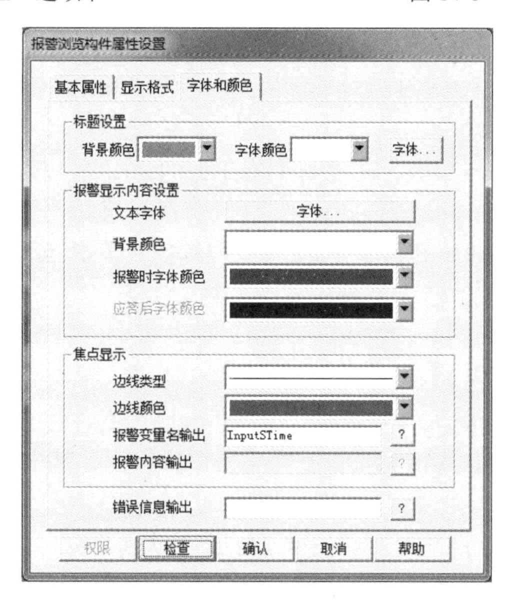

图 14-7 “字体和颜色”选项卡

3. 走马灯报警构件

走马灯报警构件用于滚动显示报警注释信息，如图 14-8 所示。组态时，在用户窗口中双击走马灯报警构件进入该构件的属性设置对话框，可设置关联单个数据对象或组对象，当“显示报警对象”栏为空时，显示所有对象的报警注释信息，还可以设置构件字体颜色及信息滚动速度等属性，如图 14-9 所示。

报警滚动条

图 14-8　走马灯报警构件

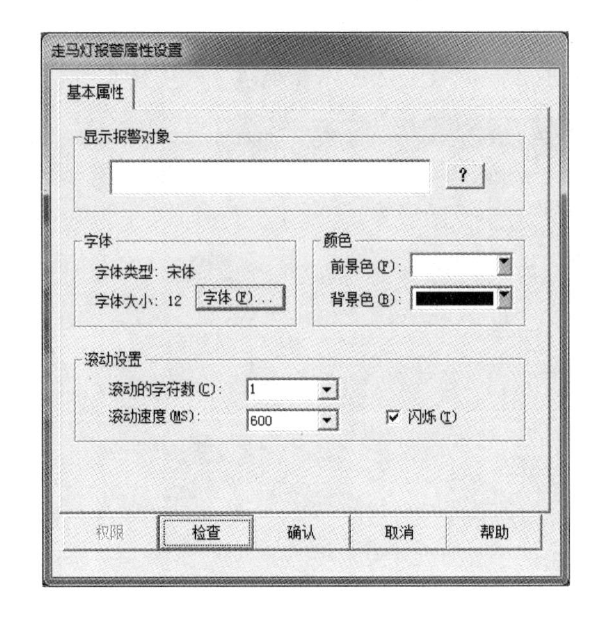

图 14-9　“走马灯报警属性设置”对话框

14.5　报警操作函数

MCGS 报警操作函数是 MCGS 报警功能的扩展，用户利用报警操作函数可以更加方便、快捷地完成各种报警需要的功能。

（1）!AnswerAlm(DataName)：应答数据对象 DataName 所产生的报警。

（2）!SetAlmValue(DataName,Value,Flag)：设置数据对象 DataName 对应的报警限值。

（3）!GetAlmValue(DataName,Value,Flag)：读取数据对象 DataName 的报警限值。

（4）!EnableAlm(name,n)：打开数据对象的报警功能。

14.6　报警的表现形式

报警有位报警、字报警、多状态报警及弹出窗口报警四种基本形式。

1. 位报警

当 PLC 的辅助继电器 m0 为 1 时，提示“水满了”，并且滚动显示。

（1）在设备编辑窗口中单击“增加设备通道”按钮，弹出“添加设备通道”对话框，选择通道类型为“M 辅助寄存器”，通道地址设置为“0”，通道个数设置为“1”，读/写方式选择“读写”，如图 14-10 所示。

（2）选中 m0 位通道并右击，弹出“变量选择”窗口，双击开关型数据对象 m0，在设备编辑窗口中单击“确认”按钮。

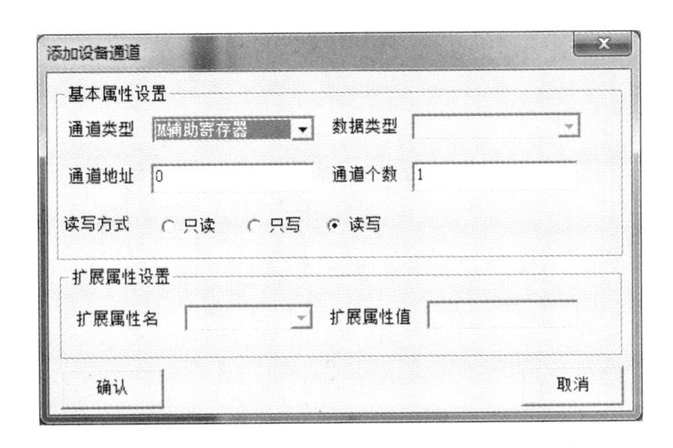

图 14-10　添加 m0 位通道

（3）切换到实时数据库，打开变量 m0 属性设置对话框，单击“报警属性”选项卡，选中“允许进行报警处理”，设置“开关量报警”，报警值为 1，报警注释为“水满了”，如图 14-11 所示。

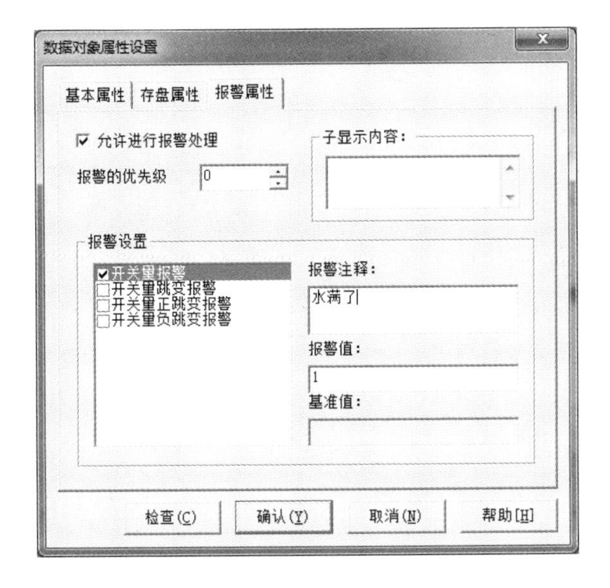

图 14-11　设置 m0 报警属性

（4）新建窗口 0，添加走马灯报警构件，打开属性设置对话框，在“显示报警对象”栏连接变量 m0，设置前景色为“黑色”，背景色为“浅粉色”，“滚动的字符数”设为 3，“滚动速度”设为 200，选中“闪烁”，如图 14-12 所示。

（5）在窗口 0 中添加“报警”按钮及“复位”按钮，设置“报警”按钮按下将 m0 置 1，“复位”按钮按下将 m0 清 0。

（6）运行效果如图 14-13 所示。

2. 字报警

要求 PLC 数据寄存器 d0 数值范围为 10～30，大于 30 表示温度太高，小于 10 表示温度太低，以列表形式显示。

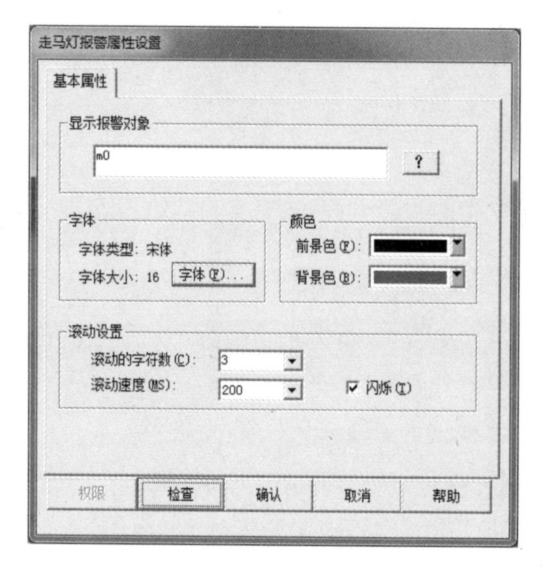

图 14-12　设置走马灯报警属性

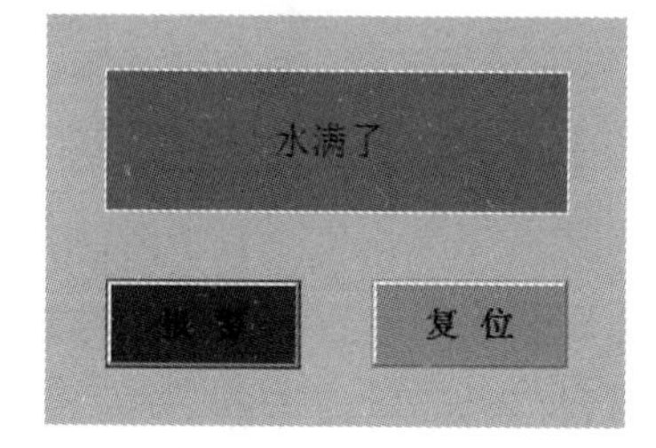

图 14-13　运行效果

（1）在设备编辑窗口中单击“增加设备通道”按钮，弹出“添加设备通道”对话框，选择通道类型为“D 数据寄存器”，通道地址设置为“0”，通道个数设置为“1”，读/写方式选择“读写”，如图 14-14 所示。

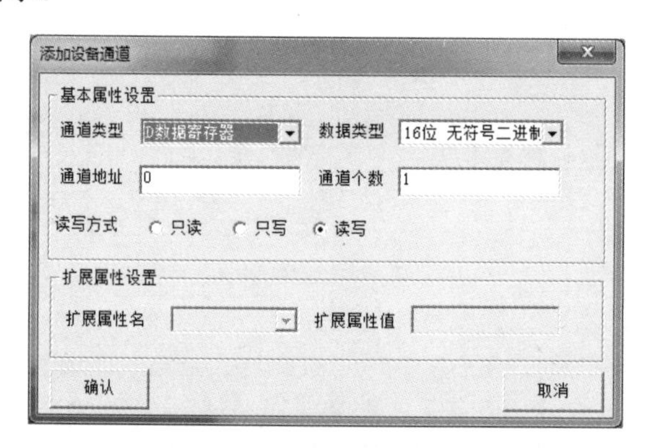

图 14-14　“添加设备通道”对话框

（2）选中 d0 通道并右击，弹出“变量选择”窗口，双击数据对象 d0，在设备编辑窗口中单击“确认”按钮。

（3）切换到实时数据库，打开“数据对象属性设置”对话框，在“报警属性”选项卡中，选择“允许进行报警处理”，设置“上限报警”值为 30 ，报警注释为“温度太高”，如图 14-15 所示；设置“下限报警”值为 10，报警注释为“温度太低”，如图 14-16 所示。

（4）在窗口 0 中添加一个报警浏览构件，双击报警浏览构件进行属性设置，显示模式选择“实时报警数据”，选择变量 d0，如图 14-17 所示。

（5）在窗口 0 中添加一个标签，文本内容输入“输入数据：”，再添加一个输入框，和数据对象 d0 连接。

（6）运行效果如图 14-18 所示。

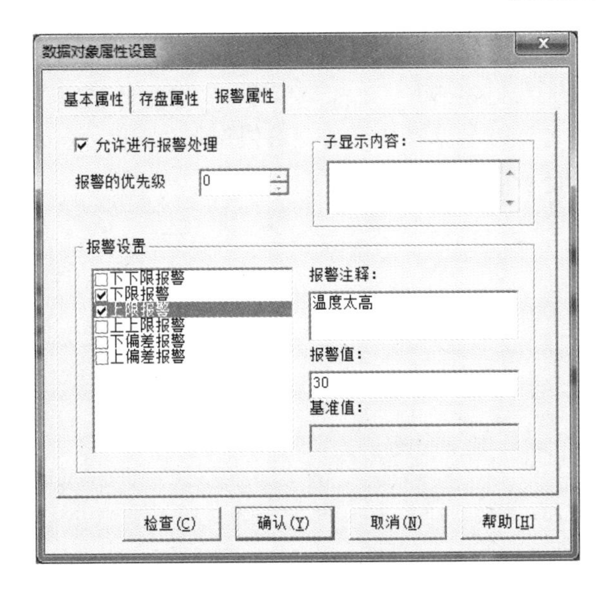

图 14-15　上限报警设置

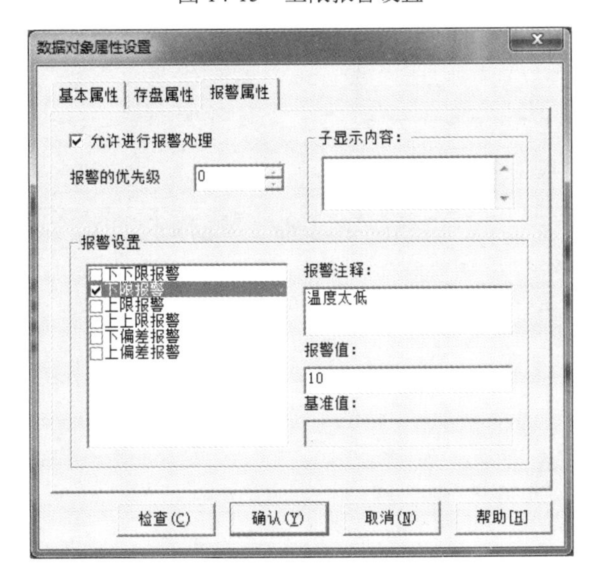

图 14-16　下限报警设置

3. 多状态报警

根据 PLC 数据寄存器 d0 输出数值不同，显示不同报警信息。

（1）在设备编辑窗口中单击“增加设备通道”按钮，弹出“添加设备通道”对话框，选择通道类型为“D 数据寄存器”，通道地址设置为“0”，通道个数设置为“1”，读/写方式选择“读写”。

（2）选中 d0 通道并右击，弹出“变量选择”窗口，双击数据对象 d0，在设备编辑窗口中单击“确认”按钮。

（3）在窗口 0 中添加一个动画显示构件，双击动画显示构件进行属性设置，设置分段点 0、

1、2、3，清空每个分段点的图像列表，背景类型均设为“粗框按钮按下”，文字设置按分段点顺序依次为“设备正常”“故障信息 1”“故障信息 2”“故障信息 3”，字体选择宋体、加粗、三号，如图 14-19 所示。显示变量选择“开关，数值型”，连接变量 d0。

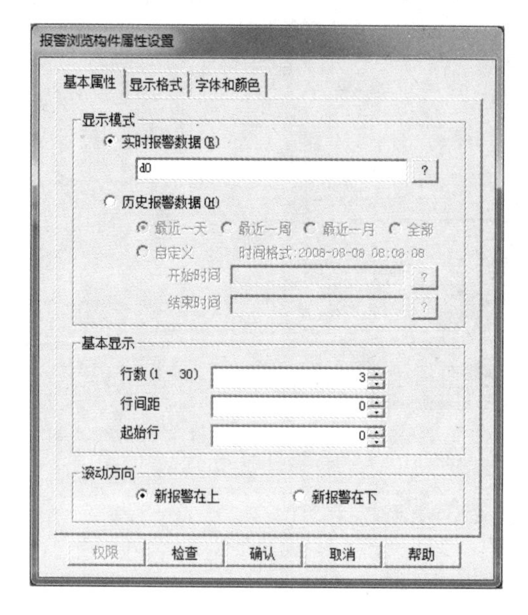

图 14-17 “报警浏览构件属性设置”对话框

日期	时间	对象名	当前值	报警描述
2014/01/29	11:35:27	D0	35.000	温度太高

输入数据：35

图 14-18 运行效果

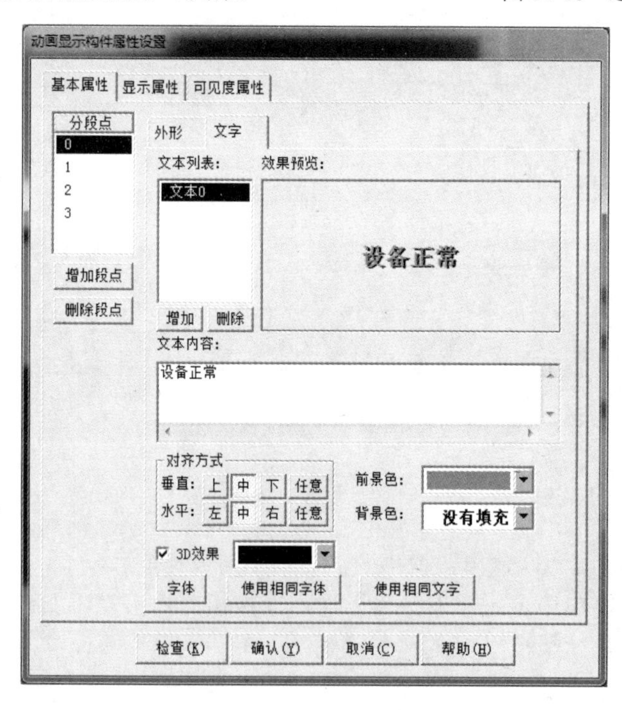

图 14-19 “动画显示构件属性设置”对话框

（4）在窗口 0 中添加一个标签，文本内容输入“输入数据：”，再添加一个输入框，和数据对象 d0 连接。

（5）运行效果如图 14-20 所示。

图 14-20 运行效果

4. 弹出窗口报警

当 PLC 的辅助继电器 m0 为 1 时，弹出一个子窗口提示“水满了！”。

（1）在设备编辑窗口中单击“增加设备通道”按钮，弹出“添加设备通道”对话框，选择通道类型为“M 辅助寄存器”，通道地址设置为“0”，通道个数设置为“1”，读/写方式选择“读写”。

（2）选中 m0 位通道并右击，弹出“变量选择”窗口，双击数据对象 m0，在设备编辑窗口中单击“确认”按钮。

（3）切换到实时数据库，打开变量 m0 属性设置对话框，在“报警属性”选项卡中，选中“允许进行报警处理”，设置“开关量报警”，报警值设为 1。

（4）在窗口 0 中添加“报警”按钮及“复位”按钮，设置“报警”按钮按下将 m0 置 1，“复位”按钮按下将 m0 清 0。

（5）新建报警窗口，添加凸平面，填充颜色为粉红色，添加“标志 23”，添加标签，文本内容为“水满了！”，然后将标志 23 和标签放到凸平面合适的位置。

（6）切换到运行策略窗口，首先单击“新建策略”按钮，在“选择策略的类型”对话框中选择“报警策略”，单击“确定”按钮；然后双击新建的策略进入策略组态窗口，在工具栏中单击“新增策略行”，打开策略工具箱，选择“脚本程序”，如图 14-21 所示；最后双击设置策略属性，策略名称设置为“注水状态报警显示策略”，对应的数据对象选择变量 m0，对应的报警状态选择“报警产生时，执行一次”，双击，进入脚本程序窗口，输入“!OpenSubWnd(报警,248,163,263,78,0)”。采用同样的方法新建“注水状态报警结束策略”，对应的数据对象选择变量 m0，对应的报警状态选择“报警结束时，执行一次”，脚本程序为“!CloseSubWnd(报警)”。

（7）运行效果如图 14-22 所示。

图 14-21 添加报警策略

图 14-22 运行效果

多语言

随着工业领域国际化的发展，多语言显示效果已经成为众多国际化公司的基本需求。MCGS 嵌入版组态软件在 6.8 版本中新增了多语言功能，给用户提供了多语言显示的方案。

15.1 多语言配置

多语言版本组态窗口工具栏中有多语言配置图标及组态环境语言下拉列表框，组态环境语言下拉列表框只能切换组态语言环境，并不能进行语言设置，如图 15-1 所示。

Chinese

图 15-1 组态环境语言下拉列表框

组态环境语言下拉列表框在没有进行工程语言选择时，只显示工程默认语言；进行工程语言选择后，则显示所有的工程语言。

在组态窗口中，选择菜单“工具”→“多语言配置”命令或者单击多语言配置图标，弹出“多语言配置”窗口，如图 15-2 所示。

多语言配置

文件(F) 编辑(E) 帮助(H)

序号	Chinese	English	引用
1	系统管理[&S]		\主控窗口\菜单\菜单项0
2	用户窗口管理[&M]		\主控窗口\菜单\菜单项1
3	退出系统[&X]		\主控窗口\菜单\菜单项2
4	属于管理员组，可以管理权限分配		\用户权限\用户“负责人”的描述信息
5	成员可以管理所有的权限分配		\用户权限\用户组“管理员组”的描述信
...			

图 15-2 “多语言配置”窗口

表格中显示所有支持用户编辑的多语言内容，“引用”列内容为使用多语言的组态位置。工程中支持多语言的内容会实时显示在该表格中，内容保持一致；添加新语言时，语言列自动添加到表格中，且新加列内容为空；单击列标题时自动按该列内容排序，再次单击会逆序排列；编辑时按 Alt+Enter 组合键可进行换行，表格支持多行输入。

单击图标，弹出“运行时语言选择”对话框，如图 15-3 所示，可进行工程语言选择，其中工程默认语言必须选择。

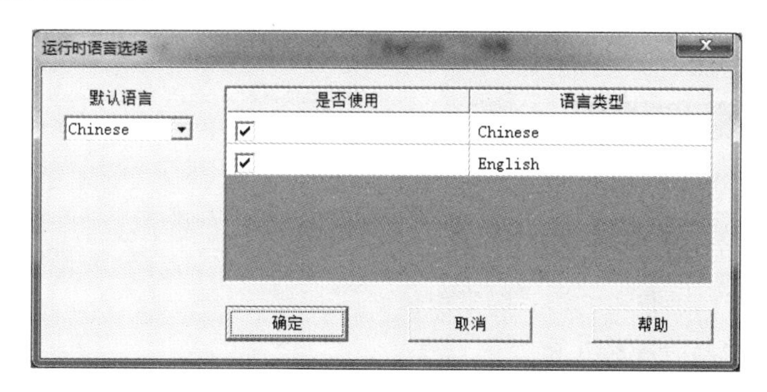

图 15-3 “运行时语言选择”对话框

15.2 支持多语言的功能

支持多语言的功能包括运行环境文本内容和一些构件。

1. 运行环境文本内容

软件内置文本（如报警浏览构件的标题）支持多语言，但用户不可编辑；用户组态可编辑部分（如标签、按钮的文本内容）支持多语言，并且用户可编辑；运行环境添加内容（如运行时添加的用户信息）是不支持多语言的。

2. 支持多语言的构件

支持多语言的构件有：主要动画构件，如标签、按钮、动画按钮及动画显示构件；数据显示构件，如存盘数据浏览、自由表格、历史表格及组合框构件；报警相关构件，如报警显示、报警浏览及走马灯报警构件。

15.3 多语言组态

可以按照以下步骤进行多语言组态。

1. 按照工程默认语言组态工程

工程初始默认语言为中文，先组态中文语言环境下的窗口内容，包括各构件属性及功能的设置等。

2. 设置工程语言并编辑工程多语言内容

设置工程语言为中英文，在多语言文本表中集中编辑窗口构件的多语言内容。

3. 设置工程在运行环境下切换语言功能

多语言内容编辑有两种方法，一种是在组态下，利用语言下拉列表框来编辑；另一种是打开“多语言配置”窗口，对表格中的多语言内容进行编辑。

15.4 多语言操作函数

1. !GetCurrentLanguageIndex()

函数意义：获取当前使用的语言的索引值。
返回值：开关型，语言索引值。
参数：无。
实例：N=!GetCurrentLanguageIndex()，其中 N 为开关型变量。

2. !SetCurrentLanguageIndex

函数意义：通过索引项设定当前语言环境。
返回值：开关型，为 0 表示执行成功，否则表示失败。
参数：开关型，语言索引值，如索引值超出当前选择语言范围，则函数不生效。
实例：!SetCurrentLanguageIndex(1)，表示当前语言为英文（选择语言为 CH 和 EN）。

3. !GetLocalLanguageStr

函数意义：获得自定义 ID 对应的当前语言的内容。
返回值：字符型。
参数：开关型，自定义 ID 索引值，如果无当前 ID 对应的自定义文本，则返回空值。
实例：!GetLocalLanguageStr(2)，前提是有 ID 为 2 的自定义文本，如果当前语言为英文，则返回 ID 为 2 的自定义文本记录的英文内容。

4. !GetLanguageNameByIndex

函数意义：根据语言索引值返回语言名称。
返回值：字符型，当前语言的名称。
参数：开关型，语言的索引值，如果当前索引值无对应的语言，则返回空值。
实例：!GetLanguageNameByIndex(1)，假如当前语言为中文、英文，则返回值为 English。

15.5 应用实例

新建一个工程，以标签和按钮为例介绍多语言工程的组态。

（1）新建一个窗口，设置窗口背景为蓝色，添加一个标签作为此窗口的标题，设置填充颜色为没有填充，边线颜色为没有边线，字体为宋体、粗体、一号，字体颜色为黄色，文本内容为“多语言组态”。

（2）绘制一个圆角矩形，设置填充颜色为没有填充，边线颜色为黄色。

（3）添加一个标签，设置填充颜色为青色，边线颜色为白色，字体为宋体、粗体、二号，字体颜色为黄色，文本内容为“标签”。

（4）绘制一个标准按钮，取消“使用相同属性”，设置填充颜色为青色，边线颜色为白色，字体为宋体、粗体、二号，字体颜色为黄色，“抬起”状态的文本为“抬起”，“按下”状态的文本为“按下”。

（5）绘制两个标准按钮，选择“使用相同属性”，设置填充颜色为青色，边线颜色为白色，字体为宋体、粗体、小四号，字体颜色为黄色，一个标准按钮文本为“中文”，另一个标准按钮文本为“英文”。

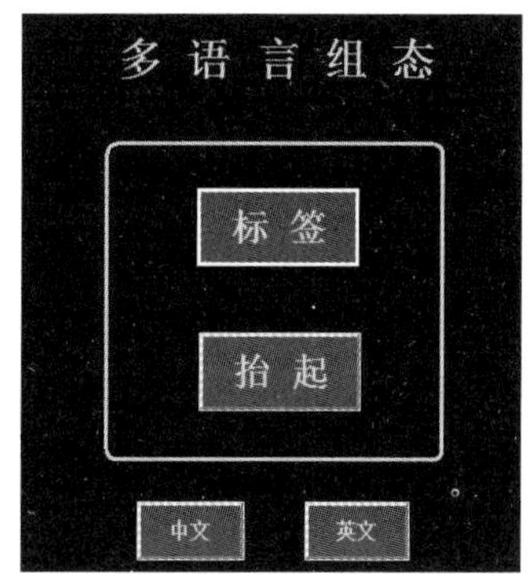

图 15-4 中文界面

（6）组态好的中文界面如图 15-4 所示。

（7）单击“多语言配置”按钮，打开“多语言配置”窗口，再单击“打开语言选择对话框”按钮，打开“运行时语言选择”对话框，选中“English”，此时工程设置为两种语言。

（8）编辑当前界面的英文内容，需要在“多语言配置”窗口“English”列输入对应的英文内容，如图 15-5 所示。

（9）设置“中文”按钮的属性，在“抬起脚本”界面，单击“打开脚本程序编辑器”按钮，打开脚本程序编辑窗口，选择运行环境操作函数!SetCurrentLanguageIndex()，在函数括号中添加 0，用同样的方法设置“英文”按钮的属性，最后需要在函数括号中添加 1。

多语言配置

文件(F) 编辑(E) 帮助(H)

序号	Chinese	English	引用
1	多 语 言 组 态	Multilanguage Configuration	\用户窗口\
2	标 签	Label	\用户窗口\
3	按 下	Down	\用户窗口\
4	抬 起	Up	\用户窗口\
5	中文	Chinese	\用户窗口\
6	中文	Chinese	\用户窗口\
7	英文	English	\用户窗口\
8	英文	English	\用户窗口\
9	系统管理[&S]		\主控窗口\
10	用户窗口管理[&M]		\主控窗口\
11	退出系统[&X]		\主控窗口\

图 15-5 编辑英文内容

（10）在运行环境下，单击“英文”按钮，弹出英文界面，如图 15-6 所示。

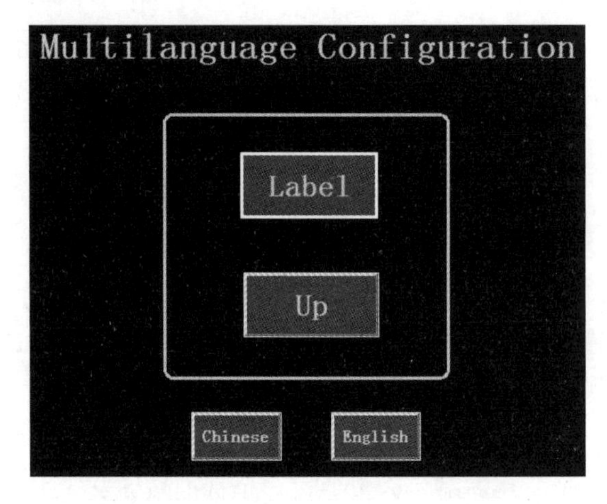

图 15-6　英文界面

第16章

报表输出

在实际工程应用中，大多数监控系统需要对数据采集设备采集的数据进行存盘、统计、分析，并根据实际情况打印数据报表。数据报表就是根据实际需要以一定格式将统计分析后的数据显示并打印出来，以便对系统监控对象的状态进行综合记录和规律总结。数据报表是工控系统中必不可少的一部分，是整个工控系统的最终输出结果。实际中常用的报表形式有实时数据报表和历史数据报表（班报表、日报表、月报表）等。

16.1 报表机制

在大多数应用系统中，数据报表一般分成两种类型，即实时数据报表和历史数据报表。实时数据报表是实时地将当前数据对象的值按一定的报表格式（用户组态）显示和打印出来，它是对瞬时量的反映。可以通过 MCGS 嵌入版系统的自由表格构件来组态显示实时数据报表并将它打印输出。历史数据报表是从历史数据库中提取存盘数据记录，把历史数据以一定的格式显示和打印出来。可以通过 MCGS 嵌入版系统的历史表格构件来组态显示历史数据报表并将它打印输出。

MCGS 嵌入版历史表格构件可实现强大的报表和统计功能，主要特性如下。

（1）可以显示静态数据、实时数据库中的动态数据、历史数据库中的历史记录以及它们的统计结果。

（2）可以方便、快捷地完成各种报表的显示和打印功能。

（3）在历史表格构件中内建了数据库查询功能和数据统计功能，可以很轻松地完成各种查询和统计任务。

（4）历史表格构件具有数据修改功能，可以使报表的制作更加完善。

（5）历史表格构件是基于“所见即所得”机制的，用户可以在窗口中利用历史表格构件强大的格式编辑功能配合 MCGS 嵌入版的画图功能制作出各种精美的报表，包括与曲线混排、在报表上放置各种图形和徽标等。

（6）可以打印多页报表。

MCGS 嵌入版自由表格是一个简化的历史表格，取消了与历史数据的连接，还取消了历史表格中的统计等功能，但是具备与历史表格一样的格式化和表格结构组态，可以很方便地和实时数据连接，构造实时数据报表。

16.2 自由表格

自由表格构件可实现表格功能，运行时，表格表元显示所连接的数据对象的值，对没有建立连接的表格表元，不改变表格表元内的原有内容。

16.2.1 创建表格

在 MCGS 嵌入版的绘图工具箱中，选择自由表格，在用户窗口中单击就可以绘制出一个表格。

在报表单元格中可以绘制直线等图符，放置位图、按钮等动画构件。单击选择报表，可以设置报表外边框的线型和颜色。

在表格上右击并在弹出的快捷菜单中选择“事件编辑”命令，弹出“事件编辑”对话框，可以对表格的事件进行编辑。

16.2.2 编辑模式

双击表格构件，表格周围浮现出一个框，表格上方的直线和位图被暂时放到表格后面，进入表格编辑模式，如图 16-1 所示。

表格编辑菜单和表格编辑工具条如图 16-2 所示，表格编辑菜单和表格编辑工具条可实现表格结构的组态，有以下几种基本编辑方法。

	C1	C2	C3	C4
R1				
R2				
R3				
R4				

图 16-1　表格编辑模式

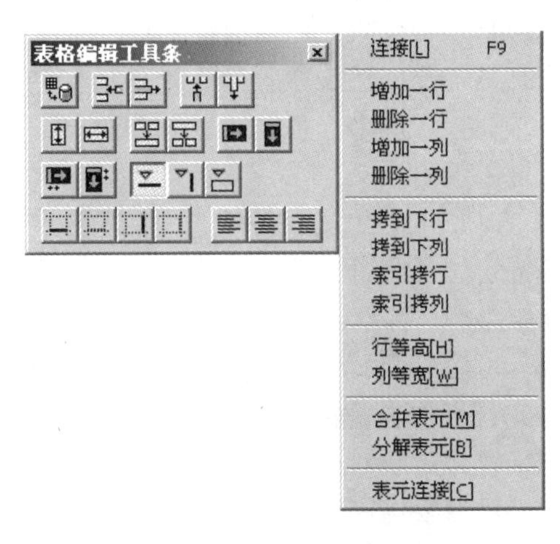

图 16-2　表格编辑菜单和表格编辑工具条

（1）单击某单元格，选中的单元格上有黑框显示。

（2）在某个单元格上按下鼠标左键后拖动可选择多个单元格。选中的单元格区域周围有黑框显示，第一个单元格反白显示，其他单元格反黑显示。

（3）单击行或列索引条（报表中标识行或列的灰色单元格）可选择整行或整列。

（4）单击报表左上角的固定单元格可选择整个报表。

（5）允许通过鼠标拖动来改变行高、列宽。将鼠标移动到固定行或固定列之间的分割线上，鼠标指针变为双向黑色箭头时，按下鼠标左键并拖动，可修改行高、列宽。

（6）可以使用表格编辑工具条中的对齐按钮来进行单元格的对齐设置。

（7）可以使用合并单元格和拆分单元格来进行单元格的合并与拆分。

（8）当选定一个单元格时，可以使用字体设置按钮来设置字体和颜色，可以使用填充色来设置单元格内填充的颜色。

（9）通过边线按钮组，可以设置单元格边框的线型和颜色。通过边线消隐按钮组，可以选择显示或隐藏单元格边线。

（10）可以使用“编辑”菜单中的“复制”“剪切”“粘贴”命令或者组态工具条上的复制、剪切和粘贴按钮来进行单元格内容的编辑。

在表格的编辑模式下，单击选中单元格就可以进行显示界面组态，显示界面组态有输入文本和输入格式化字符串两种方式。

1. 输入文本

在选中单元格中输入文本，按 Enter 键或单击其他单元格可确认输入。在单元格内输入文本时，使用 Ctrl+Enter 组合键可在一个表格单元内书写多行文本，或输入竖排文字。

如果某个单元格在界面组态状态下输入了文本，而且在连接组态状态下没有连接任何内容，则在运行时，输入的文本被当作标签直接显示；如果在连接组态状态下连接了数据，则在运行时，输入的文本被解释为格式化字符串，如果不能被解释为格式化字符串（不符合要求），则忽略输入的文本。

2. 输入格式化字符串

在选中单元格中输入格式化字符串，按 Enter 键或单击其他单元格可确认输入，格式化字符串用于格式化显示单元格内连接的数据。

根据单元格内连接的数据类型，MCGS 嵌入版把在界面组态状态下输入单元格内的文本解释为相应的格式化字符串，如果输入的文本不能解释为合适的格式化字符串或者没有输入任何文本，则 MCGS 嵌入版会用默认的形式显示单元格内连接的数据。根据单元格内连接的数据类型，有两种格式化字符串可以使用。

1）数值格式化字符串

数值格式化字符串表示为 X|Y 形式，如 2|1，竖线左边是小数位数，右边是在格式化好的文本的右边添加的空格个数。使用这个方法可以避免右对齐显示的数值量太接近单元格的右边。数值格式化字符串只对数值型数据有效。

2）开关型数值格式化字符串

开关型数值格式化字符串表示为 S1|S2 形式，当开关型数值不等于 0 时，显示字符串 S1；当开关型数值等于 0 时，显示字符串 S2。例如，开|关，使单元格连接到数值 0 时显示关，连接到数值 1 时显示开。

16.2.3 连接模式

在表格编辑模式下右击并在弹出的快捷菜单中选择“连接”命令，表格的行号和列号后出现了星号（*），进入表格的连接模式，如图 16-3 所示，然后在各单元格中直接填写数据对象名，或者直接按照脚本程序语法填写表达式，表达式可以是字符型、数值型和开关型的。

连接	A*	B*	C*	D*
1*				
2*				
3*				
4*				

图 16-3　表格的连接模式

在运行状态下，当连接的数据对象是字符型对象时，不按格式化字符串处理，而是原样显示字符型对象的内容。

单元格表达式可以使用+、-、*、/、>、<、()、^（乘方）及 NOT（取反）运算符号，还可以使用!sin、!cos、!exp、!log等函数。在表达式中，可以使用实时数据库中的值，但是不能使用点操作来获取属性值。

利用索引复制功能可以快速填充连接，一次填充多个单元格。先选定一组单元格，在选定的单元格上右击，弹出数据对象浏览对话框，在数据对象浏览对话框的列表框中，选定多个数据对象，然后按 Enter 键，MCGS 嵌入版将按照从左到右、从上到下的顺序填充各个单元格，如图 16-4 所示。

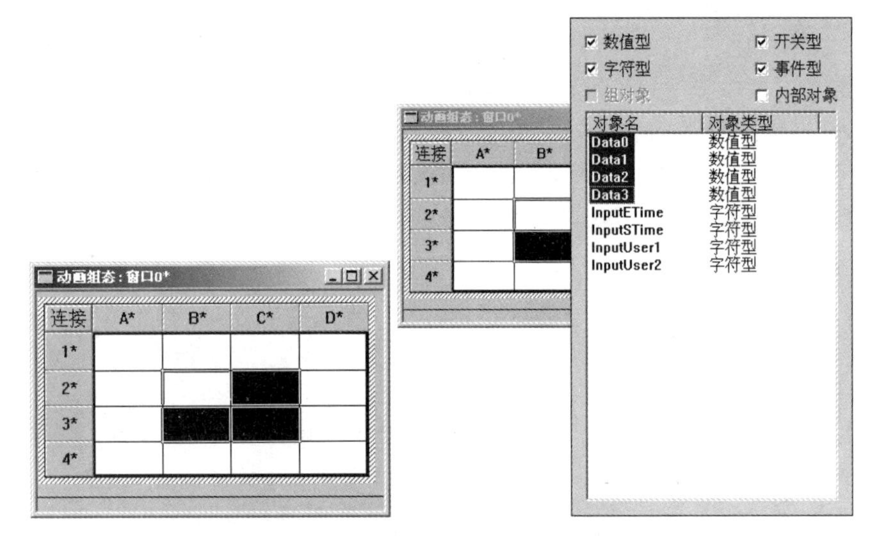

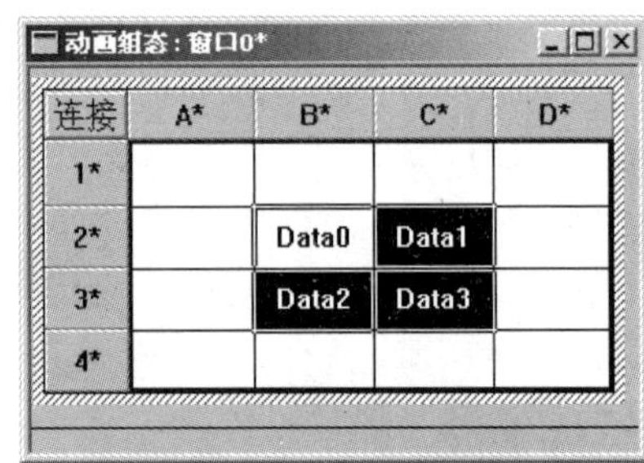

图 16-4　快速填充连接

第17章

曲线显示

在实际生产过程中，对实时数据、历史数据的查看、分析是不可缺少的工作，但对大量数据仅做定量分析还远远不够，必须根据大量的数据信息，绘制出趋势曲线，从趋势曲线的变化中发现数据的变化规律。MCGS 嵌入版组态软件为用户提供了强大的趋势曲线功能，包括历史曲线、实时曲线，用户能够组态出各种类型的趋势曲线，从而满足不同工程项目的需求。

17.1 趋势曲线机制

MCGS 嵌入版提供了历史曲线和实时曲线两种用于绘制趋势曲线的构件。

1. 历史曲线

历史曲线是将历史存盘数据从数据库中读出，以时间为 X 轴、数据值为 Y 轴进行曲线绘制。历史曲线也可以实现实时刷新的效果。历史曲线主要用于事后查看数据分布和状态变化趋势以及总结信号变化规律。

2. 实时曲线

实时曲线是在 MCGS 嵌入版系统运行时，从 MCGS 嵌入版实时数据库中读取数据，并以时间为 X 轴进行曲线绘制。X 轴的时间标注可以按照用户组态要求，显示绝对时间或相对时间。

17.2 曲线操作

虽然两种曲线构件分别实现了不同的功能，但是 MCGS 嵌入版组态软件中的每一种曲线构件都包括数据源、曲线坐标轴、曲线背景网格以及曲线参数四部分。

1. 定义曲线数据源

趋势曲线以曲线的形式，形象地反映生产现场实时或历史数据信息。因此，无论何种曲线，都需要为其定义显示数据的来源。数据源一般分为两类，即历史数据源和实时数据源，历史数据源一般使用自建的管理数据存储文件的系统，实时数据源则使用 MCGS 嵌入版实时数据库。MCGS 嵌入版提供的曲线构件中，数据源见表 17-1。

表 17-1 数据源

曲 线 构 件	使用历史数据源	使用实时数据源
历史曲线	可以	可以
实时曲线	不可以	可以

2. 设置曲线坐标轴

两种曲线构件中，都需要设置曲线 X 方向和 Y 方向的坐标轴及标注属性。

曲线构件的 X 轴可分为时间型和数值型两种类型。对于时间型 X 轴，通常需要设置其对应的时间字段、长度、时间单位、时间显示格式、标注间隔，以及 X 轴标注的颜色、字体等；对于数值型 X 轴，通常需要设置 X 轴对应的数据变量名或字段名、最大值、最小值、小数位数、标注间隔，以及标注的颜色和字体等。对于两种曲线构件，可使用的 X 轴类型见表 17-2。在两种曲线构件中，Y 轴只允许连接开关型或数值型的数据源，曲线的 Y 轴通常连接多个数据源，用于在一个坐标系内显示多条曲线。对于每一个数据源，可以设置的属性包括数据源对应的数据对象名或字段名、最大值、最小值、小数位数、标注间隔，以及 Y 轴标注的颜色和字体等。

表 17-2 可使用的 X 轴类型

曲 线 构 件	使用时间型 X 轴	使用数值型 X 轴
历史曲线	可以	不可以
实时曲线	可以	不可以

3. 设置曲线背景网格

为了使趋势曲线显示更准确，MCGS 嵌入版提供的两种曲线构件都可以自由地设置曲线背景网格的属性。

曲线背景网格分为与 X 坐标轴垂直的划分线和与 Y 坐标轴垂直的划分线，每个方向上的划分线又分为主划分线与次划分线。其中，主划分线用于划分整个曲线区域。例如，主划分线数目设置为 4，则整个曲线区域被主划分线划分为大小相同的 4 个区域。次划分线则在主划分线的基础上，将主划分线划分好的每一个小区域再划分成若干个相同大小的区域。例如，主划分线数目为 4，次划分线数目为 2，则曲线区域共被划分为 8 个区域。

此外，X 轴及 Y 轴的标注也依赖于各个方向的主划分线。通常，坐标轴的标注文字都只在相应的主划分线下，按照用户设定的标注间隔依次标注。

4. 设置曲线参数

MCGS 嵌入版提供的趋势曲线构件中，通常还可以设置曲线显示、刷新等属性。例如，历史曲线构件在组态时可以设置是否显示曲线翻页按钮、是否显示曲线放大按钮等；相对曲线中，可以设置是否显示网格、边框，以及是否显示 X 轴或 Y 轴标注等。

17.3 实时曲线

实时曲线构件是用曲线显示一个或多个数据对象数值的动画图形，像笔绘记录仪一样实时记录数据对象值的变化情况。实时曲线构件使用绝对时钟为横轴标度时，构件显示的是数据对象的值与时间的函数关系；实时曲线构件使用相对时钟为横轴标度时，必须指定一个表达式来表示相对时钟，构件显示的是数据对象的值相对于此表达式值的函数关系。在相对时钟方式下，可以指定一个数据对象为横轴标度，从而实现记录一个数据对象相对另一个数据对象的变化曲线。

17.3.1 创建曲线

在绘图工具箱中单击实时曲线图表按钮，鼠标指针会变成十字形，在窗口中的任意位置按下鼠标左键并移动鼠标，在适当的位置松开鼠标左键，实时曲线就绘制在用户窗口中了，用户窗口中的实时曲线可以任意移动和缩放。

17.3.2 曲线组态

双击实时曲线构件，弹出“实时曲线构件属性设置”对话框，如图 17-1 所示，包括“基本属性”“标注属性”“画笔属性”和“可见度属性”四个选项卡。

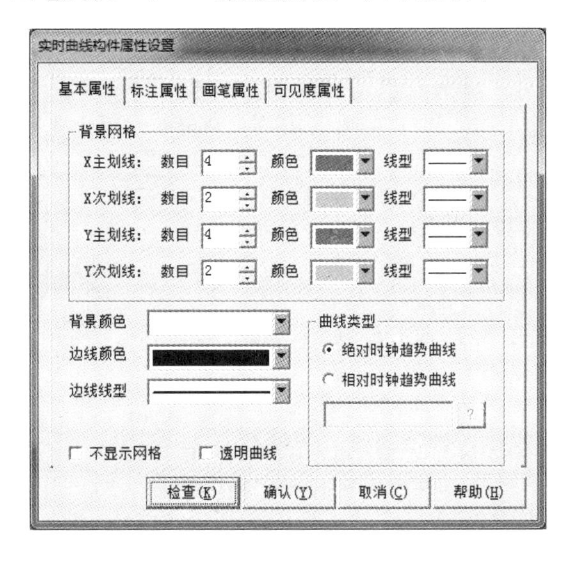

图 17-1 “实时曲线构件属性设置”对话框

1. 基本属性

1）背景网格

设置坐标网格的数目、颜色、线型。

2）背景颜色

设置曲线的背景颜色。

3）边线颜色

设置曲线窗口的边线颜色。

4）边线线型

设置曲线窗口的边线线型。

5）曲线类型

“绝对时钟趋势曲线”用绝对时钟作为横坐标的标度，显示数据对象值随时间的变化曲线；“相对时钟趋势曲线”用指定的表达式作为横坐标的标度，显示一个数据对象相对于另一个数据对象的变化曲线。

选中“不显示网格”复选框，在构件的曲线窗口中不显示坐标网格；选中“透明曲线”复选框，将曲线设置为透明曲线。

2. 标注属性

“标注属性”选项卡如图 17-2 所示。

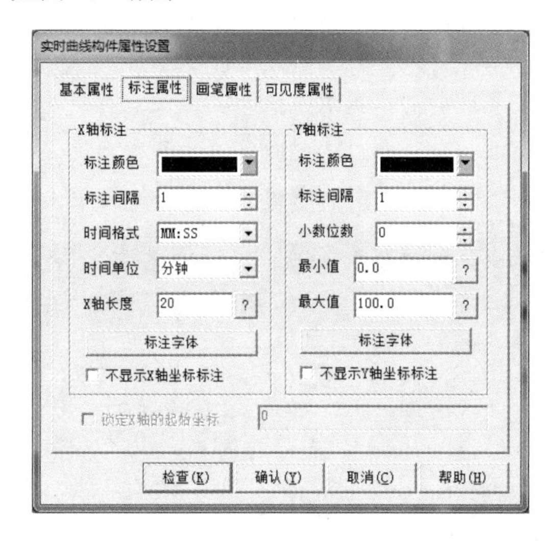

图 17-2 “标注属性”选项卡

1）X 轴标注

设置 X 轴标注文字的颜色、标注间隔、字体和 X 轴长度。当曲线的类型为“绝对时钟趋势曲线”时，需要指定时间格式、时间单位，X 轴长度须指定时间单位；当曲线的类型为“相对时钟趋势曲线”时，须指定 X 轴标注的小数位数和 X 轴的最小值。选中“不显示 X 轴坐标标注”复选框，将不显示 X 轴的标注文字。

2）Y 轴标注

设置 Y 轴的标注颜色、标注间隔、小数位数、Y 轴坐标的最大值/最小值以及标注字体；选中“不显示 Y 轴坐标标注”复选框，将不显示 Y 轴的标注文字。

3）锁定 X 轴的起始坐标

只有当选择“绝对时钟趋势曲线”，并且将“时间单位”选为“小时”时，此项才可以被选中，选中后，X 轴的起始时间将定在所填写的时间位置。

3. 画笔属性

一条曲线相当于一支画笔，一个实时曲线构件最多可同时显示 6 条曲线。除了需要设置每条曲线的颜色和线型，还需要设置曲线对应的表达式，该表达式的实时值将作为曲线的 Y 轴坐标值，“画笔属性”选项卡如图 17-3 所示。

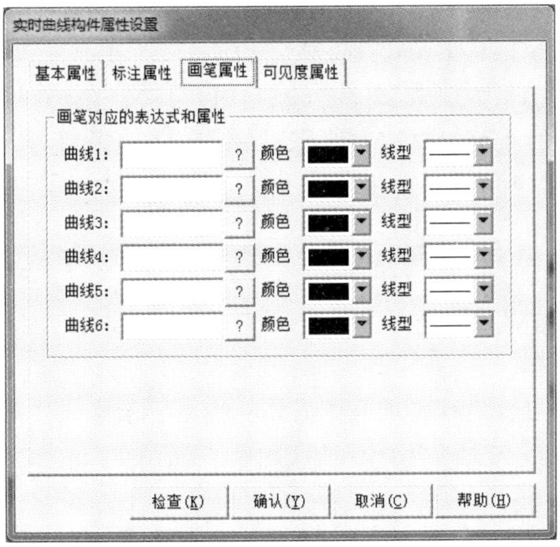

图 17-3 “画笔属性”选项卡

17.3.3 操作函数

1. !EnableAutoCollect()

函数意义：允许按照窗口刷新周期从实时数据库中获取变量的值来绘制曲线，在此种状态下，!AddXYData()函数无效。此函数调用后，相当于按照刷新周期连续调用!AddXYData()函数。

返回值：开关型，返回值为 0 表示操作成功，为 1 表示操作失败。

参数：无。

实例：!EnableAutoCollect()。

2. !DisableAutoCollect()

函数意义：禁止实时曲线按照窗口刷新周期从实时数据库中获取变量的值来绘制曲线，在此种状态下，可以使用!AddXYData()函数来控制何时绘制曲线的下一个点。

返回值：开关型，返回值为 0 表示操作成功，为 1 表示操作失败。

参数：无。

实例：!DisableAutoCollect()。

3. !AddXYData(Para1,Para2,Para3,Para4,Para5,Para6,Para7)

函数意义：每调用一次该函数，则在绘图区增加一个点，同时绘制折线。如果需要连续在绘图区打点画线，则必须在循环策略或循环脚本中连续调用该函数。

返回值：开关型，返回值为 0 表示调用成功，为 1 表示调用失败。

参数：Para1，数值型，相对曲线 X 轴的变量名称；Para2～Para7，数值型，分别对应相对曲线 Y 轴的 6 个变量名称，如果某条曲线没有连接变量，则应写 0 来补充参数。

实例：!AddXYData(温度,压力 1,压力 2,压力 3,0,0,压力 4)

实例说明：X 轴为温度，第 1、2、3、6 条曲线有变量。

注意：调用!EnableAutoCollect()函数后，本函数无效，解决办法是调用!DisableAutoCollect()函数一次。第一次调用本函数时，在屏幕上没有任何反应，这是因为一个点是无法连接曲线的，当第二次调用本函数后就可以画出曲线了，将曲线类型设置为“相对时钟趋势曲线”，在“画笔属性”选项卡中对相应的曲线进行变量设置。

4. !AddXYDataBuffer(Para1,Para2,Para3,Para4,Para5,Para6,Para7)

函数意义：将缓冲区中的数据填充到相对曲线上，此函数必须与!BufferCreate()函数一起使用。

返回值：开关型，返回值为 0 表示操作成功，为 1 表示操作失败。

参数：Para 1，相对曲线 X 轴使用的缓冲区代号，即函数!BufferCreate()创建的缓冲区代号。

Para 2，第一条曲线 Y 轴使用的缓冲区代号。

Para 3，第二条曲线 Y 轴使用的缓冲区代号。

Para 4，第三条曲线 Y 轴使用的缓冲区代号。

Para 5，第四条曲线 Y 轴使用的缓冲区代号。

Para 6，第五条曲线 Y 轴使用的缓冲区代号。

Para 7，第六条曲线 Y 轴使用的缓冲区代号。

实例：!AddXYDataBuffer(0,1,0,0,0,0,0)。

实例说明：假如有两个缓冲区 0 和 1，长度都是 16，其二进制内容分别为

00000001 00000010 00000011 00000011

00000100 00000100 00000100 00000100

那么调用!AddXYDataBuffer(0,1,0,0,0,0,0)后，就会画出一条值为 5 的水平直线，X 轴坐标分别是 1、2、3、4、5。

5. !ClearData()

函数意义：清除屏幕上已经绘制的曲线。

返回值：开关型，返回值为 0 表示操作成功，为 1 表示操作失败。

参数：无。

实例：!ClearData()。

第18章

配方处理

在制造领域，配方用来描述生产一件产品所用的不同配料之间的比例关系，它是生产过程中一些变量对应的参数设定值的集合。

18.1 概述

面包厂生产面包时有一个配方，此配方列出了所有用来生产面包的配料（如水、面粉、糖、蜂蜜等），不同口味的面包会有不同的配料用量，见表 18-1。在 MCGS 嵌入版配方构件中，所有配料的列表就是一个配方组，而每一种口味的面包配料用量是一个配方。可以把配方组想象成一张表格，表格的每一列就是一种配料，而每一行就是一个配方，单元格的数据则是每种配料的具体用量。

表 18-1　面包生产配方

	糖	盐	面粉	水	蜂蜜
甜面包	80	10	80	30	10
低糖面包	30	5	80	30	0
无糖面包	10	5	80	30	0

MCGS 嵌入版配方功能在将每种配料复制到数据对象时有一个延时参数。例如，在流水线上，配料的投放时间肯定是不同的，有一定的先后次序，可以为每种配料设置不同的输出延时，从而实现对配料投放顺序的控制。使用延时参数也有很多限制，例如，设置了输出延时以后，配方成员参数的值会在延时到达后才被复制到对应的数据对象中，这时如果切换组态工程画面，会造成输出中断。同时，现在 MCGS 嵌入版还没有提供相应的脚本函数来检查成员参数值复制操作是否已经完成。这些限制会为组态带来很多意想不到的问题，所以除非必要，否则尽量不要使用输出延时设置。

MCGS 嵌入版配方功能还有一个参数是输出系数，可以从整体上控制配料的用量。例如，表 18-1 中的配料用量是生产 100 个面包的配料用量，现在要一次性投放生产 1000 个面包的配料，只要把输出系数设置为 10 即可。同理，将输出系数设置为 0.5，则可以投放生产 50 个面包的配料。

MCGS 嵌入版配方构件采用数据库处理方式，可以在一个用户工程中同时建立和保存多个配方组，每个配方组的配方成员变量和配方可以任意修改，各个配方成员变量的值可以在组态和运行环境中修改，可随时指定配方组中的某个配方为配方组的当前配方。可以把指定配方组当前配方的参数值装载到实时数据库的对应变量中，也可以把实时数据库的变量值保存到指定配方组的当前配方中。此外，还提供了追加配方、插入配方、对当前配方改名等功能。

18.2 配方功能的说明

1. 配方组和配方

在 MCGS 嵌入版配方构件中，每个配方组就是一张表格，每个配方就是表格中的一行，而表格的每一列就是配方组的一个成员变量。

2. 配方组名称

配方组名称应能够清楚反映配方实际用途，例如，面包配方组就是各种面包的配方。

3. 变量个数

这里的变量个数就是配方组成员变量的数量，也就是配方中的配料总数。例如，表 18-1 中的配方就有 5 种配料，那么对应的配方组就应该有 5 个成员变量。

4. 输出系数

输出系数会从整体上影响配方中所有变量的输出值。在输出变量值时，每个成员变量的值会乘以输出系数以后再输出。如果输入系数为空，那么就会跳过这个操作，其等效于将输出系数设置为 1。输出系数除了可以设置成固定常数，也可以设置成数据对象。这样就可以通过改变输出系数对应的数据对象来控制配方组成员变量的最终输出值。

5. 变量名称

变量名称实际上是数据对象的名称。例如，面包配方中“糖”这个配料对应的数据对象可能叫作“配料－糖”。

6. 列标题

每一列的标题并不会对输出值造成任何影响，只是为了便于用户查看和编辑配方，因此设置成有意义的名称即可。

7. 输出延时

输出延时参数会影响将成员变量的值复制到数据对象时的等待时间，单位是秒。例如，“糖”的输出延时是 100 秒，那么在运行环境下装载配方时，“糖”的变量值会在 100 秒以后才被复制到对应的数据对象中。如果使用脚本函数装载配方，那么要注意有一个脚本函数在输出值时不会受到输出延时参数的影响。

18.3 使用配方功能

使用 MCGS 嵌入版配方构件的方法一般分为配方组态设计和配方操作。

18.3.1 配方组态设计

单击“工具”菜单中的“配方组态设计”命令，弹出“配方组态设计”窗口，如图 18-1 所示。

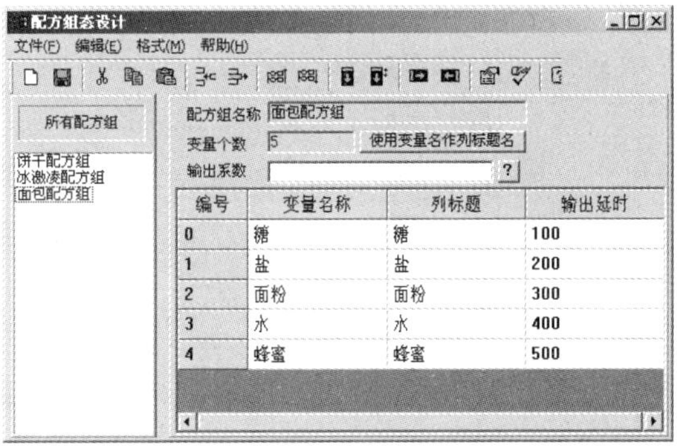

图 18-1 “配方组态设计”窗口

“配方组态设计”窗口左边是配方组列表，工程中所有的配方组都会显示在这里；右边上方是配方组名称、变量个数等配方组信息，下方则显示这个配方组的成员变量列表及其对应的数据对象名称、列标题等信息。用户要查看或者修改某个配方组的成员及其参数，必须先从列表中选中要操作的配方组，然后在右边进行相应的操作。

配方参数设置如下。

1）新建配方组

单击“文件”菜单中的“新增配方组”命令，会自动建立一个默认的配方组。默认的配方组名称为“配方组 X”，没有任何成员变量，输出系数为空。

2）配方组改名

从左边配方组列表中选中要改名的配方组，再单击“文件”菜单中的“配方组改名”命令，然后在对话框中输入配方组的新名称。

3）配方组信息修改

选中配方组，在右边上方输入配方组的新信息，如输出系数。

4）配方组成员变量编辑

选中配方组后，右边会显示配方组的信息和成员变量列表，每个成员变量就是成员变量表格中的一行。通过工具栏的相应图标，可以完成配方组成员变量的添加（）、删除（）、复制（、）、移动（、）等操作。要为成员变量设置对应的数据对象，可以选中成员变量单元格，然后按 F2 键或者单击输入数据对象名称，或者在单元格上右击，通过实时数据选择窗口选择成员变量对应的数据对象。

5）配方编辑

配方组设置完成后就可以对配方数据进行录入了。在左边配方组列表中双击需要修改的配方组或者选择“编辑”菜单中的“编辑配方”命令，打开“配方修改”窗口，如图18-2所示，配方表格中每一列就是一个配方，用户可以添加多个配方，并为每个配方设置不同的变量值。

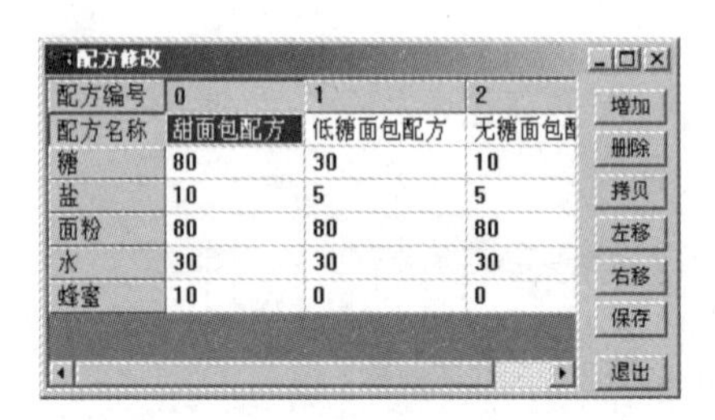

图18-2 “配方修改”窗口

18.3.2 配方操作

配方组态完成后，在运行环境下就需要对配方进行操作，如装载配方记录、保存配方记录等，MCGS嵌入版使用特定的配方脚本函数来实现对配方记录的操作。

安全机制

MCGS 嵌入版组态软件提供了一套完善的安全机制，用户能够自由组态控制进入和退出系统的操作权限，只允许有操作权限的操作员对某些功能进行操作。MCGS 嵌入版还提供了工程密码功能，来保护使用 MCGS 嵌入版组态软件开发所得的成果，开发者可利用这些功能保护自己的合法权益。

MCGS 嵌入版系统的操作权限机制和 Windows NT 类似，采用用户组和用户的概念来进行操作权限的控制。在 MCGS 嵌入版中可以定义多个用户组，每个用户组中可以包含多个用户，同一个用户可以隶属于多个用户组。操作权限的分配是以用户组为单位来进行的，即哪些用户组有权限对某种功能进行操作，而某个用户能否对这个功能进行操作取决于该用户所在的用户组是否具备对应的操作权限。

MCGS 嵌入版系统按用户组来分配操作权限的机制，使用户能方便地建立多层次的安全机制。如实际应用中的安全机制一般要划分为操作员组、技术员组、负责人组。操作员组的成员一般只能进行简单的日常操作，技术员组负责工艺参数等功能的设置，负责人组能对重要的数据进行统计分析，各组权限独立，但某用户可能因工作需要，必须能够进行所有操作，此时把该用户设为同时隶属于三个用户组即可。

19.1 定义用户和用户组

在 MCGS 嵌入版组态环境下，选择“工具”菜单中的“用户权限管理”命令，弹出“用户管理器”窗口，如图 19-1 所示。

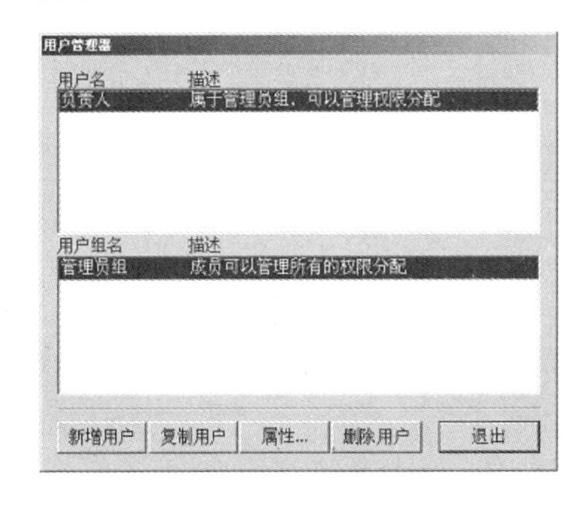

图 19-1 “用户管理器”窗口

在 MCGS 嵌入版中，有一个名为“管理员组”的用户组和一个名为“负责人”的用户，它们的名称不能修改。管理员组中的用户有权利在运行时管理所有的权限分配工作，管理员组的这些特性是由 MCGS 嵌入版系统决定的，其他所有用户组都没有这些权利。

在“用户管理器”窗口中，上半部分为已建用户的用户名列表，下半部分为已建用户组的用户组名列表。当用鼠标激活用户名列表时，在窗口底部显示的按钮是“新增用户”“复制用户”“删除用户”等对用户操作的按钮；当用鼠标激活用户组名列表时，在窗口底部显示的按钮是“新增用户组”“删除用户组”等对用户组操作的按钮。

单击“新增用户”按钮，可以添加新的用户名。选中一个用户时，单击“属性”按钮或双击该用户，会出现“用户属性设置”对话框，如图 19-2 所示，在该对话框中，可以选择该用户隶属于哪个用户组。

单击“新增用户组”按钮，可以添加新的用户组。选中一个用户组时，单击“属性”按钮或双击该用户组，会出现“用户组属性设置”对话框，如图 19-3 所示，在该对话框中，可以选择该用户组包括哪些用户，单击“登录时间”按钮，会打开“登录时间设置”对话框，如图 19-4 所示。

图 19-2 “用户属性设置”对话框

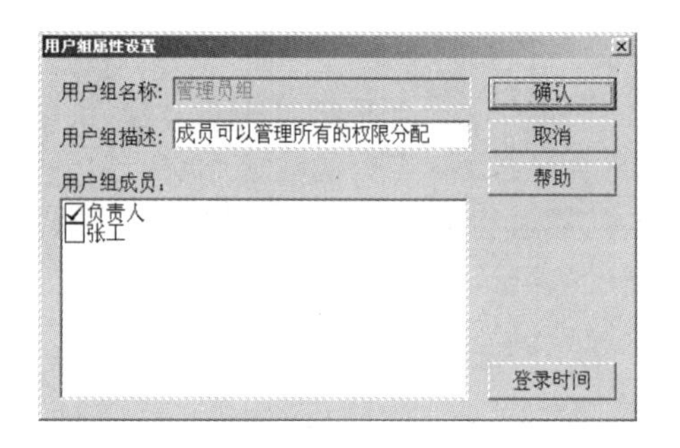

图 19-3 “用户组属性设置”对话框

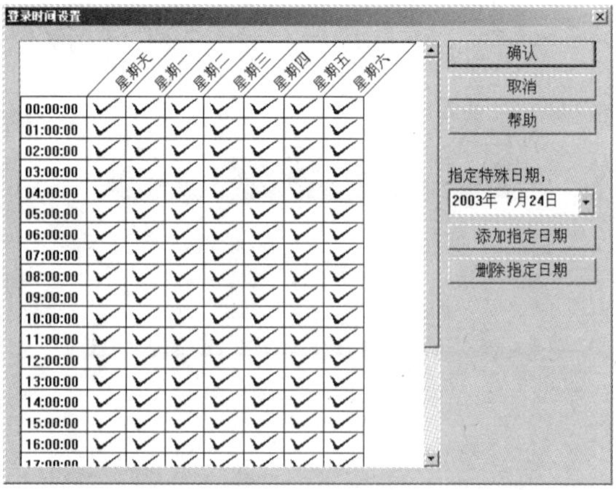

图 19-4 “登录时间设置”对话框

MCGS 嵌入版系统中登录的最小时间间隔是 1 小时，组态时可以指定某个用户组的系统登录时间，从星期天到星期六、每天 24 小时，指定某用户组在某一小时内是否可以登录系统，在某一时间段打上“√”则表示该时间段可以登录，否则该时间段不允许登录系统。同时，MCGS 嵌入版系统可以指定某个特殊日期的时间段，设置用户组的登录权限，在“指定特殊日期”栏选择日期，单击“添加指定日期”按钮则把选择的日期添加到左边的列表中，然后设置当天各时间段的登录权限。

19.2 系统权限设置

为了更好地保证工程系统安全运行，防止与工程系统无关的人员进入或退出工程系统，MCGS 嵌入版系统提供了对进入和退出工程系统的权限管理。

在 MCGS 嵌入版组态环境下，打开“主控窗口属性设置”对话框，如图 19-5 所示，单击“权限设置”按钮，设置工程系统的运行权限，同时还可以设置进入和退出系统时是否需要用户登录。

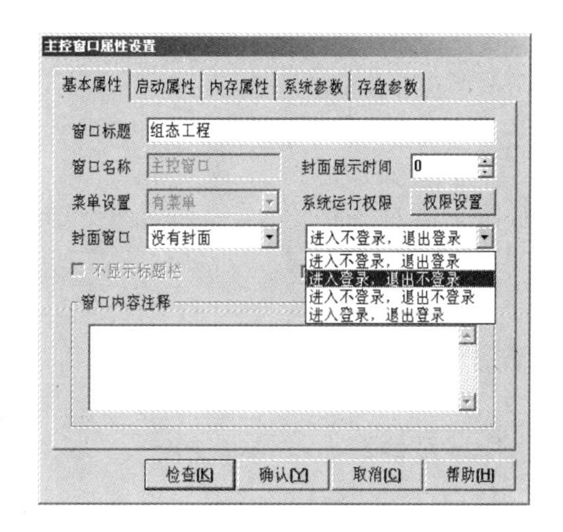

图 19-5 “主控窗口属性设置”对话框

通常情况下，退出 MCGS 嵌入版系统时，系统会弹出确认对话框，MCGS 嵌入版系统提供了两个脚本函数控制退出时是否需要用户登录和弹出确认对话框。

!EnableExitLogon(FLAG)，FLAG =1，退出时需要用户登录成功才能退出系统，否则拒绝用户退出的请求；FLAG =0，退出时不需要用户登录即可退出，此时不管系统是否设置了退出时需要用户登录，均不用登录。

!EnableExitPrompt(FLAG)，FLAG=1，退出时弹出确认对话框；FLAG=0，退出时不弹出确认对话框。

为了使上面两个函数有效，组态时必须在脚本程序中加上这两个函数，在工程运行时调用函数。

19.3 操作权限设置

MCGS 嵌入版操作权限的组态非常简单，当动画构件可以设置操作权限时，属性设置中

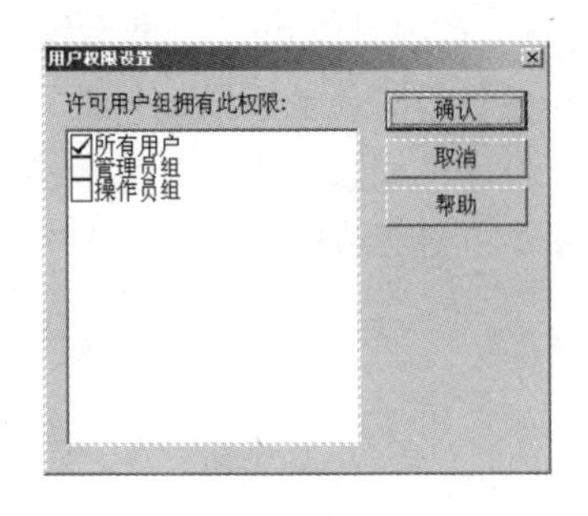

图 19-6 “用户权限设置”对话框

都有对应的“权限”按钮，单击该按钮后弹出“用户权限设置”对话框，如图 19-6 所示。

在“用户权限设置”对话框中，默认设置为所有用户，如果不进行权限组态，则权限机制不起作用，所有用户都能对其进行操作；如果需要进行权限设置，就将对应的用户组选中（方框内打勾表示选中），则该组内的所有用户都能对该项工作进行操作，一个操作权限可以配置给多个用户组。

在 MCGS 嵌入版中，有如下内容能够进行操作权限组态设置。

1. 退出系统

在主控窗口的属性设置中有权限设置按钮，通过该按钮可进行权限设置。

2. 动画组态

普通图形对象进行动画组态时，按钮输入和按钮动作两个动画功能可进行权限设置。

3. 标准按钮

在属性设置中可以进行权限设置。

4. 动画按钮

在属性设置中可以进行权限设置。

19.4 运行时改变操作权限

MCGS 嵌入版的用户操作权限在运行时才体现出来。某个用户在进行操作之前首先要进行登录，登录成功后才能进行所需的操作，完成操作后退出登录，使操作权限失效。用户登录、退出登录、运行时修改用户密码和用户管理等功能都需要在组态环境中进行一定的组态工作，在脚本程序中可以使用 MCGS 嵌入版提供的四个内部函数完成上述工作。

1. !LogOn()

在脚本程序中执行该函数，弹出 MCGS 嵌入版“用户登录”窗口，如图 19-7 所示，从“用户名”下拉列表框中选取要登录的用户名，在“密码”输入框中输入用户对应的密码，按 Enter 键或单击“确认”按钮，如输入正确则登录成功，否则会出现对应的提示信息。

2. !LogOff()

在脚本程序中执行该函数，弹出提示框，提示是否要退出登录，选择“是”则退出，选择“否”则不退出。

3. !ChangePassword()

在脚本程序中执行该函数，弹出“改变用户密码”窗口，如图 19-8 所示，先输入旧的密码，再输入两遍新密码，单击“确认”按钮即可完成当前登录用户的密码修改工作。

图 19-7 “用户登录”窗口

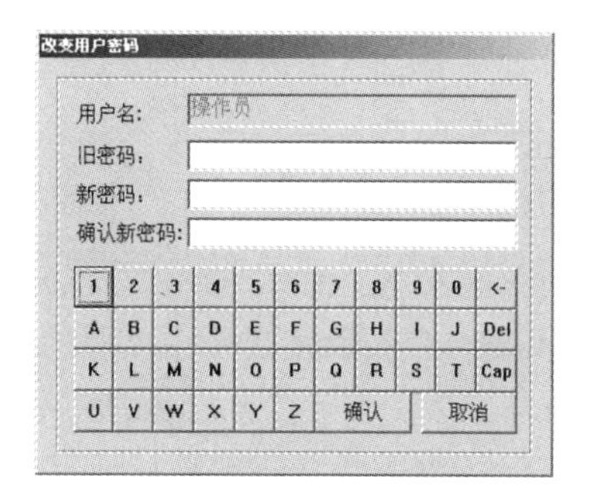

图 19-8 “改变用户密码”窗口

4. !Editusers()

在脚本程序中执行该函数，弹出“用户管理器”窗口，允许在运行时增加、删除用户或修改用户的密码和隶属的用户组。注意，只有在当前登录的用户属于管理员组时，本功能才有效。运行时不能增加、删除或修改用户组的属性。

在实际应用中，当需要进行操作权限控制时，一般都在用户窗口中增加登录用户、退出登录、修改密码、用户管理四个按钮，在每个按钮属性窗口的脚本程序中分别输入四个函数：!LogOn()、!LogOff()、!ChangePassword()、!Editusers()，这样，运行时就可以通过这些按钮来完成登录等工作。

19.5 工程安全管理

通过执行菜单“工具”→“工程安全管理”→“工程密码设置”命令，可以对工程进行密码设置。

给已完成的工程设置密码，可以保护该工程不被其他人打开、使用或修改。当使用 MCGS 嵌入版来打开这些工程时，首先弹出输入框要求输入工程的密码，如密码不正确则不能打开该工程，从而起到保护劳动成果的作用。

第20章

组态过程

使用 MCGS 嵌入版完成一个实际的应用系统，首先必须在 MCGS 嵌入版的组态环境下进行系统的组态生成工作，然后将系统放在 MCGS 嵌入版的运行环境下运行。MCGS 嵌入版系统的组态过程包括工程整体规划、建立工程、构造实时数据库、组态用户窗口、组态主控窗口、组态设备窗口、组态运行策略、组态结果检查及工程测试。

20.1 工程整体规划

对工程设计人员来说，首先要了解整个工程的系统构成和工艺流程，掌握监控对象的特征，明确主要的监控要求和技术要求等问题。在此基础上，拟定组建工程的总体规划和设想，主要包括系统应实现哪些功能，控制流程如何实现，需要什么样的用户界面，实现何种动画效果，以及如何在实时数据库中定义数据变量等环节；同时，还要分析工程中设备的采集及输出通道与实时数据库中定义的变量的对应关系，分清哪些变量是要求与设备连接的，哪些变量是软件内部用来传递数据及用于实现动画显示的。做好工程的整体规划，能够在项目的组态过程中避免一些无谓的劳动，快速有效地完成工程项目。

20.2 建立工程

MCGS 嵌入版中用“工程”来表示组态生成的应用系统，创建一个新工程就是创建一个新的应用系统，打开工程就是打开一个已经存在的应用系统。工程文件的命名规则和 Windows 系统相同，MCGS 嵌入版自动给工程文件名加上后缀“.MCE”。每个工程都对应一个组态结果数据库文件。

在 Windows 系统桌面上，通过下面三种方式中的任何一种，都可以进入 MCGS 嵌入版组态环境。

（1）双击 Windows 桌面上的“MCGSE 组态环境”图标。

（2）选择“开始”→“程序”→“MCGS 嵌入版组态软件”→“MCGSE 组态环境”命令。

（3）按快捷键 Ctrl+Alt+E。

进入 MCGS 嵌入版组态环境后，单击工具栏上的“新建”按钮，或执行“文件”菜单中的“新建工程”命令建立工程。一个新工程包含五个基本组成部分的结构框架，通过在框架中配置不同的功能部件，构造完成特定任务的应用系统。MCGS 嵌入版用“工作台”窗口管理主控窗口、设备窗口、用户窗口、实时数据库和运行策略五个部分。

20.3 构造实时数据库

实时数据库是 MCGS 嵌入版系统的核心，也是应用系统的数据处理中心，系统各部分均以实时数据库为数据公用区，进行数据交换、数据处理和实现数据的可视化处理。数据对象是实时数据库的基本单元，构造实时数据库的过程，就是定义数据对象的过程。

20.4 组态用户窗口

MCGS 嵌入版以窗口为单位来组建应用系统的图形界面，创建用户窗口后，通过放置各种类型的图形对象，定义相应的属性，为用户提供漂亮、生动、具有多种风格和类型的动画。

20.5 组态主控窗口

主控窗口是用户应用系统的主窗口，也是应用系统的主框架，展现工程的总体外观。组态主控窗口即设置主控窗口的属性。

20.6 组态设备窗口

设备窗口是 MCGS 嵌入版系统与外部设备建立联系的后台作业环境，负责驱动外部设备，控制外部设备的工作状态。系统通过设备与数据之间的通道，把外部设备的运行数据采集进来，送入实时数据库，供系统其他部分调用，并且把实时数据库中的数据输出到外部设备，实现对外部设备的控制。

MCGS 嵌入版为用户提供了多种类型的设备构件，作为系统与外部设备进行联系的媒介。进入设备窗口，从设备构件工具箱里选择相应的构件，配置到窗口内，建立接口与通道的连接关系，设置相关的属性，即完成了设备窗口的组态工作。运行时，应用系统自动装载设备窗口及其含有的设备构件，并在后台独立运行。对用户来说，设备窗口是不可见的。

20.7 组态运行策略

运行策略是指对监控系统运行流程进行控制的方法和条件，它能够对系统的某项操作和某种功能进行有条件的约束。运行策略由多个复杂的功能模块组成，称为“策略块”，用来完成对系统运行流程的自动控制，使系统能按照设定的顺序和条件操作实时数据库，控制用户窗口的打开、关闭以及控制设备构件的工作状态等，从而实现对系统工作过程的精确控制及有序的调度管理。用户可以根据需要创建和组态运行策略。

20.8 组态结果检查

在组态过程中，不可避免地会产生各种错误，错误的组态会导致各种无法预料的结果，要保证组态生成的应用系统能够正确运行，必须保证组态结果准确无误。MCGS 嵌入版提供了多种措施来检查组态结果的正确性，用户应密切注意系统提示的错误信息，养成及时发现和解决问题的习惯。

1. 随时检查

各种对象的属性设置，是组态配置的重要环节，其正确与否直接关系到系统能否正常运行。为此，MCGS 嵌入版大多数属性设置中都设有“检查”按钮，用于对组态结果的正确性进行检查。每当用户完成一个对象的属性设置后，可使用该按钮及时进行检查，如有错误，系统会提示相关的信息。这种随时检查措施，使用户能及时发现错误，并且容易找出错误的原因，迅速纠正。

2. 存盘检查

在完成用户窗口、设备窗口、运行策略和系统菜单的组态配置后，一般都要对组态结果进行存盘。存盘时，MCGS 嵌入版会自动对组态的结果进行检查，如果发现错误，系统会提示相关的信息。

3. 统一检查

全部组态工作完成后，应对整个工程文件进行统一检查。关闭除工作台窗口以外的其他窗口，单击工具栏右侧的组态检查按钮，或执行“文件”菜单中的“组态结果检查”命令，即开始对整个工程文件进行组态结果正确性检查。

20.9 工程测试

在 MCGS 嵌入版组态环境中完成组态配置后，应当转入 MCGS 嵌入版模拟运行环境，通过试运行，进行综合性测试。单击工具栏中的进入运行环境按钮，或按 F5 键，或执行“文件”菜单中的“进入运行环境”命令，进入下载配置窗口，下载当前组态好的工程，在模拟环境中对要实现的功能进行测试。

在组态过程中，可随时进入运行环境，完成一部分测试，发现错误后及时修改，主要从以下几方面对新工程进行测试。

1. 外部设备的测试

外部设备是应用系统操作的主要对象，通过配置在设备窗口内的设备构件实施测量与控制。因此，在系统联机运行之前，应首先对外部设备本身和组态配置结果进行测试。首先，要确保外部设备能正常工作，对硬件设置、供电系统、信号传输、接线接地等各个环节，先进行正确性检查及功能测试，设备正常后再联机运行。其次，在设备窗口组态配置中，要反复检查设备构件的选择及其属性设置是否正确，设备通道与实时数据库数据对象的连接是否正确，确认正确无误后方可转入联机运行。联机运行时，利用设备构件提供的调试功能，给外部设备输入标准信号，观察采集进来的数据是否正确，外部设备在手动信号控制下能否迅速响应，运行工况是否正常等。

2. 动画动作的测试

图形对象的动画动作是实时数据库中数据对象驱动的结果，因此，该项测试是对整个系统进行综合性检查。通过对图形对象动画动作的实际观测，检查与实时数据库建立的连接关系是否正确、动画效果是否符合实际情况，验证动画设计与组态配置的正确性及合理性。

动画动作的测试分两步进行：首先，利用模拟设备产生的数据进行测试，定义若干个测试专用的数据对象，并设定一组典型数值或在运行策略中模拟对象值的变化，测试图形对象的动画动作是否符合设计意图；然后，进行运行过程中的实时数据测试，可设置一些辅助动画，显示关键数据的值，测试图形对象的动画动作是否符合实际情况。

3. 按钮动作的测试

实际操作按钮，测试系统对按钮动作的响应是否符合设计意图，是否满足实际操作的需要；当设有快捷键时，应检查与系统其他部分的快捷键设置是否冲突。

4. 用户窗口的测试

测试用户窗口能否正常打开和关闭，测试窗口的外观是否符合要求。对于经常打开和关闭的窗口，通过对其执行速度的测试，确认是否将该类窗口设置为内存窗口。

5. 图形界面的测试

图形界面由多个用户窗口构成，各个窗口的外观、大小及相互之间的位置关系需要仔细调整，才能获得令人满意的显示效果。在系统综合测试阶段，建议先进行简单布局，重点检查图形界面的实用性及可操作性，整个应用系统完成调试后，再对所有用户窗口的大小及位置关系进行精细调整。

6. 运行策略的测试

应用系统的运行策略在后台执行，其主要职责是对系统的运行流程实施有效控制和调度。运行策略本身的正确性难以直接测试，只能从系统运行的状态和反馈信息加以判断分析。建议用户一次只对一个策略块进行测试，测试的方法是创建辅助的用户窗口，用来显示策略块中所用到的数据对象的数值。测试过程中，可以人为地设置某些控制条件，观察系统运行流程的执行情况，对策略的正确性做出判断。同时，还要注意观察策略块运行时系统其他部分的工作状态，检查策略块的调度和操作职能是否正确实施。

工程应用

本章通过介绍一个水位控制系统的组态过程，详细讲解如何应用 MCGS 嵌入版组态软件完成一个工程。

21.1　整体规划

水位控制系统的效果图如图 21-1 所示。在开始组态工程之前，先对该工程进行剖析，以便从整体上把握工程的结构、流程、要实现的功能及如何实现这些功能。

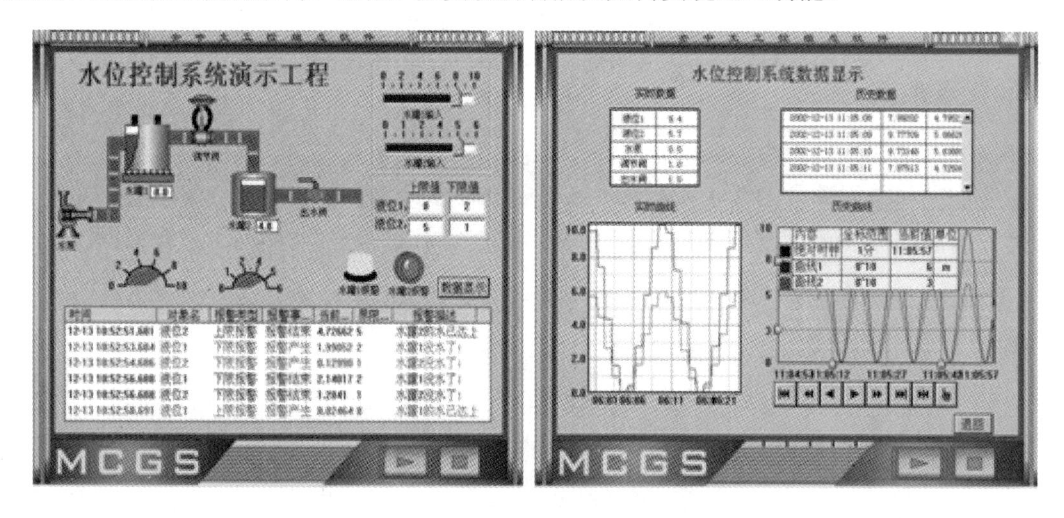

图 21-1　水位控制系统的效果图

1. 工程框架

工程框架包括：水位控制和数据显示两个用户窗口，以及启动策略、退出策略、循环策略三个策略。

2. 数据对象

数据对象有水泵、调节阀、出水阀、液位 1、液位 2、液位 1 上限、液位 1 下限、液位 2 上限、液位 2 下限、液位组。

3. 图形对象

1）水位控制窗口

管道通过流动块构件实现；

水罐水量控制通过滑动输入器实现；

报警实时显示通过报警显示构件实现；

动态修改报警限值通过输入框构件实现；

水量的显示通过旋转仪表、标签构件实现；

水泵、调节阀、出水阀、水罐、报警指示灯通过对象元件库引入。

2）数据显示窗口

实时数据通过自由表格构件实现；

历史数据通过历史表格构件实现；

实时曲线通过实时曲线构件实现；

历史曲线通过历史曲线构件实现。

4. 流程控制

流程控制通过循环策略中的脚本程序策略块实现。

5. 安全机制

安全机制通过用户权限管理、工程安全管理、脚本程序实现。

21.2 创建工程

按照下面的步骤创建工程。

（1）选择“文件”菜单中的“新建工程”命令，弹出新建工程设置对话框，进行设置后，单击“确定”按钮。

（2）选择“文件”菜单中的“工程另存为”命令，弹出文件保存对话框。

（3）在“文件名”栏内输入“水位控制系统”，单击“保存”按钮，工程创建完毕。

21.3 制作工程画面

21.3.1 建立画面

（1）在用户窗口中单击“新建窗口”按钮，建立“窗口 0”。

（2）选中“窗口 0”，单击“窗口属性”，进入“用户窗口属性设置”对话框。

（3）将窗口名称设置为“水位控制”，将窗口标题设置为“水位控制”，单击“确认”按钮。

（4）在用户窗口中，选中“水位控制”，右击并选择快捷菜单中的“设置为启动窗口”命令，这样就将该窗口设置为运行时自动加载的窗口。

21.3.2 编辑画面

选中水位控制窗口图标，单击“动画组态”，进入动画组态窗口，开始编辑画面。

1. 制作标题

（1）单击工具栏中的工具箱按钮，打开绘图工具箱。

（2）选择工具箱内的标签按钮A，鼠标指针呈十字形，在窗口顶端中心位置拖曳鼠标，根据需要画出一个一定大小的矩形。

（3）在光标闪烁位置输入文字“水位控制系统演示工程”，按 Enter 键或在窗口任意位置单击，文字输入完毕。

（4）选中文字框，单击工具栏上的填充色按钮，设定文字框的背景颜色为没有填充；单击工具栏上的线色按钮，设置文字框的边线颜色为没有边线；单击工具栏上的字符字体按钮，设置文字字体为宋体，字型为粗体，大小为26；单击工具栏上的字符颜色按钮，将文字颜色设为蓝色。

2. 制作水箱

（1）单击工具箱中的插入元件图标，弹出对象元件管理对话框，从“储藏罐”类中选取罐 17、罐 53；从“阀”和“泵”类中分别选取 2 个阀（阀 58、阀 44）、1 个泵（泵 38）；将储藏罐、阀、泵调整为适当大小，放到适当位置。

（2）单击工具箱内的流动块动画构件图标，鼠标指针呈十字形，移动鼠标至窗口的预定位置并单击，继续移动鼠标，在鼠标指针后形成一条虚线，拖动一定距离后单击，生成一段流动块。再拖动鼠标（可沿原来的方向，也可垂直于原来的方向），生成下一段流动块。想结束绘制时，双击即可。修改流动块时，选中流动块（流动块周围出现选中标志，即白色小方块），将鼠标指针指向小方块，按住左键不放，拖动鼠标，即可调整流动块的形状。

（3）单击工具箱中的图标A，分别对阀、罐添加文字注释，依次为“水泵”“水罐 1”“调节阀”“水罐 2”“出水阀”。

（4）最后生成的水位控制画面如图 21-2 所示，选择“文件”菜单中的“保存窗口”命令，保存画面。

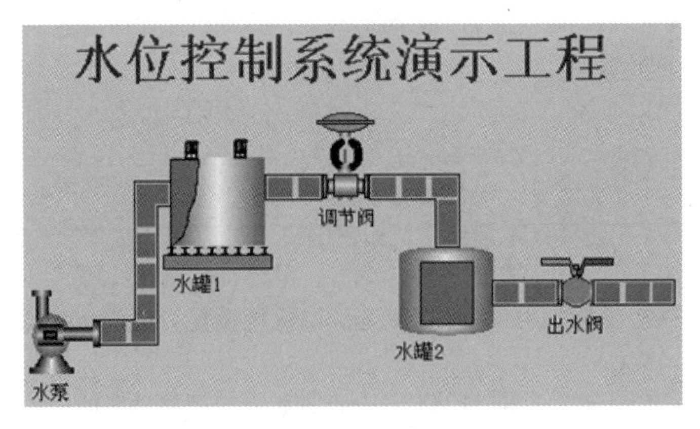

图 21-2　水位控制画面

21.4 定义数据对象

定义数据对象主要包括：

（1）指定数据变量的名称、类型、初始值和数值范围；

（2）确定与数据变量存盘相关的参数，如存盘的周期、存盘的时间范围和保存期限等。

定义数据对象之前，先对所有数据对象进行分析，水位控制系统的数据对象见表21-1。

表21-1 水位控制系统的数据对象

名 称	类 型	注 释
水泵	开关型	控制水泵启动、停止的变量
调节阀	开关型	控制调节阀打开、关闭的变量
出水阀	开关型	控制出水阀打开、关闭的变量
液位1	数值型	水罐1的水位高度，用来控制水罐1水位的变化
液位2	数值型	水罐2的水位高度，用来控制水罐2水位的变化
液位1上限	数值型	用来在运行环境下设定水罐1的上限报警值
液位1下限	数值型	用来在运行环境下设定水罐1的下限报警值
液位2上限	数值型	用来在运行环境下设定水罐2的上限报警值
液位2下限	数值型	用来在运行环境下设定水罐2的下限报警值
液位组	组对象	用于历史数据、历史曲线、报表输出等功能构件

以数据对象“水泵”为例，介绍定义数据对象的步骤。

（1）单击工作台中的“实时数据库”标签，进入“实时数据库”选项卡。

（2）单击“新增对象”按钮，在窗口的数据对象列表中增加新的数据对象。

（3）选中对象，单击“对象属性”按钮，打开“数据对象属性设置”对话框。

（4）将对象名称设置为“水泵”，选择对象类型为开关型，在对象内容注释输入框内输入“控制水泵启动、停止的变量”，最后单击“确认”按钮。

按照上面的步骤，根据数据对象列表，可以定义其他数据对象。定义组对象与定义其他数据对象略有不同，需要对组对象成员进行选择，具体步骤如下。

（1）在数据对象列表中，双击“液位组”，打开“数据对象属性设置”对话框。

（2）选择“组对象成员”标签，在左边数据对象列表中选择“液位1”，单击“增加”按钮，数据对象“液位1”被添加到右边的组对象成员列表中。按照同样的方法将“液位2”添加到组对象成员列表中。

（3）单击“存盘属性”标签，“数据对象值的存盘”选择定时存盘，并将存盘周期设为5秒。

（4）单击“确认”按钮，组对象设置完毕。

21.5 动画连接

由图形对象制作而成的图形画面是静止不动的，需要对这些图形对象进行动画设计，真实地描述外界对象的状态变化，达到过程实时监控的目的。MCGS 嵌入版实现图形动画设计的主要方法是将用户窗口中的图形对象与实时数据库中的数据对象建立相关性连接，并设置相应的动画属性。在系统运行过程中，图形对象的外观和状态特征由数据对象的实时采集值驱动，从而实现图形的动画效果。

21.5.1 水位升降效果

水位升降效果通过设置数据对象大小变化的连接类型实现，水罐 1 水位升降效果具体设置步骤如下。

（1）在用户窗口中，双击水罐 1，弹出单元属性设置对话框。

（2）单击“动画连接”标签，选中折线，在右端出现 > ，单击 > 进入“动画组态属性设置”窗口，设置“表达式”为“液位 1”，“最大变化百分比”对应的“表达式的值”设为 10，如图 21-3 所示，单击“确认”按钮，水罐 1 水位升降效果制作完毕。

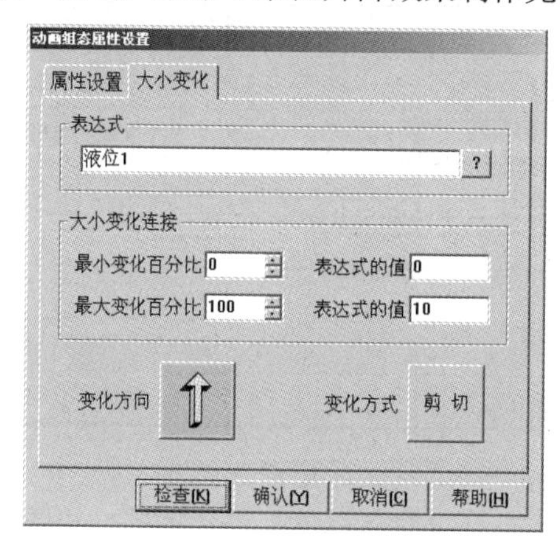

图 21-3　水位升降的参数设置

水罐 2 水位升降效果的制作过程和水罐 1 水位升降效果的制作过程基本相同，只不过参数设置不同，“表达式”为“液位 2”，“最大变化百分比”对应的“表达式的值”为 6。

21.5.2 水泵启停及阀门开闭效果

水泵启停及阀门开闭动画效果通过设置连接类型对应的数据对象实现，水泵启停动画效果设置步骤如下。

（1）双击水泵，弹出单元属性设置对话框。

（2）选中“数据对象”选项卡中的“按钮输入”，右端出现浏览按钮 ? ，单击浏览按钮 ? ，双击数据对象列表中的“水泵”。

（3）使用同样的方法将“填充颜色”对应的数据对象设置为“水泵”。

（4）单击“确认”按钮，水泵启停效果设置完毕。

调节阀开闭效果和水泵启停动画效果设置过程基本一样，在“数据对象”选项卡中，将“按钮输入”“填充颜色”的数据对象均设置为调节阀。

出水阀开闭效果和水泵启停动画效果设置过程基本一样，在“数据对象”选项卡中，将“按钮输入”“可见度”的数据对象均设置为出水阀。

21.5.3 水流效果

水流效果通过设置流动块构件的属性实现，水泵右侧的流动块属性设置步骤如下。

（1）双击水泵右侧的流动块，弹出流动块构件属性设置对话框。

（2）在流动选项卡中，设置表达式为水泵=1，选择当表达式非零时，流动块开始流动。

水罐 1 右侧流动块及水罐 2 右侧流动块的制作方法与水泵右侧的流动块基本相同，将表达式相应改为调节阀=1、出水阀=1 即可。

在运行环境下，移动鼠标到“水泵”“调节阀”“出水阀”上面的红色部分，鼠标指针变为手掌形，单击后红色部分变为绿色，同时流动块相应地运动起来，但水罐仍没有变化。这是由于没有信号输入，也没有人为地改变水量，可以用下面两种方法改变其值，使水罐动起来。

1. 利用滑动输入器控制水位

利用滑动输入器控制水位的制作步骤如下。

（1）进入水位控制窗口。

（2）选中工具箱中的滑动输入器图标，当鼠标指针呈十字形后，拖动鼠标到适当大小，调整滑动块到适当的位置。

（3）双击滑动输入器构件，进入属性设置对话框，在“基本属性”选项卡中，设置滑块指向为指向左（上）；在“刻度与标注属性”选项卡中，设置“主划线数目”为 5，即能被 10 整除；在“操作属性”选项卡中，选择对应数据对象名称为液位 1，设置滑块在最右（下）边时对应的值为 10。

（4）制作文字标签，设置文字颜色为黑色，框图填充颜色为没有填充，框图边线颜色为没有边线，输入文字为“水罐 1 输入”。

（5）按照同样的方法设置水罐 2 水位控制滑块，在“基本属性”选项卡中，设置滑块指向为指向左（上）；在“操作属性”选项卡中选择对应数据对象名称为液位 2，设置滑块在最右（下）边时对应的值为 6。制作文字标签，设置文字颜色为黑色，框图填充颜色为没有填充，框图边线颜色为没有边线，输入文字为“水罐 2 输入”。

（6）单击工具箱中的常用图符按钮，打开常用图符工具箱。

（7）选择其中的凹槽平面图标，拖动鼠标绘制一个凹槽平面，恰好将两个滑动块及标签全部覆盖。

（8）选中该平面，单击“置于最后面”按钮，效果如图 21-4 所示。

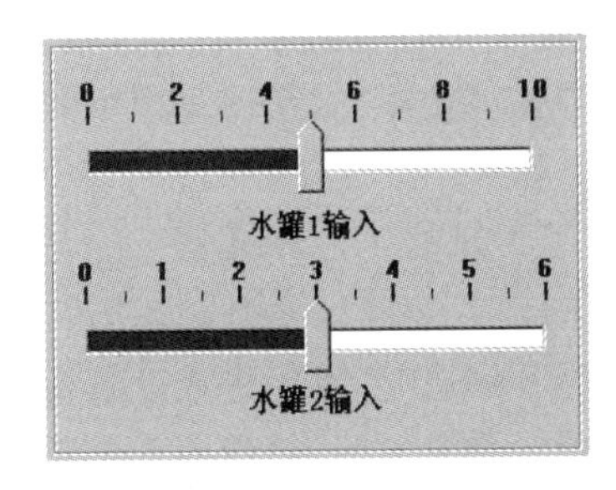

图 21-4 滑动输入器效果图

在运行环境中，可以通过拉动滑动输入器使水罐中的液面动起来。

2. 利用旋转仪表控制水位

在工业现场一般会大量地使用仪表进行数据显示，MCGS 嵌入版组态软件为满足这一要求提供了旋转仪表构件，用户可以利用此构件在动画界面中模拟现场的仪表运行状态，具体制作步骤如下。

（1）选择工具箱中的旋转仪表图标，调整构件大小后将其放在水罐 1 下面适当位置。

（2）双击该构件进行属性设置，在“刻度与标注属性”选项卡中，设置“主划线数目”为 5；在“操作属性”选项卡中，设置表达式为液位 1，最大逆时针角度为 90，对应的值为 0，最大顺时针角度为 90，对应的值为 10。

（3）按照同样的方法设置水罐 2 数据显示对应的旋转仪表，在“操作属性”选项卡中，设置表达式为液位 2，最大逆时针角度为 90，对应的值为 0，最大顺时针角度为 90，对应的值为 6。

在运行环境下，可以通过拉动旋转仪表的指针使整个画面动起来。

21.5.4 水量显示

为了能够准确地了解水罐 1、水罐 2 的水量，可以通过标签来显示水量，具体操作如下。

（1）单击工具箱中的标签图标A，绘制两个标签，调整大小后将其并列放在水罐 1 下面。第一个标签用于标注，显示文字为“水罐 1”，第二个标签用于显示水罐水量。

（2）双击第一个标签进行属性设置，设置文字颜色为黑色，框图填充颜色为没有填充，框图边线颜色为没有边线，输入文字为“水罐 1”。

（3）双击第二个标签进行属性设置，设置填充颜色为白色，边线颜色为黑色，选中“显示输出”选项，则会出现“显示输出”标签，单击“显示输出”标签，设置表达式为液位 1，输出值类型为数值量输出，整数位数为 0，小数位数为 1，最后单击“确认”按钮。

（4）水罐 2 水量显示标签与水罐 1 水量显示标签制作过程基本相同，只需要将第一个用于标注的标签的显示文字设置为“水罐 2”，将第二个用于显示水罐水量的标签的表达式设置为液位 2。

21.6 设备连接

模拟设备是供用户调试工程的虚拟设备。该构件可以产生标准的正弦波、方波、三角波、锯齿波信号，其幅值和周期都可以任意设置。通过模拟设备的连接，可以使动画自动运行起来。通常情况下，在启动 MCGS 嵌入版组态软件时，模拟设备都会自动装载到设备工具箱中。

MCGS 嵌入版组态软件提供了大量的工控领域常用的设备驱动程序，这里仅以模拟设备为例说明 MCGS 嵌入版组态软件的设备连接，模拟设备按照下面的步骤连接。

（1）在工作台窗口中，单击“设备窗口”按钮进入设备窗口，然后双击“设备窗口”图标。

（2）单击工具栏中的工具箱图标，打开“设备工具箱”。

（3）单击“设备工具箱”中的“设备管理”按钮，弹出“设备管理”窗口。

（4）在可选设备列表中，双击“通用设备”，再双击“模拟数据设备”，在下方出现“模拟设备”图标，双击“模拟设备”图标，即可将“模拟设备”添加到右侧选定设备列表中。

（5）选中选定设备列表中的“模拟设备”，单击“确认”按钮，“模拟设备”即被添加到“设备工具箱”中。

（6）双击“设备工具箱”中的“模拟设备”，模拟设备被添加到设备组态窗口中，双击“设备 0-[模拟设备]”，进入模拟设备属性设置对话框。

（7）单击“基本属性”选项卡中的“内部属性”选项，该选项右侧会出现...按钮，单击此按钮进入“内部属性”对话框，将通道 1、2 的最大值分别设置为 10、6，如图 21-5 所示，单击“确认”按钮，完成设置。

内部属性

通道	曲线类型	数据类型	最大值	最小值	周期(秒)
1	0 - 正弦	1 - 浮点	10	0	10
2	0 - 正弦	1 - 浮点	6	0	10
3	0 - 正弦	1 - 浮点	1000	0	10
4	0 - 正弦	1 - 浮点	1000	0	10
5	0 - 正弦	1 - 浮点	1000	0	10
6	0 - 正弦	1 - 浮点	1000	0	10
7	0 - 正弦	1 - 浮点	1000	0	10
8	0 - 正弦	1 - 浮点	1000	0	10
9	0 - 正弦	1 - 浮点	1000	0	10
10	0 - 正弦	1 - 浮点	1000	0	10
11	0 - 正弦	1 - 浮点	1000	0	10
12	0 - 正弦	1 - 浮点	1000	0	10

曲线条数: 16 拷到下行 确定 取消 帮助

图 21-5 “内部属性”对话框

（8）选中通道 0 并右击，选择液位 1 变量，选中通道 1 并右击，选择液位 2 变量。

（9）单击“启动设备调试”按钮，即可看到通道值中数据在变化。

（10）单击“确认”按钮，完成设备属性设置。

21.7 编写控制流程

对于大多数简单的应用系统，MCGS 嵌入版的简单组态就可完成。只有比较复杂的系统，才需要使用脚本程序，但正确地编写脚本程序，可简化组态过程，大大提高工作效率，优化控制过程。水位控制系统需要编写一段脚本程序来实现控制流程。

对水位控制系统的控制流程进行分析，当“水罐 1”的液位达到 9 米时，就要把“水泵”关闭，否则自动启动“水泵”；当“水罐 2”的液位不足 1 米时，就要自动关闭“出水阀”，否则自动开启“出水阀”；当“水罐 1”的液位大于 1 米，并且“水罐 2”的液位小于 6 米时，自动开启“调节阀”，否则自动关闭“调节阀”。

水位控制系统的脚本程序编写步骤如下。

（1）在“运行策略”中，双击“循环策略”进入策略组态窗口。

（2）双击图标进行策略属性设置，将循环时间设为 200ms，单击“确认”按钮。

（3）在策略组态窗口中，单击工具栏中的新增策略行图标，增加一策略行。

（4）如果策略组态窗口中没有策略工具箱，则单击工具栏中的工具箱图标，弹出策略工具箱。

（5）单击策略工具箱中的“脚本程序”，将鼠标指针移到策略块图标上并单击，添加脚本程序构件。

（6）双击进入脚本程序编辑环境，输入下面的程序：

```
IF 液位 1<9 THEN
    水泵=1
ELSE
    水泵=0
ENDIF
IF 液位 2<1 THEN
    出水阀=0
ELSE
    出水阀=1
ENDIF
IF 液位 1>1 and  液位 2<9 THEN
    调节阀=1
ELSE
    调节阀=0
ENDIF
```

（7）单击“确认”按钮，脚本程序编写完毕。

21.8 报警显示

MCGS 嵌入版把报警处理作为数据对象的属性封装在数据对象内，由实时数据库自动处理。当数据对象的值或状态发生改变时，实时数据库判断对应的数据对象是否发生了报警或已产生的报警是否已经结束，并把所产生的报警信息通知给系统的其他部分。

21.8.1 定义报警

水位控制系统中需要设置报警的数据对象有液位 1 和液位 2，定义报警的具体操作如下。

（1）进入实时数据库，双击数据对象“液位 1”。

（2）单击“报警属性”标签，选中“允许进行报警处理”，选择“下限报警”，报警值设为 2，报警注释输入“水罐 1 没水了！”；选择“上限报警”，报警值设为 9，报警注释输入“水罐 1 的水已达上限值！”。然后，在“存盘属性”中选中“自动保存产生的报警信息”，单击“确认”按钮，“液位 1”报警设置完毕。

（3）按照同样的方法设置“液位 2”的报警属性，将下限报警值设为 1.5，报警注释输入“水罐 2 没水了！”；将上限报警值设为 4，报警注释输入“水罐 2 的水已达上限值！”。

21.8.2 制作报警显示画面

实时数据库只负责报警的判断、通知和存储三项工作，而对报警动作的响应，需要在组态时实现，水位控制系统按照下面的步骤进行报警显示画面制作。

（1）双击用户窗口中的“水位控制”，进入组态画面，选取工具箱中的报警显示构件🔔，鼠标指针呈十字形后，在窗口适当的位置单击，拖动鼠标至适当大小。

（2）选中该构件并双击，弹出“报警显示构件属性设置”对话框，在“基本属性”选项卡中，将“对应的数据对象的名称”设为“液位组”，“最大记录次数”设为 6，如图 21-6 所示，单击“确认”按钮即可。

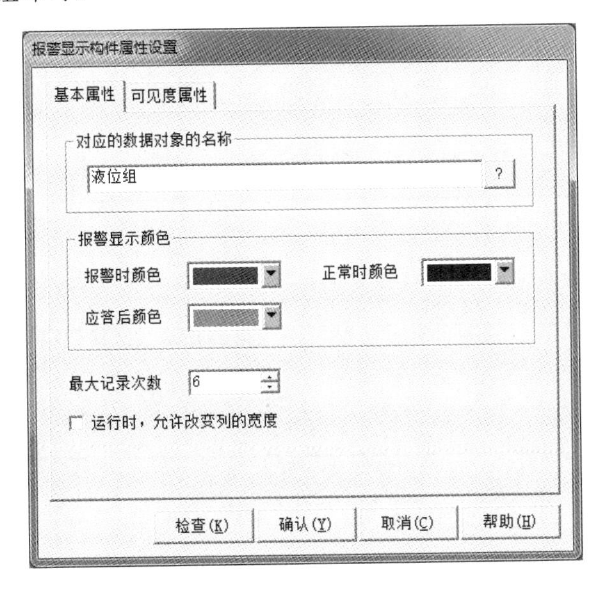

图 21-6 “报警显示构件属性设置”对话框

21.8.3 修改报警限值

在“实时数据库”中，“液位 1”“液位 2”的上下限报警值都已定义好。MCGS 嵌入版组态软件提供了大量的函数，可以使用户在运行环境下根据实际情况随时改变报警上下限值，操作步骤包括设置数据对象、制作交互界面及编写控制流程。

1. 设置数据对象

在“实时数据库”中，增加 4 个变量，分别为液位 1 上限、液位 1 下限、液位 2 上限、液位 2 下限，在“基本属性”选项卡中分别设置对象名称为液位 1 上限、液位 1 下限、液位 2 上限、液位 2 下限，分别设置对象内容注释为水罐 1 的上限报警值、水罐 1 的下限报警值、水罐 2 的上限报警值、水罐 2 的下限报警值。

2. 制作交互界面

通过输入框实现用户与数据库的交互，交互界面如图 21-7 所示，按照下面的步骤制作交互界面。

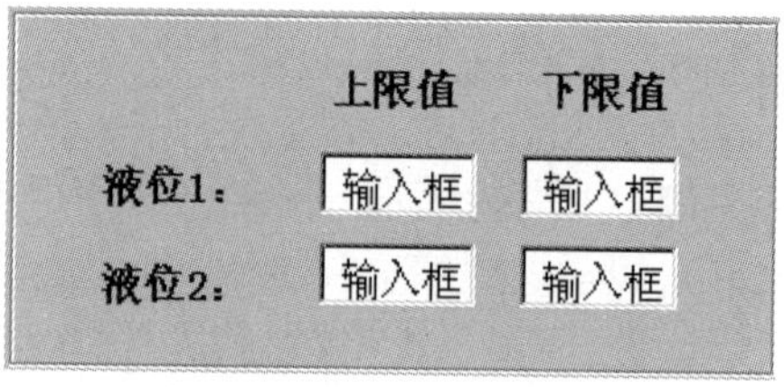

上限值　下限值

液位1：　输入框　输入框

液位2：　输入框　输入框

图 21-7　交互界面

（1）制作 4 个标签，文本内容分别为“上限值”“下限值”“液位 1：”及“液位 2：”。

（2）选中工具箱中的输入框构件 abl，拖动鼠标，绘制 4 个输入框。

（3）双击 输入框 图标，进行属性设置，在“操作属性”选项卡中分别设置对应数据对象的名称为液位 1 上限值、液位 1 下限值、液位 2 上限值、液位 2 下限值，最小值、最大值设置见表 21-2。

表 21-2　最小值、最大值设置

项　目 / 名　称	最 小 值	最 大 值
液位 1 上限值	5	10
液位 1 下限值	0	5
液位 2 上限值	4	6
液位 2 下限值	0	2

（4）绘制一个凹槽平面，将 4 个输入框及标签包围起来，并且放置在最后面。

3. 编写控制流程

进入“运行策略”窗口，双击“循环策略”，双击 进入脚本程序编辑环境，在脚本程序中编写以下语句：

```
!SetAlmValue(液位 1,液位 1 上限,3)
!SetAlmValue(液位 1,液位 1 下限,2)
!SetAlmValue(液位 2,液位 2 上限,3)
!SetAlmValue(液位 2,液位 2 下限,2)
```

21.8.4　报警指示灯

当有报警产生时，可以用指示灯提示，水位控制系统的报警指示灯按照如下方法制作。

（1）在水位控制窗口中，单击工具箱中的插入元件图标，进入“对象元件库管理”窗口，从“指示灯”类中选取指示灯 1 及指示灯 3，调整大小后放在适当位置，指示灯 1 作为“液位 1”的报警指示灯，指示灯 3 作为“液位 2”的报警指示灯。

（2）双击指示灯 1，进入动画连接，选中组合图符，单击 >，进入填充颜色属性设置对话框，在表达式栏设置“液位 1>=液位 1 上限 or 液位 1<=液位 1 下限”。

（3）双击指示灯 3，进入动画连接，选中组合图符，单击 >，进入可见度属性设置对话框，在表达式栏设置“液位 2>=液位 2 上限 or 液位 2<=液位 2 下限”，选择表达式非零时对应图符可见。

21.9 报表输出

在工程应用中，大多数监控系统需要对设备采集的数据进行存盘、统计分析，并根据实际情况打印数据报表，就是根据实际需要以一定格式将统计分析后的数据记录显示和打印出来。数据报表包括实时数据报表和历史数据报表。数据报表是工控系统中必不可少的一部分，是整个工控系统的最终结果输出。数据报表是对生产过程中系统监控对象的状态的综合记录和规律总结。

21.9.1 实时报表

实时报表是对瞬时量的反映，通常用于将当前时间的数据变量按一定报告格式（用户组态）显示和打印出来，可以通过 MCGS 嵌入版系统的自由表格构件来组态显示实时报表，按照下面的方法制作实时报表。

（1）在用户窗口中，新建一个窗口，窗口名称、窗口标题均设置为“数据显示”。

（2）双击“数据显示”窗口，进入动画组态，使用标签A制作“水位控制系统数据显示”标题、“实时数据”注释、“历史数据”注释。

（3）选取工具箱中的自由表格图标，在窗口适当位置绘制一个表格。

（4）双击表格进入编辑状态，右击并从弹出的快捷菜单中选择“删除一列”命令，连续操作两次，删除两列，再选择“增加一行”命令，在表格中增加一行。

（5）在 A 列的五个单元格中分别输入液位 1、液位 2、水泵、调节阀、出水阀；在 B 列的五个单元格中均输入 1|0，表示输出的数据有 1 位小数，无空格。

（6）在 B 列中，选中液位 1 对应的单元格，右击并从弹出的快捷菜单中选取“连接”命令，再次右击，弹出数据对象列表，双击数据对象“液位 1”，B 列 1 行单元格所显示的数值即“液位 1”的数据。

（7）按照同样的操作方法，将 B 列 2、3、4、5 行分别与数据对象“液位 2”“水泵”“调节阀”“出水阀”建立连接，如图 21-8 所示。

连接	A*	B*
1*		液位1
2*		液位2
3*		水泵
4*		调节阀
5*		出水阀

图 21-8 实时报表的数据连接

（8）进入水位控制窗口，增加“数据显示”按钮，在“操作属性”选项卡中选中“打开用户窗口”，从下拉列表中选中数据显示。

21.9.2 历史报表

历史报表通常用于从历史数据库中提取数据记录，并以一定格式显示历史数据，通过历史表格构件和存盘数据浏览构件都可以实现历史报表。水位控制系统采用历史表格构件实现历史报表，历史表格构件基于“所见即所得”机制，用户可以在窗口中利用历史表格构件强大的格式编辑功能，配合 MCGS 嵌入版的画图功能做出各种精美报表。按照如下方法制作历史报表。

（1）在“数据显示”组态窗口中，选取工具箱中的历史表格构件，在适当位置绘制历史表格。

（2）双击历史表格进入编辑状态，使用右键快捷菜单中的“增加一行”“删除一行”命令，或者单击按钮，使用编辑栏中的、、、编辑表格，制作一个 5 行 3 列的表格。在第一行分别输入采集时间、液位 1、液位 2，数值输出格式均为 1|0。

（3）选中 R2、R3、R4、R5，右击并在弹出的快捷菜单中选择“连接”命令，选择“表格”菜单中的“合并表元”命令，所选区域会出现反斜杠。

（4）双击该区域，弹出数据库连接设置对话框，进入“基本属性”选项卡，“连接方式”栏选取在指定的表格单元内，显示满足条件的数据记录，同时选中“按照从上到下的方式填充数据行”及“显示多页记录”；“数据来源”选项卡中，选取组对象对应的存盘数据，组对象名为液位组；“显示属性”选项卡中，单击“复位”按钮；“时间条件”选项卡中，“排序列名”栏选择 MCGS_TIME、升序，“时间列名”栏选择 MCGS_TIME，选中所有存盘数据。

21.10 曲线显示

在实际生产过程控制中，对数据的查看、分析是不可缺少的工作，对大量数据仅做定量的分析还远远不够，必须根据大量的数据信息，画出曲线，分析曲线的变化趋势并从中发现数据变化规律，曲线处理在工控系统中是一个非常重要的部分。

21.10.1 实时曲线

实时曲线是用曲线显示一个或多个数据对象数值的动画图形，像笔绘记录仪一样实时记录数据对象值的变化情况，按照如下方法制作实时曲线。

（1）“数据显示”窗口中，在实时报表的下方，制作一个标签，文本内容输入“实时曲线”。

（2）单击实时曲线图标，在标签下方绘制一条实时曲线，并调整大小。

（3）双击曲线，弹出“实时曲线构件属性设置”对话框，在“基本属性”选项卡中，Y 轴主划线设为 5；在“标注属性”选项卡中，时间单位设为秒，小数位数设为 1，最大值设为 10；在“画笔属性”选项卡中，曲线 1 对应的表达式设为液位 1、颜色设为蓝色，曲线 2 对应的表达式设为液位 2、颜色设为红色。

（4）单击“确认”按钮即可。

21.10.2 历史曲线

历史曲线可实现历史数据的曲线浏览功能。运行时，历史曲线构件能够根据需要画出相应历史数据的趋势效果图。历史曲线主要用于事后查看数据和状态变化趋势，以及总结规律，按照如下方法制作历史曲线。

（1）在“数据显示”窗口中，在历史报表下方制作一个标签，文本内容输入“历史曲线”。

（2）使用历史曲线构件绘制一定大小的历史曲线。

（3）双击该曲线，弹出“历史曲线构件属性设置”对话框，在“基本属性”选项卡中，曲线名称设为液位历史曲线，Y 轴主划线设为 5，背景颜色设为白色；在“存盘数据属性”选项卡中，存盘数据来源选择组对象对应的存盘数据，并在下拉列表中选择液位组；在“曲线标识”选项卡中，选中曲线 1，曲线内容设为液位 1，曲线颜色设为蓝色，工程单位设为 m，小数位数设为 1，最大值设为 10，实时刷新设为液位 1。选中曲线 2，曲线内容设为液位 2，曲线颜色设为红色，工程单位设为 m，小数位数设为 1，最大值设为 10，实时刷新设为液位 2。在“高级属性”选项卡中，选中“运行时显示曲线翻页操作按钮”，选中“运行时显示曲线放大操作按钮”，选中“运行时显示曲线信息显示窗口”，选中“运行时自动刷新”，将刷新周期设为 1 秒，选择在 60 秒后自动恢复刷新状态，如图 21-9 所示。

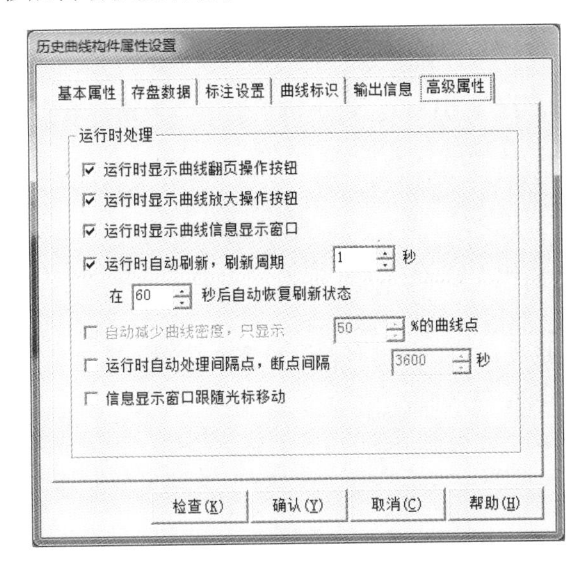

图 21-9 “高级属性”选项卡

21.11 安全机制

工业过程控制中，应该尽量避免现场误操作所引发的故障或事故，而某些误操作所带来的后果可能是致命的。为了防止这类事故的发生，MCGS 嵌入版组态软件提供了一套完善的安全机制，严格限制各类操作的权限，使不具备操作资格的人员无法进行操作，从而避免了现场操作的任意性和无序状态，防止因误操作干扰系统的正常运行，甚至导致系统瘫痪，造成不必要的损失。

MCGS 嵌入版引入用户组和用户的概念来进行权限的控制，可以定义无限个用户组，每个用户组中可以包含无限个用户，同一个用户可以隶属于多个用户组。MCGS 嵌入版严格规定操作权限，不同类别的操作由不同权限的人员负责，只有获得相应操作权限的人员才能进行某些功能的操作。

水位控制系统要求负责人管理用户和用户组、进行进入系统及退出系统的操作、进行水罐水量的控制，普通操作人员只能进行基本按钮的操作。根据安全机制的要求，定义两个用户组（管理员组及操作员组），定义两个用户（负责人及张工），负责人隶属于管理员组，张工隶属于操作员组，管理员组成员可以进行所有操作，操作员组成员只能进行按钮操作。需要设置系统运行权限和水罐水量控制滑动块操作权限。按照如下方法建立安全机制。

1. 定义用户及用户组

（1）选择“工具”菜单中的“用户权限管理”命令，打开用户管理器，默认定义的用户、用户组为负责人、管理员组。

（2）单击用户组列表，进入用户组编辑状态，单击“新增用户组”按钮，弹出用户组属性设置对话框，用户组名称设置为操作员组，用户组描述为成员仅能进行操作，单击“确认”按钮，回到用户管理器窗口。

（3）单击用户列表，单击“新增用户”按钮，弹出用户属性设置对话框，用户名称设置为张工，用户描述为操作员，用户密码为123，确认密码为123，隶属用户组为操作员组，单击“确认”按钮，回到用户管理器窗口，再单击“退出”按钮，退出用户管理器。

（4）按照同样的方法设置负责人的密码为456。

2. 系统权限管理

（1）进入主控窗口，选中“主控窗口”图标，单击“系统属性”按钮，进入主控窗口属性设置对话框。

（2）在“基本属性”选项卡中，单击“权限设置”按钮，选择“管理员组”，单击“确认”按钮，返回主控窗口属性设置对话框。

（3）选择“进入登录，退出登录”，单击“确认”按钮，系统权限设置完毕。

3. 操作权限管理

（1）在水位控制窗口，双击滑动输入器，进入滑动输入器构件属性设置对话框。

（2）单击“权限”按钮，进入用户权限设置对话框。

（3）选中“管理员组”，单击“确认”按钮。

4. 设置工程密码

在工作台窗口中，选择菜单“工具”→“工程安全管理”→“工程密码设置”命令，弹出修改工程密码对话框，在新密码、确认新密码输入框内输入123，单击“确认”按钮，工程密码设置完毕。

工程密码设置好后，关闭当前工程，重新打开工程，弹出输入工程密码对话框，输入工程密码123，然后单击“确认”按钮，打开工程。

参 考 文 献

[1] 肖威，李庆海. PLC 及触摸屏组态控制技术[M]. 北京：电子工业出版社，2010.
[2] 王凤杰，付丽娟. 组态控制技术[M]. 南京：东南大学出版社，2013.
[3] 曹辉，王暄. 组态软件技术及应用[M]. 北京：电子工业出版社，2009.
[4] 刘晓玲. PLC 控制与组态技术应用[M]. 北京：电子工业出版社，2011.
[5] 北京昆仑通态自动化软件科技有限公司. mcgsTPC 初级教程[Z]. 2009.
[6] 北京昆仑通态自动化软件科技有限公司. mcgsTPC 中级教程[Z]. 2009.
[7] 北京昆仑通态自动化软件科技有限公司. mcgsTPC 高级教程[Z]. 2009.
[8] 北京昆仑通态自动化软件科技有限公司. MCGS 嵌入版说明书[Z]. 2009.
[9] 北京昆仑通态自动化软件科技有限公司. mcgsTPC 驱动教程[Z]. 2009.